U0382242

本书系
"十三五"江苏省重点学科
——中国史（项目编号：ZY103991）

国家社会科学基金青年项目
移民社会、生产方式选择与环境变迁
——以清至民国蒙陕农牧交错带为例
（项目编号：12CZS051）

国家自然科学基金面上资助项目
长城沿线天主教的传播及其区域
生态环境变迁研究（1865—1952）
（项目编号：41171120）
成果

# 生存之道

## 毛乌素沙地南缘伙盘地研究

王 晗 ○ 著

The Logic of Survival:

A Study on Huopandi in the Southern Edge of
the Mu Us Sandland

中国社会科学出版社

图书在版编目(CIP)数据

生存之道：毛乌素沙地南缘伙盘地研究／王晗著.—北京：中国社会科学出版社，2021.8

ISBN 978-7-5203-8508-4

Ⅰ.①生… Ⅱ.①王… Ⅲ.①毛乌素沙地—研究 Ⅳ.①P942.41

中国版本图书馆 CIP 数据核字(2021)第 098115 号

| | | |
|---|---|---|
| 出 版 人 | 赵剑英 | |
| 责任编辑 | 耿晓明 | |
| 责任校对 | 闫 萃 | |
| 责任印制 | 李寡寡 | |

| | | |
|---|---|---|
| 出　　版 | 中国社会科学出版社 | |
| 社　　址 | 北京鼓楼西大街甲 158 号 | |
| 邮　　编 | 100720 | |
| 网　　址 | http://www.csspw.cn | |
| 发 行 部 | 010-84083685 | |
| 门 市 部 | 010-84029450 | |
| 经　　销 | 新华书店及其他书店 | |

| | | |
|---|---|---|
| 印　　刷 | 北京君升印刷有限公司 | |
| 装　　订 | 廊坊市广阳区广增装订厂 | |
| 版　　次 | 2021 年 8 月第 1 版 | |
| 印　　次 | 2021 年 8 月第 1 次印刷 | |

| | | |
|---|---|---|
| 开　　本 | 710×1000 | 1/16 |
| 印　　张 | 19 | |
| 字　　数 | 309 千字 | |
| 定　　价 | 98.00 元 | |

凡购买中国社会科学出版社图书,如有质量问题请与本社营销中心联系调换
电话:010-84083683

# 序　　一

　　本书的主题是清至民国时期毛乌素沙地南缘伙盘地的研究，这个题目涉及农牧过渡带的变化，应该说是很有意义的研究内容，因为农牧过渡带的研究一般说还是比较粗犷的，涉及具体的变化细节，尤其是清至民国的完整时期很少能见到同类的著述，因此我想这个研究对整个农牧过渡带的变化是有一种非常积极的意义，参见书中的图 1.1，此图其实完整表达了其所研究的范围。王晗博士至少从硕士生开始关注这个内容，后跟我读博士后课程，也延续而作，故他在这个课题上已经投入了大量的时间，因此内容上深入和广阔也就不难理解了。

　　书中涉及的第一个问题就是伙盘地的来源和"动""静"，这在最初两章中给出了完整的回答，尤其是"动与静"问题，这与书中涉及的时段有关，因为从清初到民国，伙盘地并不能看作一成不变的，既然 300 余年间伙盘地一直存在，它必然有所变化，也就是历史地理中经常提到的动态过程，因此要把这个变化刻画出来，需要依据史料仔细地爬梳和分析，其所费功夫，不是简单数语就能概括的。

　　第二个问题是土地权属，由于伙盘地所耕植的土地原先的权属并不是外来劳动力所有，这就涉及土地权属和收获分配的问题。这些问题在书中一一作了解答。

　　第三个问题就是制度政策和地方治理。制度在这样的时间段内当然不是一成不变的，这就需要考察其变化，有哪些变化。同样，治理问题随着人口的迁入就开始发生，这些地方治理是如何的，又有哪些变化，书中也一一作了介绍。

　　第四个问题是环境变迁。随着牧地转化为耕地，一定会带来环境的变化。伙盘地的垦殖也不是一成不变的，因为长城外的牧地并不是统一完整的，原来就有各种地貌的存在，而伙盘地民众又是如何利用和改造这些原有的地貌，使其适合耕作的要求，这就带来环境的更改。当然环境变化一定会对社会经济带来影响，这在总论中给出了一定的分析。其实第五章和总论是联系在一起的，当然作者更关心人地关系问题，把环境变化与经济社会提升为一个总论，这表明作者在历史地理上有自己的见解，而不是仅仅论述事实而已。

书中涉及的四大问题，囊括了伙盘地在清至民国时期的种种变化和过程，其实我很喜欢这个结构和其中的论述，因为这不仅仅是史实的论述，同时也包括了历史地理所需要解决的问题，这更值得我们关注和理解。在这里也向读者推荐此书，相信其一定会给您崭新的启迪。

满志敏

2019 年 3 月 26 日，于复旦大学邯郸校区

# 序二　黄土地社会的研究方向

1976 年 4 月，我和三名高中毕业生来到陕西省宝鸡县县功公社先锋大队第三生产队，成为接近"广阔天地大有作为"那个时代潮流尾声的下乡知识青年。

我们这个生产队的乡土名称是高家沟。按起步之处，沟循山势，从山下金陵河（渭河北岸支流）右岸顺着地形向上蔓延，蔓延到同属高家沟的第三生产队、第六生产队，再往上就是西边其他公社的土地了。我们队的土地就分布在高家沟的两边，地都是黄土地，劳作中的印象是从未见过石子石块，田地中最硬的是犁地后挺立发干的土块，一见到它，就把手里的锄把转上半圈，利用锄头的后背敲碎它，这是田间作业中的一种常见农活，当时队长派活时的用词就是，你到沟那边地里去"打胡基"。

村子分散在沟北面的山凸沿边，大致分为两层，老乡各家彼此有小路相通。每一户农舍的形成都是先找准地面，有窑三五孔，家境好一些了，再在窑洞门前的院子里，盖上瓦房三间。窑洞、瓦房兼用的考虑是，冬夏季节里可以调配使用，家里来了亲戚也可以让进瓦房暂住。每家的厨房里，都少不了安放一两口大水缸，由家里的壮劳力得空时，从沟底或浅井处用桶勾上水来，一担担挑回厨房存放在水缸里，好供屋里人使用。

当时，还是按照以前的红头文件《农村人民公社工作条例修正草案》（1962 年 9 月 27 日，中国共产党第八届中央委员会第十次全体会议通过）的规定，"生产队范围内的土地，都归生产队所有。生产队所有的土地，包括社员的自留地、自留山、宅基地等，一律不准出租和买卖"。属于生产队集体所有的场所，有碾麦场和粮仓、电磨房、会计室、牲畜圈等处，在阳光普照的秋冬季节，年长的社员喜欢靠着这些房屋墙根下"晒暖暖"（晒太阳），真是有益于身心健康。我们在这么一个国家的基层组织单位里劳动生活，每天的农活由队长来安排，农活是从天明做到夜幕降临（早餐、午餐要回到知青点），一日三餐与早中晚三次集体劳动相交错，全年是顺着四季的轮转，开春后的冬小麦种植转变为丰收的夏粮，夏粮收割后的夏种又成就了秋天的玉米，唯有冬天是农闲季节，公社的高音喇叭又在安排各大队组织人力，前往其他大队去修建黄土山梁上的梯田。

下乡插队从事农业生产劳动，尤其是赶上了人民公社时期，本是一个极为难得的接触社会实际的时机，可就是因为年纪轻，涉世浅，身边无书读，亦无高人指点，每日的劳作和思虑，都达不到那个时代提出的"大有作为"之要求。到了1977年最后一个季度参加高考，次年被录取后就进入陕西师范大学学习历史了。

陕西师范大学历史系是历史地理学家史念海先生坐镇的地方①，大三时我开始接触这一专业。史先生介绍自己是从1972年开始研究陕西历史军事地理，在外出实地考察中，联系到黄土高原的粮食生产问题②，他回忆说："这样严重的问题应该得到解决，而且必须得到解决。为了想方设法解决这样的问题，应该更多更细致地了解具体情况。这就使我继续在黄土高原奔波跋涉。"史先生自编《黄土高原历史地理研究》著作收入论文29篇，论述主题为历史上黄土高原和黄河的变迁过程及其相互关系，论证方式完全是历史自然地理学式的。史先生自述"在黄土高原上不断徘徊往来，最为惊心动魄的就是到处沟壑纵横，残破不堪"③。因此，史先生就从黄土高原历史自然地理的复原开始着手，继之以农林牧诸业的分布和变迁，环环相扣而成九编，终于如何开展治理工作。言及此，笔者赞同学界关于史先生对于黄土高原历史自然地理研究作出了杰出贡献的评价——

①　1962年史念海先生在陕西师范大学历史系创建中国历史地理研究室，1987年又创建直属学校的中国历史地理研究所。以这个研究所为基础，2000年申请获批为教育部人文社会科学重点研究基地——西北历史环境与经济社会发展研究中心，2012年升格为研究院，现依托学科为历史地理学、人口资源环境经济学，主攻方向为中国西北地区环境与发展。

②　史念海先生极为重视古代农业经济的发展问题，20世纪50年代后半期已撰写的《春秋战国时代农工业的发展及其地区的分布》《开皇天宝之间黄河流域及其附近地区农业的发展》诸文，连同一篇较早的《论诸葛亮的攻守策略》论文，至1963年在生活·读书·新知三联书店编辑出版为《河山集》，即以历史经济地理研究为主要特色，而心系祖国农牧业经济发展的赤子之心，则终生不曾忘怀。

③　史念海：《黄土高原历史地理研究·前言》，黄河水利出版社2001年版，第4—7页。

"这就使中国历史地理学开辟了一个新的阶段"①，但关于黄土高原粮食生产问题的揭示，史先生注意到关中地区作为全国都城之时，再就是自己外出榆林考察时的 1972 年，严重缺乏的粮食是依赖外地的接济，源源不断运至关中或陕西。近代至 1972 年，即便不是灾荒之年，陕地粮食也还是有欠缺的，就具体情形而言，还需要结合农业史、社会经济史等研究途径予以揭示②。

1950—1961 年是中国的历史地理学从传统的沿革地理转向地理学的关键时期③，史念海先生称这一过程为"悠长的讨论""悠长的论争"④。侯仁之先生《历史地理学刍议》一文强调："历史地理学是现代地理学的一个组成部分，其主要研究对象是人类历史时期地理景观的变化，这种变化主要是由于人的活动和影响而产生的。"⑤着重点在于"由于人的活动和影响而产生"的"地理景观的变化"，这是突出人类社会的作用，看重人的主观能动性，重视人类的社会劳动对于自然界的影响和作用的学术倾向，并没有后来一边倒地指责人类活动把生存环境搞坏了的意思。这篇论文的"提要"清楚地表明："历史地理学的主要工作，不仅要'复原'过去时代的地理景观，而且还需寻找其发展演变的规律、阐明当前地理景观的形成和特点"，应该说，这样的表述是极为清楚的。

我还有一段经历，那是在西安的中国科学院黄土与第四纪地质研究室的学习阶段。1997 年 9 月到了那里，会议室正面墙上悬挂着奥勃鲁契夫、李希霍芬、竺可桢、杨钟健、李四光五位科学家的大镜框照片，表明了黄土室的学术渊源和追求。导师安芷生院士是 1966 年跟随刘东生先生开始

① 谭其骧：《序言》，史念海《河山集·四集》，陕西师范大学出版社 1988 年版，第 4 页；张修桂：《开辟中国历史地理学新阶段的史念海先生》，《中国历史地理论丛》2014 年第 2 辑。

② 农业乃至林业、牧业生产的地域布局，具有非常丰富的经济地理内容，而粮食生产的研究，则更容易将视角引入技术领域，唯有立足于作物分布及其产能、运输路线和消费区域的研究，才能保持此项工作的地理性质。再就是基于粮食的基本经济属性，对于不同时代粮食产量及满足社会需求程度的探讨，无疑又属于社会经济史领域的研究内容了。

③ 这大致是以侯仁之先生《中国沿革地理课程商榷》（《新建设》1950 年第 11 期）、《历史地理学刍议》（《北京大学学报》（自然科学版）1962 年第 1 期）两篇论文的发表为标志，事实上是以 1961 年 11 月 28 日中国地理学会历史地理专业委员会成立为结束时间。参见周航《中国地理学会举行历史地理学专业学术讨论会》，《科学通报》1962 年第 2 期。

④ 史念海：《黄土高原历史地理研究·前言》，黄河水利出版社 2001 年版，第 4—5 页。

⑤ 侯仁之：《历史地理学刍议》，《北京大学学报》（自然科学版）1962 年第 1 期。

研究生阶段的学习，现在则是共同从事第四纪地质科学黄土与全球变化研究方向的学科带头人。刘东生先生起家于黄土研究，60 年间始终保持着一种孜孜以求的科学探索精神，他的著述宏富①，影响及国内外，外国学者评价为"中国黄土古环境研究之父"②。中科院系统开展黄土研究的目的，在于揭示地质时期黄土的成因过程及其驱动机制，其诸多杰出论著，应该说是为以历史学科为代表的人文社会科学的相应研究奠定了科学基础。

可以作为最后这句判断语的一个脚注，乃是美籍华裔历史学家何炳棣先生的一段论述。1969 年 4 月，何炳棣先生所撰《黄土与中国农业的起源》著作在香港中文大学出版，作者在"全刊小结"写的第一条，即为"近年中国地质学界，尤其是中国第四纪研究委员会，对我国的黄土曾作多方面的科学研究，现有的研究成绩已经相当可观。这些自地质、地貌、气候、土壤、化学、古动植物各观点研究的初步综合结论，都说明最近一百万年内虽有过几度的相对多雨期和大规模的侵蚀，全部第四纪或更新世中华北黄土形成的最基本原因是长期干旱"。我们注意到，作者在该书上编"中国黄土区域的古自然环境"中，论述到 20 世纪以来中国地质学已取得不少科学研究结果，引起了海外科学家的局部注意，但是"并未曾为中外考古学家和历史学家有系统的利用"③。所以，我们不妨把《黄土与中国农业的起源》的撰述工作，看作何炳棣先生很有意识的一次"有系统的利用"。

在黄土室学习期间，研习安芷生先生《关于全球变化研究的几个问题》论文，感到里面对于人类活动研究有非常重要的论述：

---

① 刘东生先生著作（含译著、主著及主编）主要有：《砂与黄土问题》，科学出版社 1964 年版；《黄河中游黄土》，科学出版社 1964 年版；《中国的黄土堆积》，科学出版社 1965 年版；《黄土的物质成分和结构》，科学出版社 1966 年版；《黄土与环境》，科学出版社 1985 年版；《刘东生文集》，科学出版社 1997 年版；《黄土与干旱环境》，安徽科学技术出版社 2009 年版，等等。

② 据《中国国家最高科技奖获得者刘东生院士逝世》一文的评价，刘东生先生根据连续的黄土沉积和黄土与古土壤的交替变化，研究了过去 260 万年的东亚气候演变历史，揭示了第四纪时期的冷暖与干湿、冰期与间冰期的频繁气候波动，为建立第四纪时期气候变化的多旋回理论，取代经典的第四纪四次冰期——间冰期理论奠定了科学基础，使黄土沉积与深海沉积、极地冰芯记录一样，成为全球气候环境变化的三大自然档案和国际对比标准，黄土的"新风成学说"因此而得以科学地创立。见《地质评论》2008 年第 3 期。

③ 何炳棣：《黄土与中国农业的起源》，香港中文大学 1969 年版，第 12、77 页。

人类活动是在自然变化背景下的最活跃的影响环境的因子……第四纪科学工作者有必要增强人类活动效应和相应的概念，而且在一定意义上说，应将较多的注意力从传统的自然因素的环境效应和响应的研究方面，部分地转移到人类因素的环境效应和响应上来，例如注意历史时期甚至近几百年的短周期的环境变化，寻找过去人类活动对环境变化影响的实例，并建立必要的模型，以估算未来人类活动对环境的影响程度等。有必要着重研究人类活动在最近 1000 年对我国陆地生态环境的影响，例如研究这一时期植被、土壤、水文和气候（包括干旱化）等环境因素的自然背景。通过历史文献、物候记录和地质、生物证据的研究，查明人口、城镇（包括工业化）、农牧方式和历史上社会动乱等对生态环境的直接影响，建立人类因素与自然环境历史演变的动力学模式。①

文中两个"有必要"的阐述，前者采用"自然背景"的表述，适用于第四纪科学工作者，后者采用"生态环境"的表述，则适用于历史地理学者及环境变迁研究者，做出这样的理解应该是反映了作者的论述思想，也符合最近 1000 年时间尺度内学界研究领域集中、研究方法多样的实际情况。

2001 年 8 月，我向黄土室提交了《中国北方沙漠—黄土边界带陆地环境演化的复原研究》论文，完成了在中科院的学业。第二年，王晗和他的同学们进入陕西师范大学西北历史环境与经济社会发展研究中心求学深造，我指导他选作了《清代陕北长城外伙盘地研究》为题的硕士学位论文，这是基于特定时空条件下陕北农牧交错带史实开展的一项实证研究。在继续求学深造的过程中，我们看到了刘东生先生撰写的《黄土与环境》一文②，并受这篇文章的启发，就为王晗选择了新的难度不小的实证性论题，即《人口变动、土地利用和环境变迁的关系研究——以清至民国陕北黄土高原为例》，经历数年的磨炼，到 2008 年 5 月他按时完成博士学位论文并毕业，成为历史地理学专业的新人。此后，他去复旦大学历史学博士

---

① 安芷生：《关于全球变化研究的几个问题》，《第四纪研究》1990 年第 1 期。
② 刘东生：《黄土与环境》，《科技与产业》2002 年第 11 期。

后流动站做研究，又去苏州大学社会学院历史系任教，始终放不下的还是黄土高原的研究课题。此处需要提及的是，2009 年 5 月姚文波完成的《历史时期董志原地貌演变过程及其成因》博士学位论文、2015 年 5 月杜娟完成的《关中平原土壤耕作层形成过程研究》博士学位论文，均与黄土高原有关，并有所建树。

　　进入 21 世纪后，环境史学研究按其特点和活力在大陆历史学界的传播逐渐加快，2005 年 8 月我携文参加了南开大学的"中国历史上的环境与社会国际学术研讨会"，2008 年 8 月我又携文参加了复旦大学的"明清以来云贵高原的环境与社会国际学术研讨会"，算是有点懂环境史学了。环境史学是历史学的新思维，是从关注历史上人类的生存机遇和适应方式开始的，是把人类与其所依赖的地理环境看作一种相关而又相斥的关系来考察认识的，可以较好地满足学术界及社会相关方面对于人与地理环境之间多种依存方式的理解。不过很有些滞后的是，作为整体的黄土高原环境史研究到现在为止，尚未由中国学者响亮地提出。

　　虽然如此，当时国内蓬勃发展起来的社会史研究领域却关注到人口与资源、环境关系的历史。2001 年 12 月，山西大学行龙教授发表《开展中国人口、资源、环境史研究》一文，提倡社会史学界要紧跟时代前进的步伐，开展这一新兴学科的研究。他有一个明确的解说，即"正如人口经济学、资源经济学、环境经济学并不等于人口、资源、环境经济学一样，历史地理、人口史、经济史的研究也不可能代替人口、资源、环境史的研究"①。这是很对的说法，强调了三个主题彼此间渗透和影响的学理路径，不过却很难做，一个可行的做法只能是逐步涉及、渐次纳入。从 2012 年起，山西大学中国社会史研究中心编辑的"田野·社会丛书"开始陆续出版，所呈现的一种研究取向和特色，就是以水为中心的人口、资源、环境社会史研究成果，非常有利于形成自然、人文内容融通的整体区域史学术风格。

　　2014 年 9 月，主题为"人类学与黄土文明"的第 13 届人类学高级论坛暨乔健先生从事人类学研究 60 周年座谈会在山西大学召开，会议相当

---

① 行龙：《开展中国人口、资源、环境史研究》，《山西大学学报》（哲学社会科学版）2001 年第 6 期。

关注作为地域人群的"人类"，笔者应约前往，作了题为《关于人类学与黄土文明的地质学认知——以刘东生学术思想为中心》的口头报告。当时，我提供的"摘要"开头是一连串设问：

> 自然过程中形成的黄土是一种什么土质？它如何演变为一种土壤？比之其他土壤有什么特性（自然方面及对于人类社会方面）？什么情况下黄土会成为最肥沃的农田？经过怎样的改良，黄土会更加造福于人类？黄土与人类之间究竟有什么联系？

"摘要"叙述了刘东生先生重视中国新石器时代考古和文明起源研究的事例，还叙述了1969年何炳棣先生对中国第四纪研究成绩的称赞，及2004年刘东生先生对这种称赞所做出的回应，他说"历史学家对自然科学研究的注意让我们深受感动。如果说今天自然科学家和社会科学家对两大学科的结合正在越来越感兴趣并彼此有所借鉴的话，那么30多年前何炳棣先生的开端工作可谓是中国黄土研究的光荣和进步"。今天，我第一次查到了刘东生先生在60年前撰写的另一段文字，马上就赋予了我一种力量，那段文字是："黄土在我国北方，黄河中游各省占面积很大，是我国中生代以后，大陆沉积中分布最广和沉积最厚的地层之一。从考古的材料证明自石器时代以来人类的文化活动在黄土地区就很多。经过几千来不缀的耕作，肥沃的黄土仍然继续供给人们以大量的粮食。可以说它所产生的财富胜过历史上任何矿产的价值。"① 这段文字在启发我们，研究者的身心怎样才能回到文明初期，认识和揭示出黄土对于早期农业生产所具有的特别影响。

最新的情况是，2017年3月2日下午，美国环境史学者穆盛博教授受聘为陕西师范大学兼职教授，合作单位即为笔者供职的西北历史环境与经济社会发展研究院。起初并不知道穆盛博教授的研究兴趣是在黄土高原近现代水土保持方面，及至一同前往陕西白水、澄城县和甘肃天水市考察之后，我为之撰写了简要介绍文字，题目是《牛津大学莫顿学院穆盛博先生受聘为我校兼职教授》，其中叙述道：

---

① 刘东生：《黄土野外工作方法的若干问题（一）》，《地质论评》1958年第5期。

追溯既往，早在 1871—1882 年间，德国地质学家李希霍芬有一次难得的中国北方之旅，他认为沿途所见分布在山和山谷中的黄土"是中国北方的生命要素，"山上"直到 2000—2100 米之间仍有人从事农耕，山坡上都有农田分布……这全都得益黄土的存在"。而苏联的 B. A. 奥勃鲁契夫院士则注意到"黄土状土壤的意义在于它很肥沃"，田地一经灌溉，就能得到丰收。我们判断，这正是中国古代北方居民产生和实现"与地相长""子孙宜富""永受嘉福"美好愿望的物质基础。而中国科学界长期从事第四纪黄土研究的刘东生院士、安芷生院士等率领的研究群体，已经把黄土高原生成的动力机制及其演变过程做出了国际一流水准的研究。现在，黄土高原与人类社会历史关系的研究，比以往任何时候都更加明确地摆在了学界同人的面前。①

通过以上经历及事例的叙述，我们触及历史地理学、第四纪地质学、环境史学、社会史学、人类学诸多学科，均与黄土高原存有关联。如果说第四纪地质工作者习称"黄土"或更为细致繁多的各类土壤、土层名称的话，其他学科则习称这片土地为"黄土地"，因为这是相对于民众家园和民众依存、经营的土地或田地而言的。所有这些学科就都涉及对于黄土地价值的认识问题，在此需要予以归纳。

十多年前，刘东生先生在解答"为什么人们如此重视黄土高原"一问时告知读者：中国的黄土高原之上生活着上亿人口，他们拥有百万年的历史，他们需要认识自己在自然界所处的位置，需要了解祖先和自身所经历的复杂的环境演化历史，高原内部保存着历时约 2200 万年最完整的古气候记录，这与缺乏人类历史的极地沉积和深海沉积有着根本的区别。刘东生先生一直看重黄土地的农业生产性质。他说：黄土高原分布于北纬 34°—45°，总面积约 380842 平方千米，黄河贯穿其中，旱作农业广布其间。在同一纬度，欧洲和北美的黄土地带构成全球的小麦和玉米带，西方

---

① 侯甬坚：《牛津大学莫顿学院穆盛博先生受聘为我校兼职教授》，《中国历史地理论丛》2017 年第 2 辑，封二。

人称为"面包篮"（bread basket）①。

前述 1962 年年初，侯仁之先生发表了《历史地理学刍议》一文，强调历史地理学的主要研究对象是人类历史时期地理景观的变化，这种变化主要是由于人的活动和影响而产生的。② 这篇论文的影响至大，直到今天还在起着鼓励年轻学子走向历史地理学的作用。在这里，还需要指出除了人的活动和影响而产生的地理景观的变化之外，其实还有一种现象——即地理环境与人类社会长久以来就存在着的相互关系，需要我们去进行考察。考察二者之间的这种关系是一种什么样的状态，通俗地说，是相安无事的还是相互不容的，作为一个地区来说，是一直保持一种状态，还是两种状态交替进行着，应该说这都不是通过假设就可以完成的，而是需要在开展实证研究工作中加以推进和完成。

简言之，我们推崇何炳棣先生早年著述的《黄土与中国农业的起源》一书，汲取中国科学家的第四纪研究思想和工作结论，并希望以此著作为圭臬，以何炳棣先生为楷模，对农业起源类似的高难度问题做出积极的探索，提升学术成果的科学性，才可能推进学术的发展。鼓励开展并加强黄土高原与人类社会历史关系的研究工作，挖掘出历史上黄土高原诸多重大、鲜活而独特的研究论题，揭示出黄土地里孕育过的历史文化故事及其所包含的价值。

侯甬坚

2020 年 6 月 21 日改定，陕西师范大学雁塔校区

---

① 刘东生：《黄土与环境》，《科技与产业》2002 年第 11 期。
② 侯仁之：《历史地理学刍议》，《北京大学学报》（自然科学版）1962 年第 1 期。

# 目　　录

# 绪　　论

## 第一节　理想与现实：选题缘起和学术史研究

### 一　选题缘起

人类活动与自然环境关系研究（尤其对地理环境脆弱地区）是国际地圈生物圈计划（International Geosphere-Biosphere Programme，IGBP）的重要研究课题。[①] 其中，高分辨率人类活动的自然指标研究与环境重建，一直被视为"过去全球变化"（Past Global Changes）研究中短时间尺度环境过程的重点和难点，属国际前沿研究领域。[②]

当前，人类活动已作为认识地球系统变化过程时必须考虑的重要的地质营力。人类活动的研究之所以在地球科学领域上升到如此高度，一方面是基于认识地球过程中人与自然相互作用的规律之需要；另一方面是通过认识人类活动对地球系统干涉、扰动的过程和机理，重新建立人类自身有序的行为，保护和改善可持续的人类生活所依赖的环境。

毛乌素沙地南缘地区位于毛乌素沙地与黄土高原的交接地带，正好处在中国北方农牧过渡带的中段，是半干旱气候带向干旱气候带过渡的边缘地区，同时也是历史时期沙漠变化较明显的地区。该区域从战国秦汉开始，直至明代（元代九十年不计）的一千多年里，北方游牧民族和南方农

---

① 张丕远、葛全胜等：《全球环境变化中的人文因素》，《地学前缘》1997 年第 1—2 期；葛全胜、方修琦等：《20 世纪下半叶中国地理环境的巨大变化——关于全球环境变化区域研究的思考》，《地理研究》2005 年第 3 期。

② 李家洋、陈泮勤、葛全胜、方修琦：《全球变化与人类活动的相互作用——我国下阶段全球变化研究工作的重点》，《地球科学进展》2005 年第 4 期；徐冠华、葛全胜、宫鹏、方修琦等：《全球变化和人类可持续发展：挑战与对策》，《科学通报》2013 年第 21 期。

耕民族长期对峙。从匈奴到鞑靼，少数民族不断地侵扰南面的农耕区，而历代中原王朝也进行大规模屯垦戍边，以应对北方少数民族。这样一来，毛乌素沙地南缘农耕地的开发遂成为历史上对我国总体环境具有较大影响的土地利用事件之一。[①] 区域内生态系统在时间和空间上具有高度的不稳定性，对全球气候变化响应敏感，是研究全球变化的理想区域。

本书希冀结合毛乌素沙地南缘生态系统的变化趋势以及当时区域经济社会自身的特点，描述人类需求—人类行为—人类作用的过程，寻找环境变化的驱动指标，表达人文作用的效应，对演变中的人类活动和地理环境之间的关系做出深刻解读和准确判断，形成综合的研究思路和方法学框架，进而构建脆弱生境地带地理过程综合研究的平台，以寻求宜于优化和改善当地生态的有效途径。

### 二 学术史研究与考察视角再思考

毛乌素沙地南缘及其周边地区的人地关系问题，一直受到学术界的关注，相关著述颇丰。早在清代中后期，研究区内沙漠化不断扩大的现象和事实便已引起有关人士的注意。[②] 至 20 世纪初期，沙地变迁研究已纳入学术界的视野。[③] 这一时期的研究主要集中在对北方沙漠的现状、沙漠化对社会经济的影响等方面。20 世纪 50 年代以来，国内外众多学者分别从不同角度开展了相关的研究工作。[④] 由于毛乌素沙地与陕北黄土高原的交界带是历史时期中原汉族农民与北方少数民族游牧民交互活动的地域，多次战争的间隙中，不同民族的经济生活方式以及文化形态在地域组合上迭为交替，从而具有善移多变的鲜明特性。研究者很自然地将历史上的人类活动（尤其是农牧民的社会经济行为），同当地土地退化或沙漠化的过程联系在一起，并得出人为因素影响毛乌素沙地扩大化的认识模式：在毛乌素

---

① 邹逸麟：《有关环境史研究的几个问题》，《历史研究》2010 年第 1 期。

② ［法］古伯察：《鞑靼西藏旅行记》，耿昇译，中国藏学出版社 1991 年版，第 205—207 页。

③ 安汉：《西北垦殖论》，国华印书馆 1932 年版；杨增之、郭维藩等编：《绥远省调查概要》，绥远省民众教育馆 1934 年版；程伯群：《中国北方沙漠之扩张》，《科学》1934 年第 6 期；［美］拉铁摩尔：《中国的边疆》，赵敏求译，正中书局 1942 年版；［美］乔治·B. 克雷西：《鄂尔多斯沙漠》，龙章节译，《边政公论》1945 年第 4、5、6 期合刊，1945 年第 7、8 期合刊。

④ 请参见参考文献之近今论著。

沙地南缘，汉族移民从事农业生产初期，土地产量相对较高，后因土壤肥力下降，土地被抛荒任其自然恢复，待数年后继续耕垦。随着移民增加，放荒之地不等恢复便又耕作，土壤质量逐步退化，土地沙化过程得以加剧。① 这一认识模式勾勒出历史时期人类活动（主要是农耕活动）与毛乌素沙地南缘环境变化的基本过程，后世研究者多以此为基础，或是进行更加细化的阐释和论证，强调人为过度农垦加速了毛乌素沙地的继续蔓延和扩大②；或是提出与之相左的观点，认为沙漠扩大化的成因以自然因素为主，人类活动只是叠加其上而已③；还有学者提出明清以来人类活动的强度虽然呈现不断增加的趋势，但毛乌素沙地并没有随之发生大规模的向东南或西南的扩展④。

上述研究反映了来自不同学科领域的研究者就毛乌素沙地扩大化问题开展的深入探讨，不难看出，伴随着相关研究开始呈现百年尺度的个案性、专题化趋势，研究内容也逐渐细化，有部分学者开始尝试从重大的历史事件出发来考察事件背后的人文因素对于土地垦殖的影响⑤。然而，上述研究仍存在有待进一步探讨、完善的环节：

---

① 吴传钧、孙承烈等在《黄河中游西部地区经济地理》中提出该认识模式，史培军等在《从土地沙漠化论人类活动与自然环境的关系》中将该认识模式精练：在干旱多风和疏松地表的影响下，历史时期人类的强度土地利用导致环境发生退化→沙漠化过程的发展和加剧→可利用土地减少、生产力下降→进一步强度土地利用（吴传钧、孙承烈等：《黄河中游西部地区经济地理》，科学出版社 1956 年版，第 32—33 页；史培军、宋海：《从土地沙漠化论人类活动与自然环境的关系》，《新疆环境保护》1983 年第 4 期）。

② 陈育宁、王尚义等认为历史上对鄂尔多斯的第三次大规模的开垦是从清末开始的，其严重的后果是大大加快了库布其沙漠和毛乌素沙地的继续蔓延和扩大（陈育宁：《鄂尔多斯地区沙漠化的形成和发展述论》，《中国社会科学》1986 年第 2 期；陈育宁：《近代内蒙古地区的"移民实边"及其影响》，《西北史地》1988 年第 3 期；王尚义：《历史时期鄂尔多斯高原农牧业的交替及其对自然环境的影响》，《历史地理》第 5 辑，上海人民出版社 1987 年版，第 11—24 页）。

③ 董光荣、李保生等：《鄂尔多斯高原晚更新世以来的古冰缘现象及其与风成沙和黄土的关系》，《中国科学院兰州沙漠研究所集刊》1986 年第 3 号；李华章：《中国北方农牧交错带全新界环境演变的若干特征》，《北京师范大学学报》（自然科学版）1991 年第 1 期；牛俊杰、赵淑贞：《关于历史时期鄂尔多斯高原沙漠化问题》，《中国沙漠》2000 年第 1 期。

④ 邓辉、舒时光等：《明代以来毛乌素沙地流沙分布南界的变化》，《科学通报》2007 年第 21 期。

⑤ 韩昭庆：《明代毛乌素沙地变迁及其与周边地区垦殖的关系》，《中国社会科学》2003 年第 5 期；肖瑞玲：《清末放垦与鄂尔多斯东南缘土地沙化问题》，《内蒙古师范大学学报》2004 年第 1 期；何彤慧、王乃昂等：《对毛乌素沙地历史时期沙漠化的新认识》，陕西师范大学西北历史环境与经济社会发展研究中心编：《历史环境与文明演进——2004 年历史地理国际学术研讨会论文集》，商务印书馆 2005 年版，第 110—121 页。

（1）有关研究一般将人地关系中"人"的因素表达得较为抽象，即看不到区域人群的社会经济活动，忽视了区域内的"人"是存有差异的。在研究区内，清政府、蒙旗贵族、天主教堂、地方士绅、民众等不同阶层由于所处社会地位、土地占有情况等方面的不同，都会对土地进行或直接或间接的利用，从而对环境产生不同程度上的影响。

（2）以往研究强调并彰显土地的自然属性，忽略甚至无视土地的社会属性。不难看出，许多研究者理想化的将人类活动叠加在不同自然条件下的"地块"上，继而推导出环境的可能性变化。而在实际生产、生活中，土地的社会权属关系在很大程度上制约着区域人群的社会经济行为，区域人群也会因土地权属的变化而对环境发生影响，而且这种影响的力度和程度往往具有突变性。

（3）以往的研究多将人地关系进行了抽象的模式化表达。即以现代科学的视角来打量当时的人地关系，很少站在当时人的角度，从"地方经验"出发来复原特定时空条件下的人地关系。而在研究的过程中，需要加入对当时当地社会发展状况的人性化考察，从而推导出人与环境变化之间的合理关系表达。

基于此，本书通过对研究区内特定时段的历史文献加以搜集和梳理，并结合相应的实地调查，对大量土地数据背后的自然与人文因素加以甄别和分离，分别以行政边界的形成过程、土地的权属关系、伙盘地移民社会的营建过程、制度政策因素影响下的地方治理和具有"地方经验"的农牧民生产环节五方面为切入点，细致探讨历史时期研究区内相关人类活动（尤其是农牧活动）的真实过程，继而，在此基础上，我们对毛乌素沙地南缘过去的人类社会经济行为的方式和规模加以估算，综合判定这一地区环境变化演进的技术指标，从环境变化这一角度再现历史上的环境演替进程，从而为当前人类生产行为的调整，环境治理方略的制定提供历史依据。

## 第二节 核心议题：在变异的边缘地区把握历史脉络

### 一 核心议题

在变异中的边缘地区（非中心，noncentralplace）把握历史的脉络，是历史地理学研究持续关注和重点着力的科学领域。关于"变异中的边缘"，其历史发展进程大致有这样几种情况：第一是在历史发展过程中维持相对稳定的传统的边疆地带；第二是在政治、经济等诸因素的影响下，传统的边疆地带进行调适，并逐步向边界缓冲地带转变，同时有可能成为新的政治、经济、文化核心区域；第三是传统的政治、经济、文化核心区域（central place）逐步转化为边疆地带和边界缓冲地带；第四是传统的边界缓冲地带向边疆地带的过渡。

本书从以下八个核心议题展开相关研究。

（1）地理环境复原。毛乌素沙地南缘从战国秦汉开始，直至明代（元代九十年不计）的一千多年里，皆为北方游牧民族和南方农耕民族长期对峙之地。从匈奴到鞑靼，不断地侵扰南面的农耕区，故而，从秦汉长城到明代长城，在河套地区、鄂尔多斯高原等干旱不适合农耕地区，进行大规模屯垦戍边，成为历代中原王朝的定制。而清政府在确立对中原的统治之初，沿陕北长城北侧与鄂尔多斯高原之间划定禁留地，严禁蒙汉民众接触①。在此期间，地方政府多是遵行中央政府的命令较为严格地推行封禁政策，因此，这一地区地理环境得以逐步恢复，"多年不耕，稿草腐朽，地面色黑"②。

（2）土地权属。毛乌素沙地南缘伙盘地土地权属问题的变更是蒙边垦殖出现、深化的契机，同时也是当地自然环境变化的诱因所在。自清代康熙中期以降，清政府、伊盟王公、晋陕移民在伙盘地的土地权属变更过程中，会针对土地采取不同的生产模式。而变化较大的生产模式会对自然环境基础资源的容受能力、自然环境容纳人类数量及人类活动总量等产生或积极或消极的影响。

（3）移民社会发展程度。蒙边垦殖的过程实质上是伙盘地移民社会构建的过程。晋陕边民由原来的雁行式流动人口向定居型人口转化，移民规模逐步扩大、伙盘地村庄化进程随之加快，这在客观上促使伙盘地的范围

---

① 民国《续修陕西通志稿》卷二八《田赋三》，《屯垦·鄂尔多斯蒙部述略》，宋伯鲁等编纂，民国二十三年（1934）刊本；吴坚主编：《中国西北文献丛书》（第1辑）《西北稀见方志文献》（第7卷），兰州古籍出版社1990年版，第45页上。

② 民国《府谷县志》卷一《地理志·黑界考略》，陕西师范大学图书馆藏，[王九皋、王俊让等纂修，民国三十三年（1944）石印本，不分页]。

从"边墙以北，牌界以南"① 逐渐向北推移，相应地，晋陕移民向草原腹地不断延伸，伙盘界石不断北扩，农牧界线逐渐北移、错位。伙盘村庄至民国初年已有 1806 处村庄，可与陕北沿边六县边内村庄数等量齐观。此外，晋陕边民对于边外定居生活的认同感和归属感，更可以视为一种复杂的社会和心理现象，它不像自然环境那样存在着地带性规律或非地带性规律，它在改变既有居民的同时，也在因人因地而变，而且这种变化也带来了区域社会的变迁，形成独具特色的伙盘地移民社会。

（4）农牧民生产环节。在以往的研究中，关于历史时期人类活动和农牧交错带环境演变的研究逐步形成一个固定的模式，即在干旱多风和疏松地表的自然背景下，历史时期人类的强度土地利用→导致环境发生退化→沙漠化过程的发展和加剧→可利用的土地减少、生产力下降→进一步强度土地利用。这一研究模式实际上压缩了农牧民的生产环节，片面夸大农牧民在生产过程中对土地的破坏程度和力度，忽视了当地民众出于经济收益的需要而对于农业生产技术提高的诉求，对于保护牧场以有利于牧业生产的想法。因此，通过分析，不能简单地将毛乌素沙地南缘的环境变化问题和农牧民的生产相挂钩，而是应该更加细致地着眼于生产环节的细部。

（5）制度、政策因素。制度、政策与权力的结合对区域以及全球环境变化的影响具有根本性的驱动作用。在毛乌素沙地南缘，清代中央和地方两级政府针对当地汉民承租蒙民土地从事农牧业生产这一环节，在不同时期制定了不同的垦殖政策，经历了封禁、招垦、禁垦、拓垦四个阶段，这是清政府对毛乌素沙地南缘逐步认识和开发的过程。在这一过程中，政令往往混淆不明，行政能力也相对低下，从而使得地方官员在这种本来就很难定量、定性予以管理的地区，根据自身利益采取虚报或是瞒报的手段来隐匿真实的土地数字。而汉族移民则充分利用这种中央政府和地方政府协调过程中的漏洞从事农牧业生产。因此，深入这些民众的农牧生产行为背后，去细致考察当地社会内部各种政策的运行机制，以及认真分析可作用于人的利益驱动规定及其调节手段，也就可以完整而准确地揭示移民社会农牧活动如何作用于沙化环境。

---

① 道光《神木县志》卷三《建置上·附牌界》，《中国地方志集成·陕西府县志辑》第 37 册，凤凰出版社 2007 年版，第 491 页上。

（6）蒙汉关系。在土地利用过程中，蒙族和汉族之间的风俗习惯、生产生活方式迥然不同，蒙汉双方在价值观念、道德规范方面存在极大差异。这有可能导致民族间的隔阂，而这种差异又与当地的地理环境存有密切关系。

（7）交通线与农牧业生产的选择。毛乌素沙地南缘虽有为数不少的交通线，但是由于自然环境的封闭性带来交通不畅，继而限制了当地商贸活动。这也促使许多原以农业生产为主业的汉族移民，开始注意保护牧场用以牧放，尽量将种植农作物经营在原耕地上，很少随便开垦适耕牧场种粮，从而得出"以牧促农、以农养畜"的生产经验。

（8）环境效应分析。由于气候等诸因素的变化，17世纪中叶至20世纪前期，中国北方农牧过渡带有过一定的变化。大约在康熙末年至乾隆中叶的18世纪，我国北方气候有一段转暖时期，因此农牧过渡带的北界有可能到达了无灌溉旱作的最西界。① 恰于此时，晋陕沿边民众越出边墙，进入毛乌素沙地南缘从事农牧活动，从而出现"春出冬归（先议秋归，后议冬归），暂时伙聚盘居"形式的伙盘地。伙盘地随后的发展、变化、壮大也在随着气候等自然因素的改变而发生变动。同时，随着当地民众农牧活动强度的加大、农耕面积的不断扩展，至清代中后期逐渐过渡到以农耕为主、放牧为次的局面，土地承载量下降现象日益突出，遂成为一个人地关系非常紧张的地区。

## 二　各章的着力点

第一章的着力点是"移民社会的复原"。本章分为三节，第一节主要介绍伙盘地产生的历史背景，其中包括明清鼎革之际鄂尔多斯高原与陕北黄土高原两大地貌类型区的基本格局，伙盘地名称的由来及其地域特色，伙盘地最终形成的地域范围界定，伙盘地移民赖以谋生的地貌、气候、降水等地理条件。第二节则是通过移民种类、与原籍的关联度和蒙汉民关系的角度分析边外移民从"雁行人"到伙盘地居民的转变过程以及社会关系构成和演变。第三节提出"村庄化——伙盘地居民定居生活的前提"的观

---

① 邹逸麟：《明清时期北部农牧过渡带的推移和气候寒暖变化》，《复旦学报》（社会科学版）1995年第1期。

点，从政治环境与行政力量干预，传统道德、风俗习惯与居住形式，交通线的扩展与商贸活动，社会管理，社会生活的相对稳定与人口增殖五个方面进行分析，得去毛乌素沙地南缘的自然环境、社会文化环境和生产环境是构成伙盘地村庄化的主要因素。

第二章的着力点是"'界'的动与静"。本章分为三节，第一节是围绕历史文献中和毛乌素沙地南缘相关的舆图而展开，该节的观点是，舆图编绘者在执行国家政策的过程中，根据自身成长背景、求学经历、为政经验和社会理想来制定相应对策，来对毛乌素沙地南缘移民垦殖情况进行相应的管理，而这一对策在舆图的编绘过程中得以适度表达。因此，该节结论是判读舆图中的地理信息，需要以"了解之同情"对舆图编绘者所绘舆图中的地理信息来源加以分析，更需要掌握舆图编绘者对舆图编绘时所需标示对象的认知过程。第二节主要探讨了农牧界线在农牧区域相互扩张的过程中，如何在政府当局的关注下强化界线本身的精确度和法定属性。在清代中央与地方两级政府、蒙旗贵族、圣母圣心会、地方士绅、基层民众等不同阶层的关注下，蒙陕边界的形成过程伴随着晋陕边民的定居化、村庄化进程的加快而发生着变动。汉族移民则充分利用这种中央政府和地方政府协调过程中的夹缝，在蒙陕交界地带从事农牧业生产，从而间接地增强了伙盘地扩张的自发性和不确定性。此外，汉族移民在边外定居生活逐步稳定的同时，对于独具特色的移民社会的构建具有推动作用，继而强化了对毛乌素沙地南缘地带的地域认同。第三节则是选取民国初年陕绥划界纠纷为研究对象，该节的观点是，陕绥划界纠纷研究可以视为总结归纳省域调整过程中规律性的典型案例，亦可作为将来行政区划改革的重要参考。陕北沿边六县士绅在划界纠纷初起时超越北京政府和陕西省府既定方针、政策的束缚，利用自身在当地的威望和号召力，对划界争议区内的民众进行宣传和引导，获取民众的民心，来维护争议区内民众的既得利益。

第三章的着力点是"土地权属与蒙边垦殖"。该章分为两节，第一节从细致考察毛乌素沙地南缘环境变化的人文因素入手，认为传统的研究方法多从单纯的人口数量变化、生产方式改变等方面开展研究，这样的研究模式对于构建演变中的人类活动和地理环境之间的关系尚缺乏合理解释。在此基础上，本节认为，蒙边垦殖的过程实质上是伙盘地移民社会构建的过程，而土地权属问题的变更是蒙边垦殖出现、深化的契机，更是影响当地自然环境变化的深层原因。第二节则是更加细化和深入地分析了毛乌素沙地南缘的"赔教地"问题。本节认为，自清代末年已降，研究区内原有的地方政府、蒙旗贵族、地方士绅和基层蒙汉民众的四元社会结构因圣母圣心会的介入，而出现社会权力结构的重组，各方势力彼此间关系的角逐、磨合对于地方事务的决策产生作用，并对区域内的生态环境具有明显的影响。

第四章的着力点是"制度政策与地方治理"。本章分为两节，第一节分析了清代中央和地方两级政府针对当地汉民承租蒙民土地，从事农牧业生产这一环节在不同时期制定的不同的垦殖政策。该政策本身在清代分为四个阶段：地理环境自然恢复的封禁期、牧区农业景观凸显的招垦期、从掠夺式收缩到违禁私垦的禁垦期和地理环境进一步破坏的拓垦期。而这些政策在清前期变化幅度不明显；到康熙年间，由于汉族移民不断越边垦殖，中央和地方两级政府之间开始协调；乾隆初年，在禁垦令执行过程中，地方政府进行相应的协调；至光绪末年，清政府为摆脱社会经济危机，对垦殖政策进行大幅度调整。本节的结论是制度、政策与权力的结合对区域以及全球环境变化的影响具有根本性的驱动作用。在人地关系过程中，制度、政策作为一种解决问题的途径，起着牵一发而动全身的作用。第二节则是透过制度、政策的表象，来观察执行制度政策的官员，并以地方官员的籍贯与履历作为考察清代陕北长城沿线官员的环境感知和地方治理的依据。

第五章的着力点是"蒙边垦殖与环境变迁"。本章分为两节，分别选取了边界带具有地貌代表性的区域，探讨沙漠化的成因和人类在沙漠化进程中的作用。第一节分析了以怀远县（民国三年为横山县①，1914）伙盘地为代表的毛乌素沙地南缘垦殖和环境变化过程，笔者认为，清代以来，怀远县边外移民的社会经济行为对环境变化过程具有深度影响。此一阶段的边外垦殖促成了研究区域内农牧界限的北移错位，也推进了土地沙化的进程。第二节则是客观复原了典型水利灌溉区的形成过程和农牧业生产方式的变迁。研究工作表明，该区域特色的成因和特定的地貌类型、土壤状

---

① 民国《横山县志》卷二《纪事志》，《中国地方志集成·陕西府县志辑》第 39 册，凤凰出版社 2007 年版，第 320 页。

况以及气候条件等自然因素密切相关；水利灌溉区的形成过程中，生产方式因地理环境的变化、移民规模的变化而有所变动，随之，农牧界限逐渐向北移动。此外，在当地社会各阶层的介入下，长期引浑淤灌，将位处城川和安边之间的近50平方千米范围内的沙荒碱地加以改造，提高土地质量，适度的农业技术的抉择并未带来农业生产的衰退和自然环境的恶化，反而对于沙漠的扩大化起到一定的延缓作用。

在本书的结论部分，笔者认为，中国北方农牧交错带是北起大兴安岭西麓呼伦贝尔，向西南延伸，经内蒙古东南、冀北、晋北直至鄂尔多斯、陕北的广阔地带。这一地带自新石器时代以来，一直是人类频繁活动的地区，区域内，农耕业与畜牧业两种生产方式的变化，既受当地自然环境的制约，又受南北文化交流的影响。在清至民国时期，随着农牧业生产方式的交替、社会经济行为强度的差异以及自然因素的影响，土地的沙化和退化处于一个蔓延与暂时稳定相互交替的复杂过程中。而这一时期的毛乌素沙地南缘环境变化过程，则成为反映整体环境变化的典型案例。

通过对毛乌素沙地南缘纷繁复杂的个体多样性进行长期调查和研究，笔者尝试着从地理环境复原、土地权属问题、移民社会发展程度、农牧民生产环节、制度政策影响、蒙汉关系、商贸活动和环境效应分析八个方面入手，来推导出历史时期中国北方农牧交错带环境变化过程中人类因素实际作用。这样的研究路径，对于分析农牧交错带脆弱地理环境（Ecologically vulnerable environment）中社会人群与自然的相互关系、复原和展现历史时期农牧业之间的复杂关系及进程，并结合区域生态系统的变化趋势，来描绘出历史上人类需求—人类行为—人类作用的过程有着不可忽视的作用。

# 第一章　伙盘地：移民社会的复原

## 第一节　历史背景——移民社会出现的先决条件

### 一　时代特点

明清鼎革之际，在清政府征服蒙古诸部的过程中，以林丹汗的覆灭为标志，蒙古社会原有政治核心最终崩溃。① 清政府入主中原后，迫切需要重建社会制度和秩序来组织和治理蒙古，使已经臣服的蒙古诸部不再是清政府的威胁，而是作为满族统治者的政治同盟存在。② 因此，清政府依据自身统治需要和蒙古原有制度，逐步完善蒙古诸部社会秩序和管理制度。③ 这些政策的实行，逐步实现了清政府严格控驭、羁縻抚绥蒙古诸部的目的，同时也客观上促进了游牧部落社会的转变和发展。

首先，实行盟旗制度。盟旗制度依据蒙古原有的鄂托克等封建领主的势力范围，结合满洲的八旗制度而形成的清代蒙古社会、政治、经济、军事组织单位。鄂尔多斯部归顺清政府统治后，其游牧地基本固定为"东西北三面距黄河，南至陕西、甘肃边墙界"的区域内④。顺治六年（1649），

---

① ［日］田山茂：《清代蒙古社会制度》认为，"自太祖晚年到太宗一代的二十年间，便以全力征讨林丹汗为主来经略内蒙古。利用通婚、交易等和平手段，加紧与科尔沁部联系。天命十一年（1626），太宗进一步与奥巴缔结攻守同盟，以防备察哈尔、喀尔喀，为征讨林丹汗作准备。正式开始征讨察哈尔是从天聪五年（1631）左右，这一年设置了专司蒙古军政的蒙古承政。天聪六年，征了察哈尔、土默特大部分地方。八年，林丹汗败死。第二年（1635），内蒙古十六部四十九王公集会，承认满洲皇帝继承蒙古可汗的大统，奉上'博克图彻辰汗'尊号"（潘世宪译，商务印书馆 1987 年版，第 64—65 页）。

② 达力扎布编：《蒙古史纲要》，中央民族大学出版社 2011 年版，第 121 页。

③ 《清史稿》卷一二二《职官二·理藩院》，台湾商务印书馆 1999 年版，第 3281—3284 页。

④ 嘉庆《钦定大清会典事例》卷七二六《理藩院·疆理·内蒙古部落》，《近代中国史料丛刊三编》（第 70 辑），托律等纂修，中国藏学出版社 2006 年版，第 29—30 页。

额林臣（又作额麟臣）等六位鄂尔多斯王公因镇压反清战争有功，清政府以功行赏，把鄂尔多斯部划分为鄂尔多斯左翼前旗（又称准噶尔旗）、左翼中旗（又称郡王旗）、左翼后旗（又称达拉特旗）、右翼前旗（又称乌审旗）、右翼中旗（又称鄂托克旗）和右翼后旗（又称杭锦旗）六旗进行统辖①。乾隆元年（1736），又从右翼前旗（即乌审旗）划出 13 个苏木建立了左翼前末旗（又称札萨克旗）②。除左翼前末旗外，清政府还依据各札萨克③的忠实程度和功勋，分别授以爵位④。

表 1.1 　　　　　　　　　　鄂尔多斯诸部划分简表

| 旗名 | 佐领（名） | 爵位 | 旗名 | 佐领（名） | 爵位 |
|---|---|---|---|---|---|
| 鄂尔多斯左翼前旗（准噶尔旗） | 42 | 固山贝子 | 鄂尔多斯左翼中旗（郡王旗） | 17 | 多罗郡王 |
| 鄂尔多斯左翼后旗（达拉特旗） | 40 | 固山贝子 | 鄂尔多斯右翼前旗（乌审旗） | 42 | 固山贝子 |
| 鄂尔多斯右翼中旗（鄂托克旗） | 84 | 多罗贝勒 | 鄂尔多斯右翼后旗（杭锦旗） | 36 | 固山贝子 |
| 鄂尔多斯左翼前末旗（札萨克旗） | 13 | | | | |

资料来源：《清史稿》卷二一六《表第四十九》，台湾商务印书馆 1999 年版，第 7336—7347 页。

清政府规定鄂尔多斯部诸旗三年会盟一次，地点在伊克昭，因此鄂尔多斯七旗合称为伊克昭盟。盟长称为"大札萨克"，负有协助清廷派出主

---

① 《清史稿》卷二一六《表第四十九》，台湾商务印书馆 1999 年版，第 7336—7347 页。
② 《清史稿》卷八四《地理二四·内蒙古》载，"鄂尔多斯左翼前末旗……乾隆元年，以族繁增旗一，授札萨克，世袭。掌右翼前末旗，附右翼前旗游牧"，台湾商务印书馆 1999 年版，第 2654—2659 页。
③ 札萨克，官名，蒙古语"执政官"的意思，是一种清朝时主要针对蒙族和满族人授予的军事、政治官职爵位。其等级依次为汗、亲王、郡王、贝勒、贝子等，均由朝廷册封，受当地办事大臣或参赞大臣节制。札萨克是朝廷册封的，都有爵位，一般可以世袭。
④ 《清史稿》卷二一六《表第四十九》，台湾商务印书馆 1999 年版，第 7336—7347 页。

持会盟官员召集会盟和处理政务的职责。① 所以，盟在清前期并不是实有的行政机构，至清后期，才开始具有一定的行政职能。这样一来，旗是鄂尔多斯地区最基本的行政单位。旗的最高行政长官是札萨克（又称"执政王公"），札萨克由清政府诏封的蒙古王公贵族担任，掌握着本旗范围内的政治、经济、军事、司法大权，终身任职，实行嫡长子世袭制度。② 札萨克之下设有协理台吉、管旗章京、梅勒章京等官员，协助札萨克处理旗内军事、行政、税赋、司法等事务。旗下还设有"佐"（蒙古语称苏木）的最基层的组织③。

　　清朝初期的旗具有双重性，一方面是作为清代鄂尔多斯的基层行政单位而存在，另一方面是鄂尔多斯蒙旗王公的世袭领地。因此，在各旗土地的所有权上也存在着双重性质。清政府通过划定旗界，将土地所有权收归国家所有，同时，又将旗地分封给各旗札萨克，使其拥有对旗内土地和属民的所有权。④ 所以，盟旗制度的实施实际上废除了蒙古地区原有的封建领主制的土地关系，并确立了以清政府为主体的土地关系。

　　其次，管理体系的完善。第一，设置理藩院。清代专门设置了管理蒙古事务的行政机构，称为"蒙古衙门"。崇德三年（1638），更定蒙古衙门的名称为理藩院，并以贝子博洛为承政，成为清廷八大衙门之一。⑤ 随着清政府统治区域的扩大，理藩院的职权也扩至统管回、藏等边疆地区事务以及一些对外交涉事务，但实际上仍以管辖蒙古事务为主。⑥ 第二，推行法律体系。清政府在征服蒙古诸部的过程中，逐步制定和颁布相关法令，康熙六年（1667），这些法令被汇编为《蒙古律书》，作为规范蒙古地区社会生活、刑事处罚的原则和依据。《蒙古律书》的内容包括两个部

---

① 嘉庆《钦定大清会典事例》卷七三九《理藩院·设官·内蒙古部落官制》，《近代中国史料丛刊三编》（第 70 辑），托律等纂修，中国藏学出版社 2006 年版，第 391—393 页。

② 孙福坤：《蒙古简史新编》，沈云龙编：《近代中国史料丛刊续编》第 52 辑，文海出版社 1974 年版，第 42 页。

③ ［日］田山茂：《清代蒙古社会制度》，潘世宪译，商务印书馆 1987 年版，第 104—105 页。

④ ［俄］Б. Я. 符拉基米尔佐夫：《蒙古社会制度史》，中国社会科学出版社 1980 年版，第 251 页。

⑤ 《清太宗实录》卷四二，"崇德三年六月丙戌"，《清实录》第 2 册，中华书局 1985 年版，第 559 页下—560 页上。

⑥ ［日］田山茂：《清代蒙古社会制度》，潘世宪译，商务印书馆 1987 年版，第 192—197 页。

分，即行政法规和刑法条文。① 其后，行政法规部分逐渐形成为《理藩院则例》，刑法方面的内容则成为《蒙古律例》的基础。② 乾隆三十一年（1766），《理藩院则例》和《蒙古律例》重新颁布，并通过理藩院颁行蒙古各部，成为体现清朝中央政府意志的通行蒙古各部的最高法律准则。

第三，设立驻防制度。清政府在统一蒙古诸部的过程中逐渐在蒙古地区设立将军大臣驻防，至乾隆年间形成完备制度。驻防将军大臣统领八旗军，同时兼领所辖各旗军务，监督政务，并办理对外交涉事务宜③。其中，伊克昭盟和乌兰察布盟军务由绥远城将军统辖。早在康熙年间征伐准噶尔部时，清军就开始驻防归化城，到乾隆二年（1737）修建绥远城后，"设建威将军一人、副都统二人"④。

最后，扶持和恢复畜牧业经济。历经明末清初的连年战争，蒙古诸部人口锐减，畜牧业经济遭受到严重的破坏。清朝初期，统治者十分注重蒙古地区传统游牧经济的恢复，实行轻徭薄赋政策。康熙三十年（1691），康熙皇帝曾严谕蒙古各旗"嗣后俱择好水草处放牧，轻役减赋，务求永远营生之道"。同时，清政府还通过赈济等方式对蒙古地区游牧经济给予相应扶持。自然灾害给蒙古地区的畜牧业生产带来极大威胁，清政府规定，凡蒙古地区遇到较大的自然灾害，国家都要调拨钱粮等给予救济，维持蒙民生计，恢复畜牧业生产。此外，清朝对蒙古地区实行养赡制。"先查明贫乏之户，由本旗札萨克及富户、喇嘛等抚养，不足则各旗公助牛羊。每贫台吉给牛三头，羊十只，每贫人给牛二头，羊十只，令其孳育。"若是本地无力养赡，则"盟内等共出牛羊协济养赡，设若连年饥馑，该盟内力乏不能养济，可申报理藩院遣官查勘，发布赈济"⑤。

---

① 《清圣祖实录》卷二四，"康熙六年九月癸卯"。"癸卯，理藩院题，崇德八年颁给蒙古律书，与顺治十四年定例，增减不一。应行文外藩王且贝勒等，将从前所颁律书撤回，增入见在增减条例颁发"（《清实录》第4册，中华书局1985年版，第327页）。

② 《清高宗实录》卷一五六，"乾隆六年十二月丙午"，《清实录》第10册，中华书局1985年版，第1241页下。

③ 杨强：《清代蒙古族盟旗制度》，民族出版社2004年版，第67页。

④ 嘉庆《钦定大清会典事例》卷四二九《兵部·官制·绥远城驻防》，《近代中国史料丛刊三编》（第68辑），托律等纂修，中国藏学出版社2006年版，第140页

⑤ 嘉庆《钦定大清会典事例》卷七五〇《理藩院·优恤·赈济》，《近代中国史料丛刊三编》（第70辑），托律等纂修，中国藏学出版社2006年版，第836、838页。

## 二　伙盘地名称由来

查毛乌素沙地南缘相关的方志资料可得，乾隆《府谷县志》存有较早记录"伙盘"一词的文献。该志书在卷二《田赋·附民人租种五堡口外蒙古鄂尔多斯地土内》中曾记有"此项地土租种时，蒙古地主皆立档子与民人收执。每年收租，地主自来伙盘，种地民人同该管总甲、牌头亲交。秋间，各总甲仍将种地民人姓名、牛犋、租银、租糜数目开载明确，到县投遍，考核、造册、申赍。本道、府、理事厅暨驻扎神木理藩院部郎各衙门以备查考"①。文献中的"伙盘"虽可以定性为移民聚落、村庄，但对其概念、性质等基本因素并未作以说明。直至道光年间，成书于道光二十二年（1842）的《增修怀远县志》也对"伙盘"进行了定性描述。该志书卷四下《边外》中曾言，"所谓伙盘者，民人出口种地，定例春出冬归，暂时伙聚盘居，故名之，犹内地之村庄也"②。相应地，道光《神木县志》也作了类似的阐释。③

看来，这些犹如内地村庄的"伙盘"得名于"伙聚盘居"。首先来看"伙聚"，在今陕西省榆林、延安一带，由于气候条件、地理状况要求当地民众抓紧农时，多耕多种，从而出现广种薄收型的轮作制。一旦选择了这种耕作制度，伙盘地居民仅靠个人在短暂的几个月里完成上百亩地的耕作，是不太实际的。据《抗日战争时期陕甘宁边区财政经济史料摘编》中的相关史料反映，在陕北农业生产中，有许多农业劳动可以由每户的一两个劳动力单独进行，但是还有一些农业劳动最少必须两三个劳动力才能进行。例如使用耕畜播种各种"杂田"④。种麦子的时候，就必须有一个人耕

---

①　乾隆《府谷县志》卷二《田赋·附民人租种五堡口外蒙古鄂尔多斯地土内》，《中国地方志集成·陕西府县志辑》第 41 册，凤凰出版社 2007 年版，第 60—61 页上。

②　道光《增修怀远县志》卷四下《边外》，《中国地方志集成·陕西府县志辑》第 36 册，凤凰出版社 2007 年版，第 699—700 页。

③　道光《神木县志》卷三《建置志上》，《中国地方志集成·陕西府县志辑》第 37 册，凤凰出版社 2007 年版，第 491 页上。

④　"杂田"在陕北所指是除了谷子、糜子、麦子各种主要作物以外的次要作物。如各种豆类、玉米、高粱、荞麦等。糜子、谷子的播种，本来也需要两三个人，但是采用"撒种"的方法，一个人，一犋牲口即可以勉强播种（陕甘宁边区财政经济史编写组、陕西省档案馆编：《抗日战争时期陕甘宁边区财政经济史料摘编》，陕西人民出版社 1981 年版，第 443—448 页）。

地，一个人播种和施肥，或者还需要一个人作其他打土等辅助劳动。又例如谷、糜、麦等作物打场的时候，即便使用人力，最少也必须两三个人，为了进行生产就必须雇用短工或是请其他农户帮助。该资料所反映的是20世纪40年代的农作情况，可以说，在伙盘地居民以雁行人的形式出现在毛乌素沙地南缘一带时，他们身边或者带有简单农作工具，或者什么也不带，只是在租种蒙古人的土地时，利用周边的条件，制造一些简单的、勉强可以用来耕作的简易工具。因此，伙盘地居民之所以能够紧密地联系在一起，更大的原因应该在于农业协作的需要，这种农业协作在陕北称为"伙种"。

再来看"盘居"，从字面意义上，我们可以初步推断，由于刚进入毛乌素沙地南缘一带的雁行人为数较少，势单力薄，单个人甚至是一个小群体都难以应对突如其来的困难。因此，他们必须结成一体，在土壤状况相对较好、灌溉条件相对便利的地方从事农牧业活动，这也就造成了他们在居住方式上呈现聚族而居的发展态势，即"盘居"。从实地调查的情况来看，今天分布在毛乌素沙地南缘的许多村庄多存有这样的一种共性，即多为同姓聚居。① 那么，"伙盘"的"盘"是否可以定位为源于伙盘地居民聚族而居的生活习惯呢？是否还存在其他的理解呢？查《汉语大词典》，可得"盘"字有栽培的含义。② 另查《中国谚语资料》，与"盘"相关的谚语有"做生意靠嘴，盘庄稼靠水……盘庄稼，人盘不如天盘"③。很明显，《中国谚语资料》中所涉及的"盘"，可理解为栽种。那么，作"栽种"理解的"盘"和伙盘地又有怎样的关系呢？笔者2004年3月和2004年7月曾两次前往榆林市金鸡滩乡和神木县大保当乡开展实地考察工作。通过向当地老乡请教，得知当地老乡对"盘"的理解即为栽种。④

---

① 王晗：《神木县大保当乡淖泥湾村实地考察》，《陕北沿边六县考察日记》2004年7月。

② 汉语大词典编辑委员会、汉语大词典编纂处编：《汉语大词典》，汉语大词典出版社1991年版，第1458—1459页。

③ 中国民间文艺研究会资料室主编：《中国谚语资料》，上海文艺出版社1961年版，第369—372页。

④ 王晗：《榆林市金鸡滩乡实地考察》，《陕北沿边六县考察日记》2004年7月；王晗：《神木县大保当乡淖泥湾村实地考察》，《陕北沿边六县考察日记》2004年7月。

此外，在《汉语大词典》中，"盘"又可以解释为产业的转让或承接。[①] 查榆林市榆阳区的档案资料，其中存有大量关于清代当地土地买卖过程中，"夷地"的过接、典当、租种、征用、兑换等文献[②]，这些档案资料中所记录的"夷地"当指最先在这里从事牧业活动的蒙古牧民的牧放地，由此，我们可以得出，伙盘地居民初到毛乌素沙地南缘时，承租的是蒙古牧民的土地。但是，由于伙盘地居民最初之所以来到异乡谋生，是在迫于生计情况下的无奈选择，他们没有充足的资金，因此，这些贫困的农民无力扩大农业生产，更不具备组织大规模农业生产的实力。而从事蒙汉贸易的旅蒙商人在此时开始变得活跃起来，他们在获取商业利润的同时，一方面向蒙旗的王公放高利贷，另一方面以此为条件，从蒙旗王公那里获取土地的经营使用权，再转租给个体农民，从中收取地租，以对农民进行高额地租剥削获取高额利润。这种现象不仅普遍存在于毛乌素沙地南缘的伙盘地，而且与陕北毗邻的武川县也存在这样的实例[③]，这些从事土地经营的旅蒙商被当地蒙古民众称为"黍人"[④]。从这种观点中，我们似乎又可以将"伙盘"的"盘"解释为转让或承接。

这样一来，关于"伙盘"之"盘"的理解就出现了分歧。到底哪种解释更为合理？笔者以为，上述三种解释都存有各自的合理成分，伙盘地居民既存在聚族而居的特点，又具备合伙种地的内涵，还带有转让、承接的意味。故而，笔者以为，应当综合三者的特性，在接下来的考察中，对这一问题进行深究，希望能够得出更为合理的解释。

### 三 毛乌素沙地南缘伙盘地地域范围的界定

清初，清政府在毛乌素沙地南缘所划定的长条禁地暂时处于封禁状态，至康熙年间，晋陕边民相继来到这里，从事农牧业活动。由于一开始

---

① 汉语大词典编辑委员会、汉语大词典编纂处编：《汉语大词典》，汉语大词典出版社1991年版，第1458—1459页。

② 榆林市榆阳区档案馆藏：《土地（过接、典当、租种、征用、兑换）文约》，未归档。

③ 赵国鼎口述、刘映元整理：《武川建厅改县前后见闻》，内蒙古自治区文史研究馆编：《内蒙古文史资料选辑》第6辑，内蒙古人民出版社1996年版，第42—51页。

④ ［俄］A. M. 波兹德涅耶夫：《蒙古及蒙古人》卷二，张梦玲等译，内蒙古人民出版社1983年版，第55—56页。

的移民人数较少，在选择适耕土地时拥有一定的优先权，因此，他们的移民路线多沿干支流或溯源而上，或顺流而下，尽可能地占有沿河两岸的适耕土地，并建立移民聚落。如沿红柳河而上有城川、柳桂湾、小桥畔；沿海流兔河有红石桥、海流兔庙；沿硬地梁河有黄蒿界；沿圪团河有红墩界等。沙漠化也多是以这些河谷滩地垦区为中心向周围蔓延，继而形成耕地与流沙、半固定沙丘、固定沙丘交错分布的景观。而且在移民路线所涵盖的区域中，存有一些古代城址，如南北朝时期的大夏国都——统万城（又名白城子）。这些古代城址的存在和清代移民的再次出现，从一定程度上反映了毛乌素沙地南缘自身的特色。

自清代康熙年间第一次勘定毛乌素沙地南缘伙盘地界线开始，至清光绪末年共有四次较大规模的地域界线勘定。① 而清代末年所划定的地域范围在政府因素的影响下，得以较为明确的界定。其具体的地域范围大致为"东至府谷礼字地，与山西河曲县义字地接壤；西至定边五虎洞，与甘肃盐池县边外接壤；北则至郡王、准噶尔、札萨克、五胜、鄂套等旗牧地，暨东胜县两地；南则榆、横等县之边墙。东西广一千三百余里，南北袤五十里或百余里、二百余里不等"②。这次界线的勘定幅度，无论是在力度上，还是在广度上，都较前几次为大，以至于直到民国初年，伙盘地居民没有出现大规模的越出光绪年间所勘定的界线。③ 其大致的地域范围如图1.1所示。

由于资料受限，我们暂时找不到能够准确划定毛乌素沙地南缘伙盘地分布的界线依据，因此，只能通过具体的伙盘村点，大致勾勒伙盘村的分布范围。从图1.1所显示的数据，我们可知，经过两百多年的农牧业拓展，毛乌素沙地南缘伙盘地村庄的地域范围基本稳定，这些村庄大致分布在今陕西省和内蒙古自治区的省界以南、以东地区，即今陕西省境内。在今内蒙古自治区境内也有一部分伙盘村，且为数不少。总体来说，以今天

① 王晗：《"界"的动与静：清至民国时期蒙陕边界的形成过程研究》，《历史地理》第25辑，上海人民出版社2011年版，第149—163页。
② 民国《河套图志》卷四《屯垦第四》，张鹏一编，1960年内蒙古图书馆抄本（据民国六年在山草堂排印本），1函6卷，第5—6页。
③ 民国《陕绥划界纪要》卷三至卷八，[樊士杰等编，静修斋民国二十二年（1933）印刷，榆林市星元图书馆藏]。

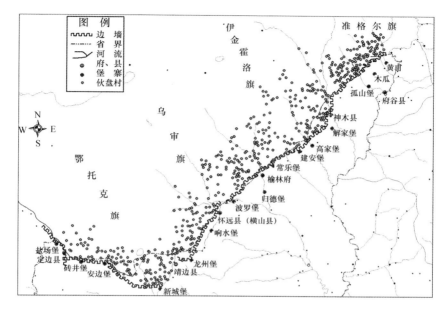

**图 1.1　清代毛乌素沙地南缘伙盘地范围分布图**

注：该图系笔者根据民国《续修陕西通志稿》之《榆林府五属图》《延安府十属图》、民国《陕绥划界纪要》卷三至卷八、康熙《延绥镇志》卷一《延绥镇全边图》、嘉庆《定边县志》之《定、靖两县界址图》、光绪《靖边县志稿》之《边外总图》、道光《增修怀远县志》之"五堡口外牛犋伙盘分图"、民国《横山县志》之《横山县境全图》、道光《神木县志》之《分管伙盘地图》、民国《府谷县志》之《府谷县清季中叶图》和《中国历史地图集》第八册（清时代）等资料绘制，本书中未标明出处者均为笔者据相关资料绘制。

行政区划标准而言，毛乌素沙地南缘伙盘地大致位于今陕西省榆林市下属的榆阳区、定边县、靖边县、横山区、神木县、府谷县六县区的长城以北地区和内蒙古自治区的鄂托克前旗、乌审旗、伊金霍洛旗、准噶尔旗四旗南部边缘地区。

### 四　毛乌素沙地南缘伙盘地地理条件

道光年间，时任陕西巡抚卢坤曾对陕西省辖区各府、州、县的基本情况进行摸底。在此次摸底中，卢坤对陕北沿边六县的环境认知为"定边县……地处极边，山穷水恶，天时则寒多暑少，地利则素鲜膏腴"，

"靖边县……地居沙漠，民鲜盖藏，天时则寒早温迟，地势则山多水少"，"榆林县……地多沙碛，及山沟积水之处，均不能播种五谷"，"神木县……地多沙碛，虽通邮递，不达舟车，通县麦地不过十分之二"，"府谷县……其地土瘠沙深，山高水冷，沟渠难资灌溉，道路绝少荡平"，"怀远县……境内无地可耕者，皆租蒙古田亩，得霜最早且多冰雹，年岁往往歉收，四面重山，全无树木"①。陕北边民在这种恶劣的情况下，每年开春来到往年所租种的蒙民土地上进行垦殖，到秋收之后，将收获的粮食卖给旅蒙商人或当地的牧民，而后回到原籍。起初，由于他们春出冬归，被称为"雁行人"或"跑青牛犋"②。久而久之，他们定居下来，也就成为伙盘地居民。

伴随着"雁行人"（跑青牛犋）从流动人口向定居人口的转化，移民人数逐步增多，地域范围也相应扩大，毛乌素沙地南缘伙盘地得到农业开垦。那么，这种欣欣向荣的现象是否可以说明当地的自然条件要比陕北长城以内地区要好？

首先，就土地状况而言。从现代地理学的角度来看，根据毛乌素沙地南缘伙盘地一带的地貌组合特点，可大致分为4种类型，即沙丘地草滩类、流动—固定沙丘类、草滩盆地类、片沙黄土梁峁类。③ 其中，沙丘地草滩类位于该区北部，与内蒙古自治区接壤，主要包括窟野河以西、长城以北、神木县西北和榆林市北部地区。地貌特点是沙丘、沙地与湖盆草滩相间分布。流动—固定沙丘类主要位于榆溪河与无定河干流之间的三角地带，以及横山—靖边—定边一线以北地区。其地貌组合特点是：地表由流动沙丘、半固定沙丘、固定沙丘及丘间

---

① 道光《秦疆治略》之《定边县》、《靖边县》、《榆林府榆林县》、《榆林府神木县》、《榆林府府谷县》、《榆林府怀远县》，卢坤辑：《中国方志丛书·华北地方》第288号，成文出版社1970年版，第155、157—158、177—178、179—180、181—182、185—186页。

② 牛敬忠：《近代绥远地区的社会变迁》，内蒙古大学出版社2001年版，第66—67页。另，霍世荣《武川农业考略》一文在论及武川县解放前农业的经营形式时，记录了当地人对"跑青牛犋"的认识，即"开垦初期，人烟稀少，劳力缺乏，外地农民春季来境内撒籽下种，秋季收获，一年来境内二至三次，这种农业经营方式称'跑青牛犋'。轮番数年后，由于耕作粗放，地力减退，当地人采取退旧地耕新地、轮养耕作（压青）的办法，弥补地力减退"。（内蒙古武川县委员会文史资料委员会编：《武川文史资料》第5辑，1988年版，第162页）。

③ 陕西省地方志编纂委员会编：《陕西省志·地理志》，陕西人民出版社2000年版，第292页。

洼地组成；各类沙丘交错分布，仅在部分地段，三种沙丘由西北向东南依次呈规律的带状分布。草滩盆地类位于靖边—定边两县境内，其东边和北边紧邻中部流动—固定沙丘区的西段。该区主要由一些低缓的内陆小盆地和滩地组成，盆地和滩地四周略高，中部低平，低洼处常形成盐湖和盐碱地。片沙黄土梁峁类位于北部沙丘沙地草滩区和中部流动—固定沙丘区的东边，包括府谷西北部、神木县中部和榆林市榆溪河以东的部分地区，呈带状由北向东向南向西延伸。其地貌组合特点是黄土梁峁地被不连续的片状沙丘、沙地所覆盖，沙层、沙丘多呈小块状分布在低洼、平缓的地段。

清代末年，贻谷放垦前夕，靖边县知县丁锡奎会同安边理事同知双琳就"蒙古地与陕西连界地方自晋边起至甘边止，长若干里、系何地名、能否一律开垦"等情，对毛乌素沙地南缘伙盘地的土地状况进行踏勘，并得出相应认识：

> 陕北蒙地远逊晋边，（城川口一带）周围千里，大约明沙、扒拉、碱滩、柳勃居十之七八，有草之地仅十之二三。明沙者，细沙飞流，往往横亘数十里；扒拉者，沙滩陡起，忽高忽陷，累万累千如坑，绝不能垦；碱滩者，低平之地，土粗味苦，非碱非盐，百草不生；柳勃者，似柳条而丛生，细如人指，长仅三五尺，夏发冬枯，蒙人仅藉以围墙，并作柴烧，但连根盘错，其地亦不能垦。此外并无深林茂树、软草肥美之地，惟硬沙梁、草地滩，可垦者绝少。往西一带又苦无水，不能居住，偶有草地，必待冬月积雪，然后放马，可以暂到年来。草场不旺，蒙民生计甚艰，若再开垦生地，蒙民实更穷迫。①

"明沙"和"扒拉"分别为流动沙丘、半固定沙丘。流动沙丘在风向、风力、地形等因素影响下，"细沙飞流，往往横亘数十里"；半固定沙丘在

① 光绪《靖边县志稿》卷四《艺文志·同安边厅勘查蒙地会禀道宪》。该文献是靖边知县丁锡奎结合蒙旗官员、掌界蒙民和专人考察等三方面的情况所做出的记录，后经继任知县朱钟浚复查后得以进一步确认，因此所记录的边外土地状况较为可信（《中国地方志集成·陕西府县志辑》第37册，凤凰出版社2007年版，第352页下—354页上）。

起风时尚有沙粒移动，"沙滩陡起，忽高忽陷"。"碱滩"和"柳勃"则分别为盐碱化较严重的下湿滩地和干滩地。"碱滩"由于地下水位较高且埋藏较浅、排水不良，导致"土粗味苦，非碱非盐，百草不生"，盐碱化十分严重。而"柳勃"虽然盐碱化程度较轻，但地表植被"似柳条而丛生，细如人指，长仅三五尺"，并且"连根盘错，其地亦不能垦"。除此之外，该区域"并无深林茂树、软草肥美之地"，只有"硬沙梁、草地滩"，但这种地方能够用于垦殖的土地很少。而在盆地和洼地中部的草滩湿地——"有草之地"虽可用于农牧生产，但有的地方"又苦无水，不能居住"，有的地方还要"与蒙人游牧之地必留一二成，可垦者仅十分之一"。从丁锡奎和双琳的呈文来看，当时"陕北蒙地"——毛乌素沙地的区域生态条件较为脆弱，不宜垦放。

其次，就气候状况而言。现代科学统计资料显示，毛乌素沙地南缘一带年平均气温的分布主要表现为东高西低之势。东部黄河沿线年平均气温最高，多在10℃以上。由此向西，温度逐渐降低，到定边以西已不足8℃，成为毛乌素沙地南缘一带年平均气温最低的地方，而纬度比这里高的地方，年平均气温反而高一些。在该区范围内，年平均气温的水平变化，约每向北推进100千米，温度降低不到0.3℃，而每向西推进100千米，温度降低约1℃[①]。在这样相对恶劣的气候条件下，伴随着人口压力、水土流失和植被的破坏，气候调节能力也随之降低，从而引发了旱涝灾害频率的增强、程度的加深。

根据史料，有清一代，发生在毛乌素沙地南缘的自然灾害主要有干旱、雨涝、冰雹、干热风和低温冷害。其中以干旱和雨涝两种灾害的记录较为翔实可靠，我们以中央气象局气象科学研究院主编《中国近五百年旱涝分布图集》为基础，选取陕西省榆林市、延安市和内蒙古自治区托克托县为坐标点，将清代顺治年间至道光年间（1644—1850）的史料加以统计，以年为单位，可以得到清代前中期毛乌素沙地南缘旱涝灾害的统计数及比例，如表1.2所示。

---

①  陕西省地方志编纂委员会编：《陕西省志·地理志》，陕西人民出版社2000年版，第328—332页。

表 1.2　　　　　　1644—1850 年毛乌素沙地南缘伙盘地旱涝灾害统计

| 时代 | 顺治、康熙年间 (1644—1722) | | 雍正、乾隆年间 (1723—1795) | | 嘉庆、道光年间 (1796—1850) | |
|---|---|---|---|---|---|---|
| | 年数 | % | 年数 | % | 年数 | % |
| 涝年份统计 | 4 年 | 5.06 | 5 年 | 6.85 | 4 年 | 7.27 |
| 偏涝年份统计 | 12 年 | 15.19 | 16 年 | 21.92 | 8 年 | 14.55 |
| 正常年份统计 | 40 年 | 50.64 | 22 年 | 30.13 | 19 年 | 34.55 |
| 偏旱年份统计 | 19 年 | 24.05 | 24 年 | 32.88 | 21 年 | 38.18 |
| 旱年份统计 | 4 年 | 5.06 | 6 年 | 8.22 | 3 年 | 5.45 |

资料来源：中央气象局气象科学研究院主编：《中国近五百年旱涝分布图集》，地图出版社 1981 年版，第 325—332 页。

根据表 1.2，我们可以得到这样的一些统计结果：自顺治元年至道光三十年（1644—1850）共有 207 年，其中，旱年份为 13 年，偏旱年份为 64 年，偏涝年份为 62 年，涝年份为 13 年，共计 126 年，总年数与非正常年数之比达到 1.64：1，可以说，平均每 3 年就有两年发生旱涝灾害。此外，涝年统计和旱年统计各有 13 年，平均每 7.96 年就有一年或者发生涝灾，或者发生旱灾，其旱涝年数占到非正常年总数的 20.6%。

此外，我们还可以得到这样的认识，即正常年年数所占比例由顺康年间的 50.64% 降至雍乾年间的 30.13%，虽然嘉道年间升至 34.55%，但总的趋势是下降的。而偏旱年数则由顺康年间的 24.05% 增至雍乾年间的 32.88%，并在嘉道年间升至 38.18%。

通过对清顺治元年至道光三十年（1644—1850）旱涝资料的排比、分析，我们不难得出，正常年年数的减少和旱涝频仍度的增强，反映出毛乌素沙地南缘伙盘地在当时的历史条件下，并不具备风调雨顺的气候条件[1]。

第三，就水资源状况而言。流经毛乌素沙地南缘的河流多为黄河支流，其中，以窟野河、无定河、榆溪河、秃尾河四条河流为主要河流。上述四条河流在很大程度上保证了伙盘地居民的生活用水和灌溉用水。以怀

---

[1]　邹逸麟：《明清时期北部农牧过渡带的推移和气候寒暖变化》，《复旦学报》（社会科学版）1995 年第 1 期；满志敏、葛全胜、张丕远：《气候变化对历史上农牧过渡带影响的个例研究》，《地理研究》2000 年第 2 期。

远县口外（民国三年改为横山县①，1914）边地为例，根据成书于民国初年的《陕绥划界纪要》卷四《横山县沿边图、横山县已垦地亩表册》中所标村庄情况，结合民国《横山县志》中的村庄位置制作图1.2。

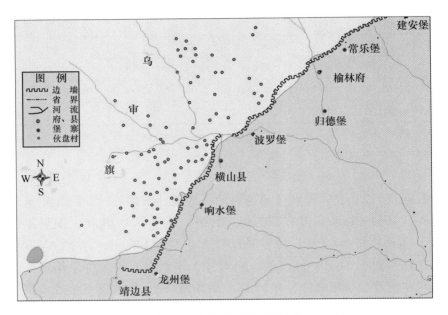

**图1.2 民国时期横山县口外伙盘地分布示意图**

由图1.2所示，图中所标示的村庄数占到实有数额的38%，基本可以反映出这些村庄的定居人口相对较多，开垦面积相对较大，故而具有一定的代表性。从图1.2中，我们不难看到，伙盘地村庄的分布多具有这样几个特点：村庄多沿河分布；村庄多紧靠交通线；村庄距离边墙较近。在这三个特点中，沿河分布的村庄数占到图中标示村庄的59%。笔者以为这多与当地居民的生产技术有关。当地居民和雁行人相比，生产工具开始呈现复杂化，土犁、锄等基本的生产工具也相继出现。但是他们的生产技术并没有得到很大的提高，多是沿用原始撂荒制，生产技术的滞后就要求这些新移民在选址建村的问题上多选取靠近河道的地方来营建村庄。这样一

---

① 民国《横山县志》卷二《纪事志》，《中国地方志集成·陕西府县志辑》第39册，凤凰出版社2007年版，第320页。

来，当地居民便可以获取便利的灌溉用水和因河水定期泛滥而淤积的肥沃泥沙。

综合来看，面对这样恶劣的地貌状况、气候条件和水资源因素等综合情况，我们不仅会提出这样的疑问：到底是什么因素导致了从清康熙年间至民国初年不到 200 余年的时间里，毛乌素沙地南缘伙盘地从几近于无的状况下，发展到村庄竟达到 1806 处、户数达到 15987 户、开垦土地达 1323366 亩的惊人数字[①]？

## 第二节 移民因素的介入——从"雁行人"到伙盘地居民

### 一 移民种类

关于毛乌素沙地南缘及其周边地区的移民状况及其类型，自 20 世纪 80 年代以来，学术界多有深入的研究。如田山茂在研究清代蒙古地区早期的移民状况时曾指出："当时汉族移民主要是季节性的、暂时的，且其品质良莠不齐，都是迫不得已而离乡背井的贫民或流民，可以设想，其中可能也有并非为建立真正的家庭生活的，或者一有了财产便抛弃妻子回返故乡的分子。"[②]

牛敬忠《近代绥远地区的社会变迁》一书从研究区内人口的阶级结构和社会流动角度，将汉族移民分为由清政府招垦的农民和占移民人口比例最大的私垦农民两类。而私垦农民又分为三种，其一为"在绥远地区已居住有年，有的甚至已经历几代人的定居，他们租种蒙族封建王公或普通蒙古民众的土地，缴纳地租……他们是绥远地区开垦的主要力量"；其二为"春来秋去的垦荒者，他们每年春天携带简单的农具甚或是只身从山西、陕西、河北等邻近省份赴绥，租种地主的土地，经一年的辛勤劳作，除缴纳地租外，所余归自己所有，秋获后将属于自己的收获物就地变卖，然后返回原籍"；其三为来绥远地区的佣工者，这种移民多为在内地生活困难

---

① 民国《陕绥划界纪要》卷三至卷八，[樊士杰等编，静修斋民国二十二年（1933）印刷，榆林市星元图书馆藏]。

② [日] 田山茂：《清代蒙古社会制度》，潘世宪译，商务印书馆 1987 年版，第 264 页。

的农民。他们视佣工为唯一的谋生手段，其行踪飘忽不定，是真正意义上的流动人口①。"工人多山西或直隶人；每于务农时期，则结伙出口，山西俗称'找工'……此地工资较内地为高……故山西工人恒于赚得钱后，而稍闲时，仍回家居住。"②

闫天灵《汉族移民与近代内蒙古社会变迁研究》一书对汉族移民的类型特征进行专章研究，他认为，"按照移民的原因可分为推动型移民和拉动型移民两个类型；按照移民的方式又可分为自发性移民与组织移民两个类型。这两种划分方法基本涵盖了历史移民的主要形态。推动型移民强调的是移出区立身艰难，谋生不易，被迫向外迁移，重新寻找安身立命的地方，移民主要想摆脱困境，不求富但求活。拉动型是指移入区条件优越，有吸引力，移民'择良地而栖'，主动向外搬迁，移居主要是为求得比以前更好的生活环境或更有利的发展空间，在预期层级上较前者高。向城市迁移、向发达地区迁移，就是典型的拉动型移民"③。

此外，哈斯巴根通过对移民（或寄民）人口数量的估算、移民迁出地的分析以及同治年间陕甘回民战争的影响，来了解移民规模及其对鄂尔多斯地区社会的影响程度。④ 王卫东从移民定居过程与编籍问题、移民来源与地域分布、移民数量估算和区域内部的人口迁移等方面加以探讨，并进而推导出不合理的土地利用方式对生态环境的影响、"移民实边"与民族生存的关系。⑤ 达力扎布从早期"限制汉族农民进入蒙古地区、禁止私垦牧场"封禁政策、中期"借地养民"与设立理事厅推行蒙汉分治等政策，再到逐步开放蒙禁、促进农业发展的视角，来分析当时的汉族移民迁入蒙地从事农牧业生产。⑥

就毛乌素沙地南缘地区而言，自康熙中后期，康熙帝诏准伊盟盟长松阿喇布"乞发边内汉人，与蒙古人一同耕种"的奏疏后，晋陕边民开始规

---

① 闫天灵：《汉族移民与近代内蒙古社会变迁研究》，民族出版社 2004 年版，第 81—82 页。
② 郑业白：《察哈尔通信》，《向导周报》1924 年第 62 期。
③ 闫天灵：《汉族移民与近代内蒙古社会变迁研究》，民族出版社 2004 年版，第 5 页。
④ N. 哈斯巴根：《18—20 世纪前期鄂尔多斯农牧交错区域研究——以伊克昭盟准噶尔旗为中心》，博士学位论文，内蒙古大学，2005 年。
⑤ 王卫东：《融会与建构：1648—1937 年绥远地区移民与社会变迁研究》，华东师范大学出版社 2007 年版，第 10—45 页。
⑥ 达力扎布编：《蒙古史纲要》，中央民族大学出版社 2011 年版，第 179—180 页。

模性地越过长城，从事垦殖活动。由于清政府严禁农民在蒙古地区定居，出口种田的民众多为单身。他们暂时脱离了原籍，每年春天携带简单的农具甚至是只身从山西、陕西等邻近省份来到毛乌素沙地南缘，租种蒙族封建王公或普通蒙古民众的土地。在一年的辛勤劳作后，向蒙古贵族缴纳地租，并将属于自己的收获物就地变卖，然后返回原籍，这些人遂被称为"雁行人"或"跑青牛犋"。可以说这是晋陕贫苦农民在生活艰难或在自然灾害的逼迫下采取的一种谋生方式。在小农经济占主导地位的中国古代社会，土地是农民安身立命之根本，"生于斯，长于斯，终老于斯"，因此，一旦造成他们贫困的原因消失或自然灾害过后，在"安土重迁"观念的影响下，他们多会心怀对故土的留恋，放弃这种谋生方式，退回原籍。但是，一旦再次遭遇租赋加重、天灾人祸的情况，晋陕边民便会立即放弃原籍，越出边墙谋生；有的甚至完全遗弃了原有的户籍，闯到长城外进行农牧业生产，成为长期的无户籍者，也就是所谓的"黑户"。他们大部分在经历若干次的往返之后就留了下来，成为定居的常住人口。当这些流民的生活和生产方式得到了适应，就会为其原籍的人口迁入起到了"踩路效应"①。而那些更多的来自晋北、陕北以外地区的迁入人口在心理和物质准备上不如毗邻边墙较近的入住者，他们在生活和生产方式上也很难与当地相适应。于是，他们只得又一次打点行囊，去寻找可能适合他们的居所。可以肯定的是，当这些人最终找到适合的地方时，他们也会像前者那样，成为更多与其原籍相关的迁入人口的"先行者"。

## 二　蒙汉民关系

蒙族和汉族之间的风俗习惯、生产生活方式迥然不同，当汉族移民进入一个异民族地区时，由于双方具有不同的价值观念、道德规范，其社会传统和风俗也有极大的差异，这就有可能造成民族间的隔阂。但实际上，导致蒙汉民众之间关系的决定性因素仍然在于对土地的占有和利用上。农业和牧业作为两种不同的经济部门，如果协调发展，不仅不存在不可调和的矛盾与冲突，而且在一定的时间、范围内还会起到互为补充、互相调剂的作用。如顺治、康熙时期，内地农民违反清政府政策的规定，进入毛乌

---

① 张永江：《试论清代的流人社会》，《中国社会科学院研究生院学报》2002 年第 6 期。

素沙地南缘进行私垦，但为数有限，不足以改变当地畜牧业经济的主体地位，甚至可以说，蒙人因自身不事农耕对汉族移民一开始无疑是非常欢迎的。① 一些蒙古王公屡屡向官府呈请招垦事宜也说明了这一点。而当时这些移民所从事的农业生产只是零星地点缀在毛乌素沙地南缘，成为当地畜牧业经济的附属。

　　康熙年间，清政府虽然对内地民众的农牧活动、商品贸易等采取了相对和缓的政策，但并不意味着完全放任不管、听之任之，而是尽量将之纳入政府的有效管辖之下。如晋陕边民到毛乌素沙地南缘蒙古界内垦种，要以五十里为定界，不准逾越，且规定民众只能春去冬归，暂居塞外，"雁行""伙盘"之名亦由此而来。当晋陕边民来到蒙地之时，很自然地在生活和生产上与蒙族部民之间进行交往。时间一长，蒙汉之间便出现了通婚现象，"汉民，其移居之初，多为独身，后娶蒙妇生事，故有类似蒙古人，而风俗殆与汉人无异者"②。这一资料源于民国文献，但由于早在清代就有大量的汉族移民出现，故而这种通婚现象在当时便有可能出现。而且正是因为蒙汉通婚渐成风气，以至清政府于康熙二十二年（1683）规定："凡内地民人出口，于蒙古地方贸易耕种，不得娶蒙古妇女为妻。倘私相嫁娶，查出，将所嫁之妇离异，给还母家。私娶之民照地方例治罪，知情主婚、及说合之蒙古人等，各罚牲畜一九。"③ 清政府颁布诏令严行禁止蒙汉通婚，主要是为防止汉人成为蒙古地区的永久性居民。各民族之间通婚是民族文化及民族共同体走向民族融合的一个途径。但在这一过程中，又往往会产生许多矛盾、冲突和纠纷，这是清政府不希望看到的，而通婚的结果使迁居的汉人"概成蒙古"，更非清政府所愿，这与清廷始终坚决反对满汉之间融合是一致的。④

　　随着晋陕边民的日益增多，伙盘地范围的日益扩大，以及移民活动的

---

　　① ［俄］A. M. 波兹德涅耶夫：《蒙古及蒙古人》（卷二），张梦玲等译，内蒙古人民出版社1983 年版，第57—58 页。

　　② 民国《绥远通志稿》卷五一《民族（蒙族）》，绥远通志馆编纂，内蒙古人民出版社2007年版，第7 册，第167—175 页。

　　③ 嘉庆《钦定大清会典事例》卷七四二《理藩院·户丁》，《近代中国史料丛刊三编》（第70 辑），托律等纂修，中国藏学出版社2006 年版，第500 页。

　　④ 孙喆：《清前期蒙古地区的人口迁入及清政府的封禁政策》，《清史研究》1998 年第2 期。

自发性，牧地农垦很快失去了有效控制。① 由于在这里开垦土地和耕种农田的主要是汉族农民，而从事牧业的主要是蒙古人，因而，农牧两种不同经济部门在开垦问题上的矛盾，往往会以民族矛盾的形式表现出来。晋陕边民刚进入毛乌素沙地南缘时，搭建房舍从事生产，当他们遇到蒙古人诘问时，便以庵子名目搪塞，"其实随意耕作，久假不归，视伙盘俨若固有，此汉人一方侵占伙盘之情形也。自垦务兴办，规定报垦，其伙盘地蒙人均当外迁，迄今尚有盘踞不去，居牧如故者，以致领地之户不能执业。此蒙人一方强据伙盘之情形也。缘是垒相竞争，胶葛难清，边患亦往往因之而起"②。道光年间，法国传教士古伯察在穿行鄂尔多斯时，也记录了类似的片段。他们避雨时，偶然碰到了一位避雨的蒙古人，并与之攀谈。其谈论内容如下：

　　二十年之前，有几家人前来要求我们接纳他们。由于他们很穷，所以大家便允许他们耕种土地，条件是他们每年收获之后都要向当地台吉们缴纳一些莜麦。其他人家慢慢也前来了，他们也破土开窑以栖身，这一山口很快就开满了窑洞。在开始时，这些契丹人（汉族人）性格善良和恬静，我们如兄弟一般共同生活……他们很快就变得不守本分并具有欺骗行为了。他们不是满足于已出让给他们的东西，而是随心所欲地扩大其耕地，一声不响地夺占了许多地盘。当他们富裕之后就再不想向我们缴纳已经谈好的莜麦了……他们还行窃，他们抢走了在蜿蜒的山沟中失群的山羊和绵羊……大家讨论之后便决定该地区的头人都去拜见王爷，恳求他下令判令汉人离去……王爷立即写了一张告示……再不允许契丹人住于其地……当他们发现其事业已无望时，便于同一日集中起了他们的家具和农具，前往鄂尔多斯的东部定居。③

————————

　　① 王晗：《"界"的动与静：清至民国时期蒙陕边界的形成过程研究》，《历史地理》第25辑，上海人民出版社2011年版，第149—163页。

　　② 民国《续修陕西通志稿》卷二八《田赋三·屯垦·鄂尔多斯蒙部述略》，宋伯鲁等编纂，民国二十三年（1934）刊本；吴坚主编：《中国西北文献丛书》（第1辑）《西北稀见方志文献》（第7卷），兰州古籍出版社1990年版，第45页上。

　　③ ［法］古伯察：《鞑靼西藏旅行记》，耿昇译，中国藏学出版社1991年版，第221页。

从上述文献不难看出，虽然两个民族之间的风俗习惯、生产生活方式存有很大的不同，但是他们在一开始时是可以和睦相处的。闫天灵认为，"蒙汉利益双赢的基础在于土地利用方式的改变"，即最初汉族租种蒙地时，由于"生产方式改变而增加的产品供应，同时解决了蒙汉两族的吃饭问题，实现了'一地养两民'，使得汉族北上不致给蒙族牧民带来生存威胁"①。然而从上述的史料来看，笔者认为导致他们最初能够和睦相处，后来反目成仇的深层原因应当是土地的权属关系。早在雍正十年（1732），由于鄂尔多斯荒歉，清政府复准蒙古收取禁留地租银。"乾隆元年，和硕庄亲王议准，总兵米国正条奏，蒙古情愿招民人越界种地，收租取利者，听其自便，从此内地民人以口外种地为恒产，蒙古亦资地租为养赡。"② 这样一来，清政府将毛乌素沙地南缘的土地所有权交给了蒙古贵族，而汉族农民只有在承认蒙古贵族对土地所有权的前提下，才能承租蒙古人的土地，运用自己的生产方式进行农业生产。

在这样的环境下，汉族移民逐渐定居下来，而且逐步增多，特别是由于"踩路效应"而产生的同一宗族、同一地域的人口相继涌入，在毛乌素沙地南缘形成一个个伙盘地村庄，他们拥有自己的文化理念、风俗习惯，建立自己的社会秩序。如此一来，汉族农民对土地所有者——蒙古贵族的依附关系慢慢减弱，甚至拒不缴租。此外，蒙古土地所有者将土地长期租给汉族农民，最后难以收回，导致土地所有权和土地使用权之间事实上的分离。有关榆林镇城口外蒙地的档案记载，自嘉庆年间至民国初年，近一百多年的时间里，其土地的使用权经历了至少五次以上的更迭③。土地所有权和土地使用权的分离使得土地的所有者——蒙古贵族大为不满。久而久之，由于土地权属之间矛盾的存在和长时间得不到解决，以致以民族矛盾的形式表现出来。我们从古伯察的记录中，就可以发现蒙民通过呈请官方驱逐和蒙旗私自驱逐的方式来解决蒙汉矛盾。而汉民则用焚烧牧草、偷垦蒙地的方式加以报复。这种现象延续了很长时间，甚至到了新中国成立

---

① 闫天灵：《清代及民国时期塞外蒙汉关系论》，《民族研究》2004 年第 5 期。

② 道光《增修怀远县志》卷四下《边外》，《中国地方志集成·陕西府县志辑》第 36 册，凤凰出版社 2007 年版，第 698 页。

③ 榆林市榆阳区档案馆藏：《土地（过接、典当、租种、征用、兑换）文约》，未归档。

后的一段时间内仍然存在①。

## 第三节　村庄化——伙盘地居民
## 定居生活的前提

金其铭认为，"农村聚落是在不同时代不同生产力水平下产生的，体现了人类生活、生产与周围环境的统一。农村聚落作为人类居息和生产的场所，它的形式与规模，既要与周围的自然环境相适应，以有利于生产，方便于生活，又要受风俗文化等社会文化环境所影响，还要考虑生产环境。农村聚落是这三者交互影响的产物"②。这一观点在分析毛乌素沙地南缘的移民聚落时，存有较好的适用度。

就自然环境而言，无论是暂时脱离原籍的"雁行人"，还是完全脱籍的"黑户"，他们进入伙盘地后首先面对的，当是如何去适应新地区的自然环境。由于毛乌素沙地南缘的自然环境相对恶劣，脆弱生存环境对外来移民的数量和分布范围存有很大的制约性，其影响到特定地域范围内伙盘地聚落的规模、密度，同时也影响到移民聚落的分布范围。

就社会文化环境而言，毛乌素沙地南缘移民村庄存在于一定的社会政治环境之中，虽然村落所在的位置并没有改变，而且它的自然环境相对稳定，但是居住在农村聚落里各个时代的人们在思想、观念、文化、心理状态上迥然不同。当这些汉族移民进入了一个风俗习惯、生产生活方式与自己迥然不同的异民族地区时，民族间的隔阂可能成为民族间矛盾的主因，这在某种程度上强化了迁入毛乌素沙地南缘的移民集中分布。而这种少数群体往往具有较强的凝聚力和向心力，家庭结构相对稳定，宗族团结，社会成员互助互让，社会治安良好。这在很大程度上为伙盘地村庄的出现提供了一定的基础。

就生产环境而言，毛乌素沙地南缘先以畜牧为主，而后随着伙盘地地域范围的扩展，耕地面积的扩大，农业经济逐步取代了牧业经济。伙盘地

---

① 榆林市榆阳区档案馆藏：《1958年孟家湾区党委、区委关于蒙地放牧问题解决的报告》，019/62/11。

② 金其铭：《农村聚落地理》，科学出版社1988年版，第67页。

居民在适应、影响自然环境的同时，沿用和创造了种种人工控制、人为管理的生产制度和生产方式。这种生产制度和生产方式的正常运行又离不开伙盘地居民的干预。因此，毛乌素沙地南缘伙盘地的存在和发展在更大程度上取决于当地实际生产的发展，而伙盘地村庄的均衡分布首先也取决于生产能力的发展。

在脆弱的生境条件下，生产制度的低下经常引发生境的恶化，这也导致了当地居民采用"游农制"，并在此基础上采用"原始撂荒制"。在更大程度上，这两种生产制度的交相更迭成为毛乌素沙地南缘伙盘地特色农业生产方式的典型体现。

毛乌素沙地南缘属于典型的地理环境脆弱地带。它的自然环境因素变幅很大，而毛乌素沙地南缘伙盘地及其所处的生产环境和社会环境也随着生产力的发展在不断变动，这三者有机地构成了影响毛乌素沙地南缘伙盘地村庄化的主要因素。当这三种因素中的一个要素发生变化时，其他影响伙盘地村庄的要素也随之而发生变化，而当一个要素加强或削弱时，对总体而言都会产生影响。

### 一  政治环境与行政力量的干预

政治环境的改变、行政力量的干预对伙盘地影响是很重要的。毛乌素沙地南缘起初只是个三不管地区，清政府的关注和投入力度不大，以至于有大量移民的出现，这些移民先是民间的、非官方性质的，后来随着地域的不断拓展，中央和地方政府对其关注程度得以较大的提升。在移民较多、也较集中的地方，便出现了一些治理机构，宁夏理事厅、神木理事厅等治理机构的先后成立就是这方面的反映。[①]

民国时的农学专家唐启宇在《中国的垦殖》一书中曾就清政府对绥远地区的开发过程给予划分，即招垦时期（1651—1739）、禁垦时期（1740—1897）和励垦时期（1898—1932）[②]。而清政府对毛乌素沙地南缘的开发过程多与之相近，大致可以分为明末清初的封禁期（1644—1697）、

---

① 嘉庆《钦定大清会典事例》卷七三九《理藩院·设官·内蒙古部落官制》，中国藏学出版社 2006 年版；道光《秦疆治略》之《榆林府神木理事厅》，卢坤辑：《中国方志丛书·华北地方》第 288 号，成文出版社 1970 年版，第 175—176 页。

② 唐启宇：《中国的垦殖》，上海永祥印书馆 1951 年版，第 45—49 页。

招垦期（1697—1741）、禁垦期（1742—1902）和拓垦期（1903—1911）[①]。在招垦时期，伙盘地一再扩展，至乾隆初年，不得不再次进行勘界[②]。而至乾隆年间的禁垦时期，中央政府禁垦令执行力度的增强使得虽有部分民众潜入伙盘地，但所占比例不大。可以比较一下，康熙三十六年至乾隆八年（1697—1743），不到50年的时间，竟有1042处伙盘地村庄出现，而自乾隆八年至光绪末年150余年的时间里，有512处伙盘地村庄出现，尚不及前者的一半。总结其原因，一方面有可能是记载不详，另一方面则在于中央政令的严格程度，以及宜农土地耕垦殆尽。

至光绪年间，由于民族矛盾、阶级矛盾日益尖锐，清政府长期依赖的蒙古铁骑难以抵制西方列强的坚船利炮。加之鸦片战争后，大量不平等条约相继签订，赔款日多。这样一来，清政府出于保证国家收支平衡的需要，逐渐将视线转移到被农耕民族视为荒芜之所的蒙古游牧地。此外，更值得注意的是，清末边疆危机的出现，导致清政府采取"移民实边"的政策，试图以民代兵。这一政策的颁布与执行，也从侧面反映了清政府已无足够的财力、人力防守边关的事实。相应地，随着边禁的废止、官府的倡导，移民垦殖活动出现前所未有的发展态势。在19世纪末20世纪初的短短几十年内，由于垦殖事业的迅猛发展，在毛乌素沙地南缘，原先的单一游牧经济区域逐步成为半农半牧区，而半农半牧区则向农业区过渡。垦殖的拓展和矿产资源的开发，吸引数以万计的内地农民移居到这里，减轻了内地人口压力，而伙盘地则成为由牧业经济向半农半牧经济转化的典型地区。

在此时期，毛乌素沙地南缘相继有252处伙盘地村庄建成，这些村庄在短时期内看不出其明显的优势，但我们从开垦的土地入手，很容易捕捉到光绪二十八年至三十三年（1902—1907）所开垦的土地数量，据统计，在此阶段，毛乌素沙地南缘共开发各种滩地、沙地为376678亩。

除了清中央政府的导向外，还有伙盘地实际管理者的问题——地方政府具体政策实施的影响。以《陕绥划界纪要》为例，该书成书于绥远

---

[①] 王晗、郭平若：《清代垦殖政策的调整与陕北长城外的生态环境变化》，《史学月刊》2007年第2期。

[②] 王晗：《"界"的动与静：清至民国时期蒙陕边界的形成过程研究》，《历史地理》第25辑，上海人民出版社2011年版，第149—163页。

特别行政区建立之初，当时绥远特别行政区试图收回陕北长城以外伙盘地民众长期开垦的土地。陕西省各级军政人士、陕北地方士绅民众都据理力争，该事件前后持续多年，最终不了了之。粗看起来，不过是绥远、陕西两个省级政区的划界之争①，然而，其深层次的原因也就如《陕绥划界纪要》中所说的那样，一旦绥远划界成功，那么，陕北各县将失去人口、财政收入的一半以上，可谓切肤之痛。这才可能是重要的症结所在。

新迁入从事农牧业生产的居民被当地视为客民。在距离边墙较近的地方，政府当局对客民以联保的形式进行管理，靖边县就有此规定："客民除置产入籍，事同一律外；其有租地、佣工、家口无度者，准客民互相联保，再求房主、地主共保约于牌头、团总、绅士，然后绅、团、牌头才敢承保。"② 从而形成了客民之间、客民与土著之间多层次的监督制约关系。而在距离内地较远而靠近伊克昭盟的地区，清政府设立了县厅。这些县厅的主要任务是管理农耕的汉民，如横山县口外，该县"五堡各村大者五六十家，小者六七家，且有一家为村者。口内设木铎、乡约、地方，口外设牌头、总甲、通事"③。当然，由于其中一些村落"星散，有视二三十里为近邻者"，很容易顾此失彼，因此很少承担劳役。

在地方政府的组织安排下，入居的人口便开始安心于伙盘地的开垦，而土地的大面积开垦势必带来当地农业的发展和壮大。

## 二 传统道德、风俗习惯与居住形式

毛乌素沙地南缘的移民多来自陕北、晋北，他们在长期的历史发展过程中形成了独有的道德观念和生产生活习惯，这些不同的传统和风俗与当地的蒙族风俗习惯结合，形成了典型的伙盘地特色，而这种特色自然而然地影响到伙盘地村落的分布，构成不同的村落类型。

---

① 民国《陕绥划界纪要》卷一至卷二，[樊士杰等编，静修斋民国二十二年（1933）印刷，榆林市星元图书馆藏]。
② 光绪《靖边县志稿》卷四《艺文志·查办赈务及保甲拟上条陈》，《中国地方志集成·陕西府县志辑》第36册，凤凰出版社2007年版，第362页下。
③ 道光《增修怀远县志》卷一《乡村》，《中国地方志集成·陕西府县志辑》第36册，凤凰出版社2007年版，第505页。

就传统观念而言，伙盘地居民原有的传统道德观念和公认的社会生活准则对伙盘地村庄的形成和发展产生了重要影响。其一，家族观念。聚族而居是古代常见的居民点构成形式，伙盘地村庄的名称中经常出现张家村、李家沟等村名。这种村名的形成，既因古代家族经常是聚族而居，也是原始的氏族家长制的遗存。当那些家族观念较重的移民向伙盘地迁徙时，经常呈现举族而迁的现象。2004 年 7 月，笔者在榆林市神木县大保当乡淖泥湾村实地考察时，经当地老人诉说，该村有居民 150 多户，其中除了两三户人家姓李，一户人家姓王外，其余的人家都为庞姓。这显然是聚族而居的典型事例①。其二，乡土观念的双刃剑作用。如前文所述，为了保证最基本的生计问题，大量农民背井离乡，来到陌生的地区谋生。他们当中，有的只是暂时脱离了原籍的"雁行人"，有的则是长期的无户籍者。这些脱离户籍的流民常常与故土有着难以割舍的情结，一旦条件允许，他们会返回原籍。但是往往事与愿违，原籍沉重的租赋、连年的自然灾害，促使他们留在了这里。这样一来，乡土观念的另一面便体现出来，即一旦他们新迁居的地方发生了变化，他们便有可能不难放弃并很快地转移到别的地方。这种做法必然给当地的自然环境带来压力和困扰，此外，这种心理作用同样可以反映在伙盘地居民的居住形式上。

就居住形式而言，口外移民刚进入垦殖区时，多用泥巴、沙柳建成简陋的住所，即所谓的"柳笆庵子"。这种柳笆庵作工简陋，常常是筑土围墙，在左右围墙上部内侧相对开多道槽，采伐粗沙柳条，扎成直径约 15—20 厘米的柳条笆子，将柳笆圈成半圆形，两头分别插入土墙相对槽内，一般纵距 1.5 米架插一道拱形柳笆，然后用粗柳条或柳笆纵向将各拱形柳笆捆扎联系，上搭铺柴柳茅草，白粘泥覆盖抹顶，内壁不抹泥，成外形如同拱形窑洞式柳笆庵。从柳笆庵的建筑工艺来看，其用料多取之于当地的沙柳，由于当地降水少，这种简陋住所勉强可以过活。

由于内地人口的日益膨胀，土地兼并的日益加剧，以及赶上连年旱涝灾害，多数"雁行人"便定居于此。既然他们选择了定居生活，势必挈妇将雏、拖儿带女，在他们认为环境稍微好些的地方定居，当年窝棚式的临

---

① 王晗：《神木县大保当乡淖泥湾村实地考察》，《陕北沿边六县考察日记》，2004 年 7 月。

时住所自然不能满足一个家庭的需要，他们的住所也就开始发生更替。此时的住房除了上述的"柳笆庵"外，还有两种类型，其一为木庵土房，在毛乌素沙地南缘的沙漠滩区农民多住土墙檩椽起架、马鞍顶形结构的木庵土房。房檐高2.8米左右，每间宽3米，一般3间或5间为一院，当中一间房安门，两侧耳房安窗，房顶部用短椽铺架成马鞍圆脊形，顶上覆盖抹白粘泥，亦有少数顶上盖瓦的，称为"塞瓦房"，极少数富户修建有砖木结构硬山式起脊瓦房；其二就是具有黄土高原特色的窑洞。这种房屋经济实惠，适合当地的气候，正如法国传教士古伯察所观察的那样，"当汉人在鞑靼的某些地区定居时，如果他们遇到了一些坚硬而结实的土地时，便在那里挖掘窑洞。这些住宅比一般的房屋要经济，更不容易受季节性恶劣气候的影响"①。由于毛乌素沙地南缘的伙盘地位于黄土高原与鄂尔多斯高原的交会处，故而很难找到适合用来开凿窑洞的土层。因此，这种房屋建筑的分布并不广泛。

### 三　交通线的扩展与商贸活动

商贸活动的活跃通过商业城镇来体现，商业城镇的成长最重要的表现就是以商品转输为中心而兴起的商业城镇增多。这种商业城镇一般均位于商道的枢纽，它的兴起得益于优越的交通地理位置。

早在清代初年，榆林地方政府便沿明代大边、二边的军路而修建塘路，以加强对西北地区的军事防守。随后，由于清朝皇室与蒙古王公世代联姻，长城内外一直保持祥和。榆林卫逐渐向榆林府转变，在军事上的防御作用逐渐减弱，长城沿线成了蒙、汉民众互市贸易之地，因此，塘路也就成为最初互市贸易的商道。② 除塘路外，民间还相继出现了与内蒙古、宁夏府进行互市的草路，其东通神木，西达靖边、定边和宁夏府，北通内蒙古六盟和归化城。而交通工具多以耐饥、耐渴的骆驼为主。每年驼队往还，络绎不绝，少者数十峰，多者三四百峰。草路纵横交错，构成了毛乌素沙地南缘的交通网。如图1.3所示。

---

① ［法］古伯察：《鞑靼西藏旅行记》，耿昇译，中国藏学出版社1991年版，第218页。
② 王开：《陕西古代道路交通史》，人民交通出版社1989年版，第436页。

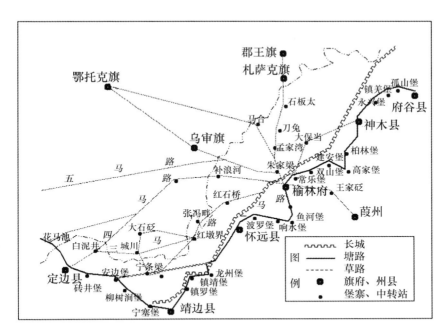

图 1.3　清代毛乌素沙地南缘伙盘地交通网示意图

由图 1.3 可得，由于民间对边外的关注，毛乌素沙地南缘地带商贸活动日益频繁，许多旅蒙商人便在榆林府、延安府塘路的基础上，踩出了通往蒙古、宁夏等地的草路以推动商贸活动的开展。而在草路和塘路的交会处，逐步形成了较大的城镇，如靖边县口外的宁条梁镇周边地区、榆林府红山市周边地区和神木县城周边地区。[①]

靖边县宁条梁镇。宁条梁镇即今梁镇，该镇位处红柳河与草路的交会点，是西起宁夏府，东至归化城的重要交通枢纽。在该镇设立之前，"客商俱从宁塞堡行走，嗣因道路崎岖，改由宁条梁进口"[②]。从而该镇和四十里铺、石渡口三处成为当地商民长期汇聚的商贸集散地，此后，四十里铺、石渡口因"军需停止，行旅稀少"，"惟宁条梁有居民三百余家"，因

---

① 成一农：《清、民国时期靖边县城选址研究》，《中国历史地理论丛》2010 年第 2 期；李大海：《近代靖边县治迁徙再研究——陕北沿边地方政区治所与城址选择关系的个案讨论》，《中国历史地理论丛》2012 年第 2 期。

② 《清高宗实录》卷八一，"乾隆三年十一月乙丑"，《清实录》第 10 册，中华书局 1985 年版，第 269 页。

此政府当局在宁条梁筑土堡，并从"宁塞堡拨出把总一员，带马守兵四十名移驻"①。这样的便利条件使得宁条梁镇很快成为毛乌素沙地南缘的一座商贸重镇。民国《续修陕西通志稿》载，"宁镇夙称繁富，客商辐辏，民人数十万，为延绥边外第一大泛"②，其中多有来自全国各地的商人。由于宁条梁镇的蒙汉民间贸易，或坐庄收购，或输转运销，或就地加工成成品转输，其规模之大，景况之繁荣，在全国颇有名气。同治年间，陕甘回民战争期间，宁条梁镇先后两次为回民军所攻占，当地人口损失严重，至光绪末年，该镇仅有民户四十六户③，"百年雄镇一旦丘墟，良可痛也"④。自此，宁条梁镇商贸活动出现滑坡，而该镇东邻张冯畔脱颖而出，利用该村庄位处水陆交通要道的优势，逐步发展成集镇，最终成为今天靖边县的县城⑤。

榆林府红山市。早在明隆庆五年（1571），明政府便在榆林城北10里的长城口外设立了红山市，以方便蒙汉商贸活动⑥。清初，榆林蒙汉互市仍设在这里。每年"正月望后，择日开市，间一日一市"⑦。每当红山蒙汉互市一开，榆林城"习蒙古语者持货往市，有土城木屋，掏穴以居，或施帐焉"。

---

① 《清高宗实录》卷二〇六，"乾隆八年十二月丙辰"，《清实录》第11册，中华书局1985年版，第654页上。

② 民国《续修陕西通志稿》卷七二《名宦九·乾隆以来死事官员附》，宋伯鲁等编纂，民国二十三年（1934）刊本；吴坚主编：《中国西北文献丛书》（第1辑）《西北稀见方志文献》（第8卷），兰州古籍出版社1990年版，第102页下—103页上。

③ 民国《河套图志》卷四《屯垦第四·清伙盘垦地》，张鹏一编，1960年内蒙古图书馆抄本（据民国六年在山草堂排印本），1函6卷，第10页。

④ 民国《续修陕西通志稿》卷七二《名宦九·乾隆以来死事官员附》，宋伯鲁等编纂，民国二十三年（1934）刊本；吴坚主编：《中国西北文献丛书》（第1辑）《西北稀见方志文献》（第8卷），兰州古籍出版社1990年版，第22—23页。

⑤ 李大海：《明清民国时期靖边县域城镇体系发展演变与县治迁徙》，陕西师范大学西北历史环境与经济社会发展研究中心编：《历史环境与文明演进——2004年历史地理国际学术研讨会论文集》，商务印书馆2005年版，第260—274页；张萍：《谁主沉浮：农牧交错带城址与环境的解读——基于明代延绥长城诸边堡的考察》，《中国社会科学》2009年第5期；成一农：《清、民国时期靖边县城选址研究》，《中国历史地理论丛》2010年第2期；李大海：《近代靖边县治迁徙再研究——陕北沿边地方政区治所与城址选择关系的个案讨论》，《中国历史地理论丛》2012年第2期。

⑥ 《明穆宗实录》卷六〇，"隆庆五年八月癸卯"，《明实录·明穆宗实录》，台湾"中研院史语所"1961年校印，第1463页。

⑦ 康熙《延绥镇志》卷二《食志》，《中国地方志集成·陕西府县志辑》第38册，凤凰出版社2007年版，第48页下。

互市货物，汉商多以"湖茶、苏布丝缎、烟，不以米不以军器"，蒙古牧民所带来互市货物多为"羊绒、驼毛、狐皮、羔皮、牛、羊，不以马"①。至康熙中后期，随着边外垦殖的出现和扩展，此时的红山通往鄂尔多斯和其他沿边州县的草路日益增多②，其中以与鄂托克旗的商贸往来最为显著，商贸活动也日渐频繁。据统计，在鄂托克旗的边商榆林籍为最多，占整个商户的90%以上。这些商户多是在榆林红山筹备货物，然后远销鄂托克旗及其周边地区，虽然路程遥远难行，但商贾推销货物获利颇丰，故而榆林城曾有"宁可向西走一千（里），不向东边走一砖"之说③。因此，以红山向西延伸的榆林商贸集散地由此得以建立起来。在这一时期，榆林长城沿线各城堡由于联系塘路与草路，交通相对顺畅，故而被辟为互市④。一批批山西、河北等地商贾来此经商或定居，一直延续至民国时期。

　　神木县。自清康熙后期毛乌素沙地南缘出现边外垦殖以来，神木县边外的移民人数之众，拓展面积之大、影响面之广，都是其他陕北沿边五县难以匹敌的，故而在地理位置上更加接近伊克昭盟。由于神木县地理位置重要，清政府从宁夏理事厅的基础上分设神木理事厅，分管鄂尔多斯事务，神木理事司员署借希文书院改建而成。其他儒学、文庙、典史署均延用明代旧址而略有修葺，明代的军事衙署察院、神木道署等则因官署撤并大多荒弃⑤。随着城镇经济的发展，神木县市场逐渐繁荣起来。据张萍研究，"雍正年间，县中市场分三区，城内集市在凯歌楼前，当为服务于城内居民的小市。较重要的转输中心一在南关……是为中转贸易客商服务的中心；一在北门外，是康熙年间在观察使罗景劝谕下新建的市场区"⑥。由

---

①　康熙《延绥镇志》卷二《食志》，《中国地方志集成·陕西府县志辑》第38册，凤凰出版社2007年版，第48页下。

②　王开：《陕西古代道路交通史》，人民交通出版社1989年版，第436页。

③　韩利德：《略谈边商在鄂托克旗的始末》，伊克昭盟政协文史资料委员会编：《伊克昭盟文史资料》第5辑，伊克昭盟政协文史资料委员会1990年版，第115—121页。

④　张萍：《从"军城"到"治城"：北边民族交错带城镇发展的一个轨迹——以明清时期陕北榆林为例》，《民族研究》2006年第6期；张萍：《谁主沉浮：农牧交错带城址与环境的解读——基于明代延绥长城诸边堡的考察》，《中国社会科学》2009年第5期。

⑤　道光《神木县志》卷三《建置上·衙署》，《中国地方志集成·陕西府县志辑》第37册，凤凰出版社2007年版，第492页。

⑥　张萍：《谁主沉浮：农牧交错带城址与环境的解读——基于明代延绥长城诸边堡的考察》，《中国社会科学》2009年第5期。

此，以神木县为据点，前往鄂尔多斯等蒙古地区进行交易的旅蒙商人逐渐增多，其中以神木籍商人吕侯旦主持的万盛魁等四十八家"边行"最为著名①。这些"边行"多从事边茶、皮毛、食盐等商贸活动，其中，尤以边茶为重要的贸易产品。这是因为"边地食茶，与他省异，茶产于楚南安化，商人配引，由襄阳府验时截角运赴榆林行销，榆林五州县及鄂尔多斯六旗，其茶色黄而梗叶粗大，用水煎，以调乳酪，以拌黍糜，食之易饱，故边人仰赖与谷食等"②。而神木县，凭借其优越的地理位置在道光年间成为陕北地区主要砖茶输蒙的集散地之一。

交通线的存在，对商贸活动起到了较大的影响；而交通线的拓展，往往带来商业村镇的兴起。在毛乌素沙地南缘，这里虽有为数不少的交通线，但是由于自然环境的封闭导致交通不畅，交通不畅又限制了当地市场与商品的流通，故而很难形成较为发达的商贸网络体系。不过，日益繁盛的商贸往来，在某种程度上促使刚刚兴起的商贸村镇较快地定型为以主要经营某类商品而著称的商贸点。

### 四 社会管理

经过两百余年的发展，毛乌素沙地南缘伙盘地居民拥有了独具特色的农业耕作制度和牧业放养制度。但追其根本，其兴起、发展乃至壮大，和地方政府与蒙古游牧部落的协调管理存有很大的关联。根据史料记载，康熙三十六年（1697），伊盟盟长松阿喇布奏请康熙帝"乞发边内汉人，与蒙古人一同耕种"。清政府权衡利弊得失，做出这样的决定，"有百姓愿出口种田，准其出口种田，勿令争斗。倘有争斗之事，或蒙古欺压民人之处，即行停止"③。实际上，这一诏令的颁布，在某种程度上默许了移民垦殖的存在。而晋、陕官员遵照中央政府的诏令，开始组织移民出边垦殖。

蒙古贵族在最初的招垦过程中，并未对领垦的汉族居民所应纳的租赋

---

① 刘映元：《旧绥远省的三个"独立王国"》，《内蒙古文史资料选辑》第4辑，内蒙古人民出版社1996年版，第122—135页。

② 道光《神木县志》卷四《建置志下》，《中国地方志集成·陕西府县志辑》第37册，凤凰出版社2007年版，第510页。

③ 《清圣祖实录》卷一八一，"康熙三十六年三月乙亥"，《清实录》第5册，中华书局1985年版，第939页上。

有明确的规定，他们只是要求汉族居民"每年收获之后都要向当地台吉们缴纳一些莜麦"①。后来，随着越边人民的不断增多，伙盘地相应出现，并迅速发展，以至于出现了伙盘地居民与蒙族牧民争地的现象。于是，贝勒达锡卜坦于康熙五十八年（1719），请求勘定地界，康熙帝命侍郎拉都浑踏勘，"即于五十里界内有沙者，以三十里立界；无沙者，以二十里为界；界内之地准人民租种，每牛一犋准蒙古征粟一石、草四束，折银五钱四分"②。这次勘界，在某种程度上对毛乌素沙地南缘伙盘地的扩展进行了限制，同时也是以法律条文的形式对蒙族出租蒙地租额进行明确的规定。这里所指的"每牛一犋"，实际上是来自晋北的一种地亩计量单位，其一牛犋相当于清时的二百七八十亩至三百亩③。近三百亩的土地仅仅征收"粟一石、草四束，折银五钱四分"，后至乾隆元年（1736），将"租银五钱四分"改为租银一两④。

面对这样的诱惑，来到伙盘地从事垦殖活动的移民越来越多，许多原本适合游牧的土地纷纷被开垦出来，大量的伙盘地村落相继建成。以靖边县口外伙盘地村庄为例，康熙年间，在靖边县口外的伙盘地所建村庄数与其他沿边五县口外相比，无论在数量上，还是在规模上，都超出了应有的范畴。如图 1.4 所示。

从图 1.4 中，我们可以看到，图中所标注的村庄数达到了 69 处，而且这些村庄的分布不再像怀远县（横山县）口外边地的伙盘村落那样，或沿河分布，或紧靠交通线、边墙，而是在更为广袤的地区从事农牧业生产。他们这样做的原因有二，其一，靖边县边外的土地状况比怀远县（横山县）相对较好，地下水位较高，地下水资源相对丰富，伙盘地居民可以凭借简单的农

---

① ［法］古伯察：《鞑靼西藏旅行记》，耿昇译，中国藏学出版社 1991 年版，第 221 页。

② 道光《增修怀远县志》卷四下《边外》，《中国地方志集成·陕西府县志辑》第 36 册，凤凰出版社 2007 年版，第 698 页。

③ 王晗：《伙盘地牛犋考》，《陕西师范大学学报》（哲学社会科学版）2004 年第 1 期。另外，《教堂之土地纠纷卷》载，"蒙王岁收水草、牛犋、钱文为数甚众，但此时蒙王恐汉民租地太多，亦以限制。许长城以外沿边六十里内，汉民得永远租住畜牧，年出水草钱按牛一对出租钱若干，故谓之牛犋"（陕西省档案馆藏：《无标题》，民国十七年五月十七日，008/312）。

④ 道光《陕西志辑要》卷六之《定边县》、《靖边县》、《榆林府》、《榆林县》、《神木县》、《府谷县》、《怀远县》，见王志沂辑《中国方志丛书·华北地方》第 289 号，成文出版社 1970 年版，第 697—742 页。

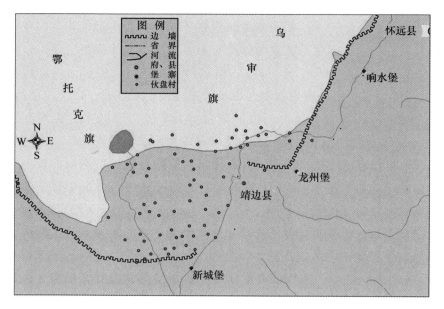

**图 1.4 康熙年间靖边县口外伙盘地村庄分布示意图**

作工具获取比较便利的灌溉用水；其二，由于靖边县边外多水草滩地，有利于牧放牲畜，故而伙盘地居民多有兼营畜牧业的现象。因而，此时期所建村落虽多，但实际投入农业垦殖的劳动力并未有明显的变动。

此外，从图中我们还可以获取这样的信息，即移民的大规模增加势必会触动当地人的根本利益。乾隆七年（1742），贝勒扎木扬等请驱逐界外人民，经川陕总督马尔泰奏，乾隆帝派尚书班第、总督庆复会同盟长定议，即以现耕之地设立土堆，定为疆界①。同时编订永远章程，规定"无论界内界外俱以旧年种熟之地为界，任民耕种"。对于位处康熙年间所勘界线以内的土地，照旧租不加，其界线以外的，"每牛一犋除旧租糜子一石、银一两之外，再加糜子五斗、银五钱"②。可见，清政府出于保护蒙古

---

① 光绪《靖边县志稿》卷四《杂志·中外和耕》，《中国地方志集成·陕西府县志辑》第 37 册，凤凰出版社 2007 年版，第 337 页。

② 道光《增修怀远县志》卷四下《边外》，《中国地方志集成·陕西府县志辑》第 36 册，凤凰出版社 2007 年版，第 698—699 页。

族利益的立场，对康熙年间所勘定的界线以外地区加收租赋，试图抑制伙盘地居民的过快扩张。新的租赋相对内地而言，仍然较少，而且由于蒙古牧民在体会到农业带给他们的好处后，对其依赖性也在逐渐增强。另外，游牧民和农民对于土地计量的认知不同，很可能出现实垦地与承租地之间的数额差异，牛犋这一计量单位的出现和推广就是一个明显例证，故而越边租种蒙地仍是伙盘地居民所向往的事情。

毛乌素沙地南缘伙盘地的逐步增加，伙盘地居民也越来越多，不可避免地，一些地主、地商和无赖为了霸占土地，经常在土地租佃问题上制造一些纠纷。如一些地主、地商及高利贷者在承租或承佃土地之后，仗势欺人、拒不缴租①。为了减少这种现象以保护蒙族的利益，同时也为了对毛乌素沙地南缘伙盘地进行有效的管理，清政府开始在沿陕北长城一线的蒙古地界内设置管理机构，管理移民事务。

自乾隆八年（1743）的界线勘定后，至光绪末年不到两百年的时间里又出现过至少两次较大的界线勘定②。每次界线划定的同时，中央政府都会对蒙族出租的土地租赋情况进行一定的考察，从现有的史料中，我们不难发现蒙地的租赋因土地状况而有所变化，但总体而言，是相对稳定的，租银大都维持在每牛犋一两的水平上，而租粟记载不详③。租赋的相对稳定，且低于内地的情况势必促使伙盘地居民逐步增加，伙盘地居民的开垦很快就打破了农牧经济间的平衡。水草丰茂的牧场被辟为农田，畜群不得不向土地硗薄的地带转移。农业和牧业两种不同的经济部门在开垦问题上发生了矛盾。由于在毛乌素沙地南缘从事农业活动的主要是汉族农民，而从事牧业生产的则主要是蒙古人，因而，农牧两种不同经济部门在开垦问题上的矛盾，往往会以民族矛盾的形式

---

① 王玉海：《清代内蒙古东部农业发展过程中的蒙汉民族矛盾》，《内蒙古大学学报》（人文社会科学版）1999 年第 4 期。

② 王晗：《"界"的动与静：清至民国时期蒙陕边界的形成过程研究》，《历史地理》第 25 辑，上海人民出版社 2011 年版，第 149—163 页。

③ 光绪《靖边县志稿》卷四《杂志·中外和耕》，《中国地方志集成·陕西府县志辑》第 37 册，凤凰出版社 2007 年版，第 337 页；民国《续修陕西通志稿》卷二八《田赋三·屯垦·鄂尔多斯蒙部述略》，宋伯鲁等编纂，民国二十三年（1934）刊本；吴坚主编：《中国西北文献丛书》（第 1 辑）《西北稀见方志文献》（第 7 卷），兰州古籍书店 1990 年版，第 45 页上。

表现出来①。

### 五　社会生活的相对稳定与人口增殖

在相对稳定的政治环境下，毛乌素沙地南缘得到前所未有的开发，这里的经济发展呈现出欣欣向荣的景象。社会生活的渐趋稳定，其最明显的表现即为伙盘地村落的增加和人口的增殖。

首先是伙盘地村庄的增加。在中央政府的政策导向和地方政府有组织、有步骤的安排下，入居的人口开始安心于伙盘地的开垦，而土地的大面积开垦势必带来当地农业的发展。这在某种意义上促进了伙盘地村庄的出现和增多。据《陕绥划界纪要》统计，伙盘地村庄在不同的历史时期都有所增加，表1.3即为具体的统计数字：

表1.3　　　　　清代毛乌素沙地南缘伙盘地村庄、户数统计

| | 康熙三十六年（1697） | 雍正八年（1730） | 乾隆八年（1743） | 道光十八年（1838） | 光绪二十八年—光绪三十三年（1902—1907） | 总计 |
|---|---|---|---|---|---|---|
| 村落数（座） | 996 | 46 | 463 | 49 | 252 | 1806 |
| 户数（户） | 7403 | 165 | 4417 | 268 | 2455 | 15608 |
| 户/村（座） | 7.43 | 3.57 | 9.44 | 5.47 | 9.74 | 8.69 |

资料来源：民国《陕绥划界纪要》卷三至卷八，樊士杰等编，静修斋民国二十二年（1933）印刷，榆林市星元图书馆藏。

伙盘地村落的相继出现，大量的"雁行人"逐步过上了定居的生活，这样一来，原始撂荒制开始出现和普及。新的生产制度带来了伙盘地农业生产的发展。我们可以从沿边六县仓庾分布上得窥一斑，如表1.4所示。

---

① 王玉海：《清代内蒙古东部农业发展过程中的蒙汉民族矛盾》，《内蒙古大学学报》（人文社会科学版）1999年第4期。

表 1.4　　　　　　　　　　**清代沿边六县仓庾分布**

| 县名 | 仓名 | 位置 | 仓廪数（处） |
|---|---|---|---|
| 榆林县 | 广有仓 | 县治内 | 6（52 间） |
| | 屯粮仓 | 保宁、双山、鱼河 | 3（25 间） |
| | 常平仓 | 县城、保宁、镇川、保宁、双山、鱼河 | 5 |
| | 社仓 | 县城、镇川 | 2 |
| | 义仓 | 县城、常乐、保宁、双山、建安、鱼河、镇川、东孝、归远 | 9 |
| | 留养局 | 东山 | 1 |
| 神木县 | 屯粮仓 | 县城 | 1 |
| | 常平仓 | 县城 | 1 |
| | 社仓 | 县城、燕子峪、张家窑、屈家新庄 | 4 |
| | 义仓 | 县城 | 1 |
| | 留养局 | 县城 | 1 |
| 府谷县 | 阜益仓 | 县城 | 1 |
| | 常平仓 | 县城、孤山、镇羌、黄甫、木瓜、清水 | 8 |
| | 社仓 | 县城、孤山、黄甫、木瓜、清水 | 6 |
| | 义仓 | 县城 | 1 |
| 怀远县 | 屯粮仓 | 县城、波罗、响水、威武、清平 | 5 |
| | 常平仓 | 县城、波罗、响水、威武、清平 | 6 |
| | 社仓 | 波罗、威武、清平 | 3 |
| | 俊秀仓 | 县城 | 1（废弃） |
| 定边县 | 金猫仓 | 县城 | 1（16 座、51 间） |
| | 社仓 | 县城 | 1（1 座） |
| | 便利仓 | 安边 | 1（13 座、52 间） |
| | 新建仓 | 砖井 | 1（10 座、35 间） |
| 靖边县 | 利益仓 | 县城 | 1 |
| | 新建仓 | 县城 | 1（9 间） |
| | 宁塞仓 | 宁塞 | 1（9 间） |
| | 常裕仓 | 镇罗 | 1（9 间） |
| | 宏阜仓 | 龙州 | 1 |
| | 社仓 | 县城（旧治、新治） | 2 |

資料来源：道光《榆林府志》卷二三《食志·仓储》，《中国地方志集成·陕西府县志辑》第 38 册，凤凰出版社 2007 年版，第 348 页下—350 页上；嘉庆《定边县志》卷二《建置志》，《中国地方志集成·陕西府县志辑》第 39 册，凤凰出版社 2007 年版，第 24 页下；光绪《靖边县志稿》卷一《田赋志》，《中国地方志集成·陕西府县志辑》第 37 册，凤凰出版社 2007 年版，第 292 页。

土地大量开垦，粮食不断增收，当地便增建仓庾，这显然是一个经济发展的时期。这也从一个侧面反映了伙盘地人口的增殖情况。从乾隆四十年至道光十九年（1775—1839）的 65 年，榆林府的户口数字稳步上升，户数增加了 21360 户，口数增加了近 20 万人。如表 1.5 所示。

表 1.5    榆林府乾隆四十年至道光十九年（1775—1839）4 次户口统计

| 县名 | 乾隆四十年（1775） | | 嘉庆十年（1805） | | 道光三年（1823） | | 道光十九年（1839） | |
|---|---|---|---|---|---|---|---|---|
| | 户数（户） | 口数（人） | 户数（户） | 口数（人） | 户数（户） | 口数（人） | 户数（户） | 口数（人） |
| 榆林县 | 13235 | 85679 | 14989 | 96512 | 16540 | 101283 | 20575 | 103140 |
| 神木县 | 12000 | 75691 | 15454 | 109277 | 15742 | 109908 | 16050 | 113717 |
| 府谷县 | 15984 | 71283 | 20276 | 85414 | 26071 | 140036 | 26234 | 204357 |
| 葭州 | 18421 | 92127 | 19041 | 96754 | 17410 | 89979 | 17403 | 89988 |
| 怀远县 | 12973 | 83640 | 14266 | 92212 | 13434 | 97653 | 13711 | 89031 |
| 合计 | 72613 | 408420 | 84026 | 480169 | 89197 | 538859 | 93973 | 600233 |

注：这些人口数据包含口外近边遥治的人口。

资料来源：道光《榆林府志》卷二二《食志·户口》，《中国地方志集成·陕西府县志辑》第 38 册，凤凰出版社 2007 年版，第 346 页。

表 1.5 登记了从乾隆四十年至道光十九年（1775—1839）的六十余年间榆林、神木、怀远、府谷和葭州五州县的户数、口数。其中，人口增幅最快的为府谷县，其人口增长率为 28.7‰，葭州最低，为 - 0.35‰。[1] 究其原因，由于晋陕边民脱离原籍，进入毛乌素沙地南缘，故而在此时期，移民人数的持续增加和定居人口的繁衍生息自然为沿边各县人口的增长提供条件。[2] 不过，在此期间，怀远县的口数统计在乾隆四十年至道光三年（1775—1823）维持在 3.27‰—3.49‰ 的年增长率，但在道光三年至道光

---

① 道光《榆林府志》卷二二《食志·户口》，《中国地方志集成·陕西府县志辑》第 38 册，凤凰出版社 2007 年版，第 346 页。

② 尽管道光《榆林府志》的编修者对"边外山川、堡寨、古迹等概不列"（道光《榆林府志》卷首《凡例》，《中国地方志集成·陕西府县志辑》第 38 册，凤凰出版社 2007 年版，第 160 页上），但将该区域的人口情况登记在内。盖因陕北沿边地方政府虽无对边外的行政疆域管理权，但对边外的户籍、人口登记则有监督之权。

十九年（1823—1839）不升反降，呈现为－5.5‰的年增长率，其负增长原因待查。

不过，自清代中后期以降，阶级矛盾日益突出，民众暴动事件此起彼伏，而这些事件对毛乌素沙地南缘伙盘地的社会经济发展影响很大。同治年间，陕甘回民战争爆发，这次战争持续时间较长，影响面较大，涉及范围较广，对陕北、鄂尔多斯地区的经济破坏力也较强。这导致伙盘地社会在战乱的影响下，人口急剧下降，农牧业生产陷于瘫痪。许多伙盘地居民躲避战乱，离开原有的居所，以至许多伙盘地村落荒废。然而战乱一经结束，四处流离的居民又陆续重返家园，开始新的生活。笔者按《陕绥划界纪要》所得数据分析，在同治年间之前建村的村庄数占到《陕绥划界纪要》所载村庄数的86%，而且这些村庄中，除了榆林建安堡边外的7处伙盘村在民国六年（1917）的调查中发现已毁弃外，都有民户居住，而这几处村庄的遗弃原因，虽然有可能是毁于战乱，但笔者认为更大的可能性在于这几处村庄所赖以存在和发展的物质基础——土地和水资源状况都发生了明显的改变，即有可能是环境退化所致。可见，只要村庄赖以存在和发展的物质基础继续存在，尽管受到战争不止一次的破坏，伙盘地村庄仍会在废墟上重建起来，继续承担它在该地区的繁衍和生产职能。

经过几代人的努力，毛乌素沙地南缘逐步形成了独具特色的伙盘地农业文化氛围。在这种特色文化氛围的影响下，伙盘地农业生产力得到发展，而生产力的发展也为伙盘地农业生产环境创造了条件。同时，伙盘地社会生活环境的日益改善也促成了毛乌素沙地南缘伙盘地村庄化的进一步完善。

# 第二章 "界"的动与静

## 第一节 清至民国时期蒙陕边界舆图解析

在历史地图的研究、改绘以及数据化的过程中，绘图面临着将如何将地理空间数据向地图符号体系转化的问题。[①] 而历史时期舆图的绘制，是以舆图的编绘者在自身相关学识储备的基础上，对其所处时代的人文、自然环境所体现的地理信息进行基本认知，继而在采取梳理、比较、分类和符号化的技术手段，最后进行图上作业。由于成长背景、求学经历、为政经验和社会理想的不同，舆图编绘者对舆图编绘时所需标示的对象的认知过程必然存有差异性。在蒙陕边界带，自中央到蒙陕各级政府的舆图编绘者在绘制舆图的过程中，除却参考前代编绘者的舆图编绘理念、思路之外，更需要深刻了解绘图区域的特殊性。因此，本节选取国家、陕西省、府、州、县以及乡堡等各级舆图为考察对象，梳理、分析舆图

---

① 史红帅：《关于清代西安城内满城和南城的若干问题》，《中国历史地理论丛》2000 年第 3 期；潘晟：《谁的叙述：明代方志地图绘制人员身份初考》，《中国历史地理论丛》2004 年第 1 辑；于风军：《明至民国时期方志舆图中韩城县境景观格局与景观变迁》，《中国历史地理论丛》2004 年第 1 辑；于风军：《释"灘"——基于对方志舆图符号的解读》，《中国历史地理论丛》2005 年第 1 辑；辛德勇：《19 世纪后半期以来清朝学者编绘历史地图的主要成就》，《社会科学战线》2008 年第 9 期；韩昭庆：《中国地图史研究的由今推古及由古推古——兼评余定国〈中国地图学史〉》，《复旦学报》（哲学社会科学版）2009 年第 6 期；N. 哈斯巴根：《传教士与康熙朝蒙古舆图的绘制》，《中央民族大学学报》（哲学社会科学版）2010 年第 3 期；孙靖国：《明代雁北地区城堡的职能与选址特征》，《中国历史地理论丛》2011 年第 4 期；丁超：《唐代贾耽的地理（地图）著述及其地图学成绩再评价》，《中国历史地理论丛》2012 年第 3 辑；唐晓峰：《地图·文化·社会》；［美］蒙莫尼尔：《会说谎的地图》，黄义军译，商务印书馆 2012 年版，第 1—5 页；成一农：《"科学"还是"非科学"——被误读的中国传统舆图》，《厦门大学学报》（哲学社会科学版）2014 年第 2 期；蓝勇：《从"备边图"到"界务图"的嬗变：中国西南历代边舆图编绘思考》，《思想战线》2015 年第 5 期。

编绘过程中绘图者对毛乌素沙地南缘的地理环境认知和处理方法。在此基础上以"了解之同情"对舆图编绘者所绘舆图中的地理信息来源加以分析,并将之作为我们客观复原蒙陕边界带舆图所表达的历史时期地理环境的基础。

### 一 康雍乾国家舆图所见蒙陕边界

清代康熙、雍正、乾隆时期的国家舆图主要指康熙《皇舆全览图》、雍正《皇舆十排全图》和乾隆《十三排地图》(《乾隆内府地图》)。康熙《皇舆全览图》从康熙四十七年(1708)正式开测,到康熙五十七年(1718)完工。图上所反映的疆域为东北至萨哈连岛,东南至台湾,西至伊犁河,北至贝加尔湖,南至崖州(海南岛)。此次测绘是中国历史上第一次全国范围大面积的实地测绘图工作。雍正《皇舆十排全图》是雍正帝责令怡亲王允祥等组织绘图人员在康熙《皇舆全览图》的基础上,采用以北京为经、纬线中心的方格绘法,绘制了北起北冰洋,南到中国南海,东起太平洋,西到地中海的全国性舆图。而乾隆《十三排地图》也是在康熙《皇舆全览图》的基础上,加上实地测绘的西藏、新疆地图,形成新的全国实地测绘舆图。该舆图的图幅范围基本上和雍正图相似,北达北冰洋,南抵印度洋,西至波罗的海、地中海和红海。本节选取康雍乾三朝《皇舆图》的"陕北、河套"部分进行比较。如图2.1、图2.2和图2.3所示。

图2.1 康熙《皇舆全览图》之"蒙陕边界"

图2.2 雍正《皇舆十排全图》之"蒙陕边界"

**图 2.3　乾隆《十三排地图》之 "蒙陕边界"**

图 2.1 至图 2.3 来自：汪前进、刘若芳整理《清廷三大实测全图集》，外文出版社 2007年版。

根据图 2.1、图 2.2、图 2.3 上的标示进行分类列表，如表 2.1 所示。

康熙、雍正、乾隆三朝绘制的《皇舆图》都对蒙陕边界加以持续关注①。雍正《皇舆十排全图》和康熙《皇舆全览图》相比，虽在汉字标注的地名上出现异体字，但所表述的地点基本相同。由于雍正《皇舆十排全图》完成于雍正七年（1729）（实际上雍正五年以前的政区改置并没有都在地图上反映出来）②，因此，榆林、定边、靖边、怀远等地的行政变革尚未在此次地图的测绘中加以体现。乾隆《十三排地图》成图于乾隆二十六年前后（1761），因此较为系统地将康熙、雍正和乾隆二十四年（1759）以前的行政区划变革在地图上进行标绘。另外，乾隆《十三排地图》和康熙《皇舆全览图》、雍正《皇舆十排全图》相比，对陕北边墙以北地区的

---

① 康熙《皇舆全览图》从康熙四十七年（1708）正式开测，到康熙五十七年（1718）完工，历时十年［秦国经：《18 世纪西洋人在测绘清朝舆图中的活动与贡献》，《清史研究》1997 年第 1 期；韩昭庆：《康熙〈皇舆全览图〉空间范围考》，《历史地理》第 32 辑，上海人民出版社 2015 年版，第 289—300 页；韩昭庆：《康熙〈皇舆全览图〉与西方对中国历史疆域认知的成见》，《清华大学学报》（哲学社会科学版）2015 年第 6 期］；雍正皇舆十排全图完成于雍正七年（1729）七月，雍正五年以前的政区改置并没有都在地图上反映出来（於福顺：《清雍正十排〈皇舆图〉的初步研究》，《文物》1983 年第 12 期）；乾隆十三排地图，又称《乾隆内府地图》，于乾隆二十六年（1761）由法国人蒋友仁指导内务府工匠镌制（薛月爱：《康熙〈皇舆全览图〉与乾隆〈内府舆图〉绘制情况对比研究》，《哈尔滨学院学报》2008 年第 10 期；魏巧燕：《〈乾隆内府舆图〉满语地名探析》，《满语研究》2011 年第 2 期）。

② 於福顺：《清雍正十排〈皇舆图〉的初步研究》，《文物》1983 年第 12 期。

表 2.1　康、雍、乾三朝《皇舆图》之"蒙陕边界"

| 名称 | 聚落 | | 关隘、治所 | | 河流 | | 其他 | |
|---|---|---|---|---|---|---|---|---|
| | 边内 | 边外 | 边内 | 边外 | 边内 | 边外 | 边内 | 边外 |
| 康熙皇舆全览图 | 四墩口、水口滩、无墩、瓦碌梁、踏石牌、康家湾、西三楼、东三楼、化沙河、沙子口、卯河、掌会、镇川口、瓦窑 | 二楼口、双墩滩、七楼、五楼、关儿、四墩湾、守口门、把都河、大湖湾、石牌涧、小蒜涧、赵管儿涧、清河、滚子涧、西塘、东塘、雄石峡、红山市、老虎沟、中沙、正川、界石梁水、镇川台、青阳岔、卯儿、二十三墩、家山、大川河、六墩、西川、镇川、娘娘口、侯窑 | 盐坞堡、定边营、柳树涧堡、砖井堡、安边营、镇罗堡、宁塞堡、靖边营、清平堡、镇靖堡、龙州堡、波罗堡、威武堡、怀远堡、保宁堡、归德堡、榆林卫、长乐堡、双山堡、建安堡、高家堡、柏林堡、大柏油堡、向家堡、神木县、永兴堡、镇羌堡、清水营堡、木瓜园堡、府谷县 | | 黄榭涂河、无定河、三岔河、屈野河水、屈源水路 | 红柳河、会掌河、黑河水 | 阁门 2、二十五台、十阁门、四台、西阁门、东阁门、阁门 | 阁门 2 |
| 雍正皇舆全图十排全图 | 水口滩、无墩、瓦碌梁、踏石牌、大湖湾、四台、沙河会、柳树涧、卯儿、何家堡 | 二楼、双墩、七楼、瓦楼、西三楼、康家楼、三楼、守镇、东三楼、口涧、把都河、四墩水、小蒜涧、滚子涧、鲁家塘、赵管儿涧、清河口、化窑子、清河、老虎沟、雄石市、红山口、界石梁、中沙、正川、高家水、镇川台、青阳岔、卯水、镇川、大川、二十三墩、侯家山、十三墩、大墩、秦家、镇川、水窑、大川河、何家、娘娘口 | 盐坞堡、定边营、柳树涧堡、砖井堡、安边堡、镇罗堡、宁塞堡、靖边营、清平堡、镇靖堡、龙州堡、波罗堡、威武堡、怀远堡、长乐堡、保宁堡、榆林卫、建安堡、归德堡、双山堡、高家堡、柏林堡、神木县、永兴堡、镇羌堡、孤山堡、木瓜园堡、清水营堡、黄甫川堡、府谷县 | | 黄榭涂河、无定河、水路、秀尾河、屈曲源水、屈野河 | 红柳河、会掌河、黑河水、三岔河 | 阁门 2、西阁门、东阁门、二十五台、十阁门、四台、西阁门、东阁门、阁门 | 阁门 2 |

续表

| 名称 | 聚落 | | 关隘、治所 | | 河流 | | 其他 | |
|---|---|---|---|---|---|---|---|---|
| | 边内 | 边外 | 边内 | 边外 | 边内 | 边外 | 边内 | 边外 |
| 乾隆十三排地图 | 水口滩、元墩、瓦踏梁、大湖湾、四台、沙河掌、柳树会、卯儿口、瓦窑山、 | 二楼、双墩、七楼、五楼、康家楼、三楼水、西三楼、东三楼、关儿、四墩滩、守镇口洞、把都河、小蒜洞、清鲁墩湾、红柳河、赵管儿洞、滚子洞、东塘、化窑子、红山市、老虎沟口、中沙口、镇川正川口、清河口、界石梁水口、台口、青阳岔口、高家山、大川口、二十三墩、西川口、十三墩口、六镇川口、大川河口、秦家口、水壕口、侯家口、娘娘口、回塔口 | 盐垸堡、定边县、安边堡、靖边县、龙州堡、怀远县、归德堡、长乐堡、高家堡、神木县、孤山堡、清水营堡 砖井堡、宁塞堡、镇靖堡、威武堡、保宁堡、波罗堡、榆林府（榆林县）、建安堡、大柏油堡、镇羌堡、永兴堡、府谷县、木瓜园堡、黄甫营 | | 黄树涂河、无定河、水路河、尾河、野河、曲源水 | 三岔河、会掌河、口、黑河、水口、通哈拉克海、读、苏海、阿鲁阿图、林、额必拉、泽必拉、西拉乌苏、必拉、纳、他布拉、领必拉、哈柳图必、拉布拉、清河、乌兰、拉、木兰必拉 | 西闸门、东闸门、二闸门、十五台闸门、十四台闸门、四台闸门 | |

资料来源：汪前进、刘若芳整理：《清廷三大实测全图集》，外文出版社 2007 年版。

蒙族游牧区域进行了记音汉字的标注，如通哈拉克鄂谟、苏海阿鲁阿林、额图浑必拉、西拉乌苏必拉、纳领必拉、哈柳图必拉、他克拉布拉等。这些记音汉字的标注对于解读频繁出现在《清实录》、方志中的河套地区的水系、地表植被等情况有了较好的理解。通过对上述三朝《皇舆图》的分析，能够清晰地看到，陕西北部沿边各行政区的北界都是以边墙为界址，而且并未在榆林卫改榆林府的过程中发生变化。

## 二 陕西省府舆图所见蒙陕边界

（一）康熙《延绥镇志》之《延绥镇全边图》

与蒙陕边界有关的省府舆图中，康熙《延绥镇志》之《延绥镇全边图》是较为准确体现清朝初年陕北边墙内外实际情况的军事方面的舆图。如图2.4所示。

图2.4　康熙《延绥镇志》之《延绥镇全边图》

资料来源：康熙《延绥镇志》卷一《延绥镇全边图》，《中国地方志集成·陕西府县志辑》第38册，凤凰出版社2007年版，第5—7页上。

根据图2.4所标示的信息进行分类列表，如表2.2所示。

表2.2　　　　　康熙《延绥镇志》之《延绥镇全边图》信息

| 分类 | 名称 |
| --- | --- |
| 聚落 | 石牌楼、寿州、东古城、金□□、太平城、野马滩、红城子、青草沟、黄羊城、芦苇滩、烧酒会、野□湾、□州城、石城子、莲花城、神水滩、□城子、田城子、白城子、□□滩、文城子、神水滩、石佛寺、中受降城、□子城、红柳大仓、大树梁、顺□城、担虾城、赤木墩 |
| 山川 | □□□、黄石头、招聚山、青山□、青山沟、旗杆山 |

| 分类 | 名称 |
|---|---|
| 河流、湖泊 | 蒲湾水、月儿海、大柏油水、□花河水、大河掌、臭海子、大畛畦、月牙海、白海子、白崖河、红盐池、花林池、柳海、豹子海、柳海子、北海子、干海子、打杀河、毛不剌河、□河、□□□□、真河儿、沙河儿、获麦河、长湖、七眼井、□狱河、新□手井、青山湖、明沙眼井、臭水井、孙家井、石山湖、当山湖、□湖、过水井、三井儿、□毛湖、大海斗脑、明沙湖 |

资料来源：康熙《延绥镇志》卷一《延绥镇全边图》，《中国地方志集成·陕西府县志辑》第 38 册，凤凰出版社 2007 年版，第 5—7 页上。

图 2.4 和表 2.2 主要体现了康熙初年谭吉璁①等地方官员对边墙以外河套地区聚落、山川、河流以及湖泊等人文和自然地理状况的掌握。从图、表分析，我们不难看出，康熙初年，李自成农民军残余力量、明政府旧有的反清武装仍处于此起彼伏的状况，因此，延绥镇的军事功能得以保留，甚至在某种程度上有所加强。这也就导致康熙《延绥镇志》的编修者多是从军事角度来绘制全边图。其中，聚落多是历史时期遗留下来的城墙故址，而且仍可以承担行军作战和屯兵防御的军事功能。而山川、河流、湖泊的详细记录，则有助于军事后勤水源的补给和军事纵深战略的把握。也正是在此情况下，边墙外并没有标注是否存在民众移民聚落的情况。

（二）道光《榆林府志》舆图

道光《榆林府志》由时任延榆绥兵备道、榆林府知府的李熙龄主持编修。李氏于卷首《凡例》提及在《榆林府志》的编修过程中曾经遍查府属各州县的志书编修情况，"榆林县无志。神木志乾隆年旧有志稿，未刻亦未善，现王裔亭明府新立志书。府谷志成于乾隆四十九年，太繁亦多讹，乾隆间，杨氏有续府谷稿，未全。葭州志成于嘉庆十四年，以后缺。怀远

---

① 谭吉璁，"嘉兴人，康熙九年任榆林城堡同知，为政清惠……镇志未立，一切方略制度但错见陕志中。陕志统二省三边，限于尺幅，不能详也。璁苦心搜访，逐类编辑，东西千八百里，凡一名一物无不订正是非，叙述本末，志乘之精详，未有如延绥镇者"（道光《榆林府志》卷二六《名宦志》《近代政绩分编》，《中国地方志集成·陕西府县志辑》第 38 册，凤凰出版社 2007 年版，第 375 页上）。谭吉璁在任延绥府管理延绥各路城堡兼理屯田同知期间，于康熙十二年（1673）主持编修《延绥镇志》。

志成于乾隆十二年，以后缺。俱未尽善"。有鉴于此，李熙龄采取了"其有可采者，盖录之"，"边外山川、堡寨、古迹等概不列"。① 因此，对于榆林府边外仅涉猎了九股水、屈野河、秃尾河、葭芦河、芹河、三岔河等河流的基本情况，如图 2.5 所示。

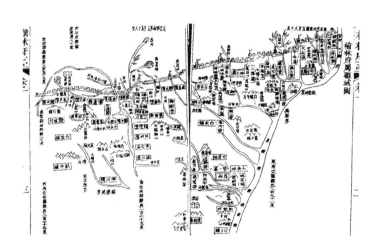

**图 2.5　道光《榆林府志》之《榆林府属疆域图》**

资料来源：道光《榆林府志》之《榆林府属疆域图》，《中国地方志集成·陕西府县志辑》第 38 册，凤凰出版社 2007 年版，第 164 页下—165 页上。

同样，在榆林府下辖的榆林县、怀远县、神木县和府谷县的舆图编绘中，道光《榆林府志》的编修者依然遵循前例，对各县边外的"山川、堡寨、古迹等"采取不予标示的方式。

（三）光绪《陕西全省舆地图》、民国《续修陕西通志稿》舆图

光绪《陕西全省舆地图》由时任陕西巡抚的魏光焘主持编修，陕西省舆图馆为《会典图》于光绪十六年到二十五年（1890—1899）测绘。经过制图，于光绪二十五年（1899）石印图集二册。该图集中的府州图后均有图说，主要内容是叙述本府州历史沿革，与邻府州县的方位、距离、山水、关隘情况；县厅图后均有沿革、疆域、天度、山镇、水道、乡镇及职

---

① 道光《榆林府志》卷首《凡例》，《中国地方志集成·陕西府县志辑》第 38 册，凤凰出版社 2007 年版，第 160—161 页上。

官七格表。民国《续修陕西通志稿》舆图对光绪《陕西全省舆地图》所绘制的各图大致上采取了沿袭的方式。本节选取与蒙陕边界有关的光绪《陕西全省舆地图》之《总图》、《黄河套》、《延安府图》、《榆林府图》、"沿边各县图"和民国《续修陕西通志稿》之《延安府十属图》、《榆林府五属图》举例。如图 2.6 至图 2.12 所示。

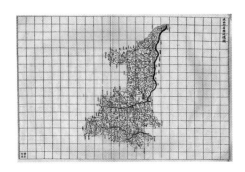

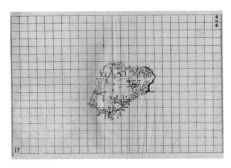

图 2.6　光绪《陕西全省舆地图》　　　图 2.7　光绪《陕西全省舆地图》
　　　　之《总图》　　　　　　　　　　　　之《黄河套》

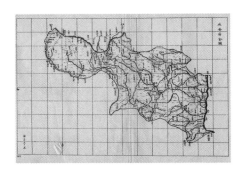

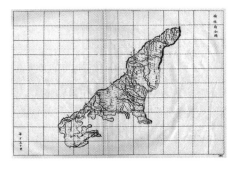

图 2.8　光绪《陕西全省舆地图》　　　图 2.9　光绪《陕西全省舆地图》
　　　　之《延安府图》　　　　　　　　　　之《榆林府图》

资料来源：光绪《陕西全省舆地图》，《中国方志丛书·华北地方》第 287 号，成文出版社 1970 年版，第 1—2、161、186 页。

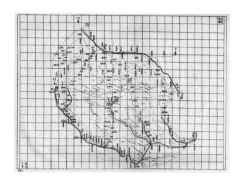

图 2.10 光绪《陕西全省舆地图》
之《定边县》

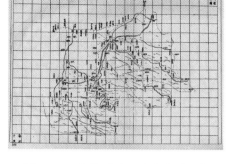

图 2.11 光绪《陕西全省舆地图》
之《靖边县》

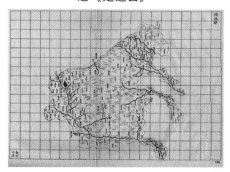

图 2.12 光绪《陕西全省舆地图》
之《榆林县》

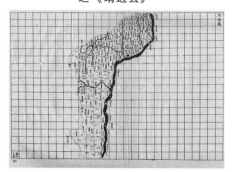

图 2.13 光绪《陕西全省舆地图》
之《府谷县》

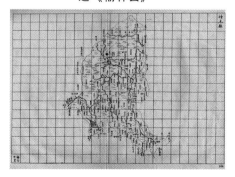

图 2.14 光绪《陕西全省舆地图》
之《神木县》

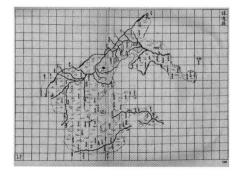

图 2.15 光绪《陕西全省舆地图》
之《怀远县》

资料来源：光绪《陕西全省舆地图》，《中国方志丛书·华北地方》第 287 号，成文出版社
1970 年版，第 181、183、188、191、194、196 页。

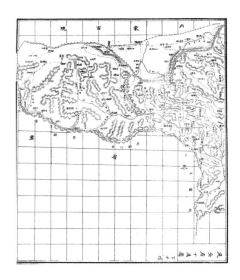 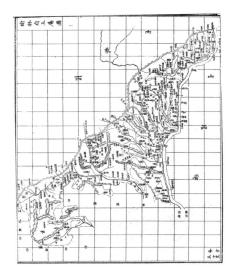

图 2.16　民国《续修陕西通志稿》　　　图 2.17　民国《续修陕西通志稿》
　　　　之《延安府十属图》　　　　　　　　之《榆林府五属图》

资料来源：民国《续修陕西通志稿》之《榆林府五属图》、《延安府十属图》，宋伯鲁等编纂，民国二十三年（1934）刊本；吴坚主编：《中国西北文献丛书》（第1辑）《西北稀见方志文献》（第6卷），兰州古籍出版社1990年版，第170—171、182—183页。

　　根据光绪《陕西全省舆地图》之《总图》、《黄河套》、《榆林府图》、《延安府图》、"沿边各县图"的相关人文、自然地理信息汇总成表，如表2.3所示。

表2.3　　光绪《陕西全省舆地图》之《总图》、《黄河套》、《榆林府图》、
　　　　　《延安府图》、"沿边各县图"信息

| 地图 | 聚落 | 关隘 | 山川、沙漠 | 河流、湖泊 |
|---|---|---|---|---|
| 总图 | 柳林口、宁条梁、盐店、沙头、石滩口 | 阎门 | 毛乌素 | 无定河、月牙河、寿母河、屈野河 |
| 黄河套 | 金塘墩、二楼口、西三楼口、东三楼口、关儿、把都河、西塘口、东塘口、红山寺、正川、镇川台、青阳岔、大川、镇川、二十三墩、墩口、镇川口、黄甫川 | 阎门3，二十五台阎门 | | 延哈拉克泊、额图浑河、哈利图河、西拉乌苏河、纳领河、他克拉布河、清水河、三岔河、潜河、卯儿河、乌苏木伦河、舒辉河、市喀河、大川河 |

续表

| 地图 | 聚落 | 关隘 | 山川、沙漠 | 河流、湖泊 |
|---|---|---|---|---|
| 延安府图 | 瓦踏梁、闇门庄、八里寨、柳林口、四十里铺2、宁条梁、红柳滩塘、沙头城、盐店、丢哥井塘、石渡口塘 | | 毛五素 | |
| 榆林府图 | | | | 芹河、屈野河 |
| 定边县图 | 郑家圈、蔡家圈、闇门庄、四墩口、梁家圈、瓦踏梁、十里塘、八里寨、三楼坛、张家庄、柳林口、四十里铺 | 闇门 | | 蒙地狗池 |
| 靖边县图 | 二十里塘、十里塘、宁条梁镇、老桥庄、策粮沟、大桥、小桥、洋楼、大桥畔、红柳滩塘、硬地梁子、四十里铺2、唐马窑子、雁墩梁、石子儿峁子、雁墩梁畔、马家峁、丢哥井塘、薛家凹、林家湾、核桃店、石渡口塘、黑家湾、黄沙滩、九里滩、盐店、鱼沟壕、壕沟口、后梁湾、羊圈峁、大梁峁、王家渠、高渠、梁湾河、沙窝2、色家湾、原峁子、马场、西济滩、李家湾、黄草滩、马家凹、鸭儿项、双涧堡、水楼□、楼儿凹、磨盘坪 | 闇门 | 毛五素 | |
| 怀远县图 | 杨明台、黑河、台沟、石窑川、海子沟 | | 毛五素沙 | 无定河、硬地梁河、芹河、沙河 |
| 榆林县图 | | | | 芹河、清水河、漳河、 |
| 神木县图 | 海湾、高家圪都、刘禹家、红娘沟 | | | 窟野河、秃尾河 |
| 府谷县图 | 清水口、镇羌口 | | | |

资料来源：光绪《陕西全省舆地图》，《中国方志丛书·华北地方》第287号，成文出版社1970年版，第1—2、161、181、183、186、188、191、194、196页。

从光绪《陕西全省舆地图》之《总图》、《黄河套》、《榆林府图》、《延安府图》以及"沿边各县图"所显示的地理信息来看，该图和康、雍、乾三朝《皇舆图》相比，有较为明显的变化。其中，陕北边墙外侧出现了大量非军事性质的乡镇和村落，如宁条梁镇、柳林口、四十里铺、梁湾河、沙窝等，这些乡镇、村落呈现出以旧有的军事要塞、特殊的地貌地形部位、民众姓氏和以记音汉字标注的满蒙语为基础和特点的移民聚落。这样的聚落共有 72 处，这与光绪年间边外聚落的实际情况显然不符，即便是登记数量最多的靖边县边外，也存有较大的登记缺漏①，其原因在于尽管从清中叶起，清政府在移民较集中的内蒙古南部边缘地带陆续建立了一些厅、县治所，实行蒙汉分治。蒙陕边界先后受宁夏理事厅、神木理事厅等机构管理②。其中，神木理事厅"系乾隆八年新设，驻扎县治，专管蒙古鄂尔多斯六旗伙盘租种事务"③。但是，"蒙古鄂尔多斯六旗伙盘"的土地权属在蒙古贵族一方，而且理事厅官员和沿边地方政府各级官员与地位尊贵的蒙古王公相比，官微职卑，不仅不能过问旗方事务，反而时常要承受来自旗主方面的种种压力④。因此，陕北沿边地方政府并不具有对边外土地、民户的实际管辖权。这也就导致光绪《陕西全省舆地图》从《总图》到沿边各县分图的边外情况语焉不详，甚至成为边界划分和管理的禁区⑤。

此外，在图中登载的 72 处聚落中，靖边县边外移民聚落有 49 处，远多于其他各县边外登记聚落，其原因为靖边县边外有宁条梁镇，该镇位处红柳河与草路的交会点，是西起宁夏府，东至归化城的交通枢纽。早在明代嘉靖年间，即为明政府延绥镇的边防重地⑥。至清乾隆初年，"嗣因道路

---

① 民国《陕绥划界纪要》的调查资料所统计的沿边六县口外移民聚落共有 1806 处（民国《陕绥划界纪要》卷三至卷八，[樊士杰等编，静修斋民国二十二年（1933）印刷，榆林市星元图书馆藏]。

② 嘉庆《钦定大清会典事例》卷七三九《理藩院·设官·内蒙古部落官制》，《近代中国史料丛刊三编》（第 70 辑），托律等纂修，中国藏学出版社 2006 年版，第 392、397—398 页。

③ 道光《秦疆治略》之《榆林府神木理事厅》，卢坤辑：《中国方志丛书·华北地方》第 288 号，成文出版社 1970 年版，第 175—176 页。

④ 乌兰少布：《从宁夏与阿拉善纠纷看近代内蒙古的省旗矛盾》，《内蒙古大学学报》（哲学社会科学版）1987 年第 3 期。

⑤ 无独有偶，道光《榆林府志》的《榆林府属疆域图》中也因为这一缘故，并未将道光年间榆林府边外的土地、民户情形加以标注。另外，民国《续修陕西通志稿》的"沿边各县图"皆为袭用光绪《陕西全省舆地图》，因此，并无新意可言。

⑥ 《明世宗实录》卷二七九，"嘉靖二十二年十月己卯"，《明实录·明世宗实录》，"中研院史语所"1961 年校印，第 5437 页。

崎岖",来往客商"改由宁条梁进口"①,并从"宁塞堡拨出把总一员,带马守兵四十名移驻"②。后经"陕西巡抚台柱"提议,在"延安府属靖边县边外宁条梁地方,蒙古汉人交集,距县远,仅把总一员驻防,请将凤县留坝司巡检裁汰,添设宁条梁巡检"③。得天独厚的条件使得宁条梁镇很快成为蒙陕边界的一座重镇。民国《续修陕西通志稿》载,"宁镇夙称繁富,客商辐辏,民人数十万,为延绥边外第一大泛"④,其中多有来自全国各地的商人。由于蒙汉民间的贸易,或坐庄收购,或输转运销,或就地加工成成品转输,其规模之大,景况之繁荣,在全国颇有名气。可见,正是由于宁条梁镇的特殊地理条件和相应行政管理机构的设置,因此,编修者在光绪《陕西全省舆地图》中便将宁条梁镇及其周边地区的移民聚落的状况进行适度表达。

## 三 陕北沿边六县方志舆图所见蒙陕边界

### (一)定边县

定边县现存嘉庆《定边县志》(成书于嘉庆二十五年,1820)和光绪《定边乡土志》(成书于光绪三十二年,1906),两部志书中关于陕北边外的地图表述有嘉庆《定边县志》之《城堡疆域总图》和《定、靖两县界址图》⑤。如图2.18、图2.19所示。

---

① 《清高宗实录》卷八一,"乾隆三年十一月乙丑",《清实录》第10册,中华书局1985年版,第269页。

② 《清高宗实录》卷二〇六,"乾隆八年十二月丙辰",《清实录》第11册,中华书局1985年版,第654页上。

③ 《清高宗实录》卷五〇二,"乾隆二十年十二月乙巳",《清实录》第15册,中华书局1985年版,第328页下。

④ 民国《续修陕西通志稿》卷七二《名宦九·乾隆以来死事官员附》,宋伯鲁等编纂,民国二十三年(1934)刊本;吴坚主编:《中国西北文献丛书》(第1辑)《西北稀见方志文献》(第7卷),兰州古籍出版社1990年版,第102页下—103页上。

⑤ 嘉庆《定边县志》之《增辑邑志凡例》载,"徐、戴二邑侯原纂至乾隆三十六年止,书成未梓,今重加增辑,至嘉庆二十三年止。舆图为邑宰苍任,须知必不可少,兹增绘城堡疆域总图、塘路图、盐池图、定靖两县界址图置列卷首以备观览"。凡例所言原纂徐、戴二邑侯为徐观海、戴元夔两任县令,志书所编绘的舆图为现任县令黄沛增绘(《中国地方志集成·陕西府县志辑》第39册,凤凰出版社2007年版,第13页上)。

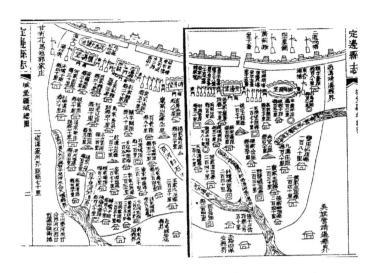

**图 2.18　嘉庆《定边县志》之《城堡疆域总图》**

资料来源：嘉庆《定边县志》之《城堡疆域总图》，《中国地方志集成·陕西府县志辑》第 39
册，凤凰出版社 2007 年版，第 9 页。

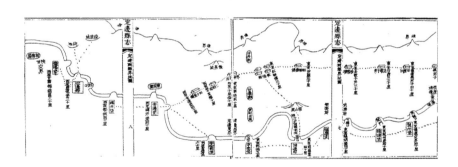

**图 2.19　嘉庆《定边县志》之《定、靖两县界址图》**

资料来源：嘉庆《定边县志》之《定、靖两县界址图》，《中国地方志集成·陕西府县志辑》
第 39 册，凤凰出版社 2007 年版，第 11 页下—12 页。

　　嘉庆《定边县志》之《城堡疆域总图》的主题是围绕城堡、山川及其
道里而展开。由于嘉庆《定边县志》的编修者认为，"定边，古盐州地，
旧为卫所。自国朝雍正九年始设县，与盐场、砖井、安边、柳树涧共五城
堡，雉堞隆崇，规模宏远。地则中外和耕，市则彝夏交易，此一统无外之
盛，亘古所未有也。他如昔之新安边、三山、石涝、新兴、饶阳水五堡，

悉裁并归县属，仍为表出，其余山川、古迹即举其胜。而邻境接壤亦详及焉①。因此，志书编修者对于边外，也标注了"□十八台、席蓟滩、四十里铺、二道堖塘"等四个地名。而编修者在编绘《定、靖两县界址图》时主要的出发点为"左列定、靖两县界址图以定边边外系鄂套旗，靖边边外系武胜旗，为两县销售官茶之地，故统绘以备稽考"②。因此图中除了突出两县的界址外，对边外重要的自然、人文地理情况也做了较为明确的表述。如重要聚落有"陈家圈、四十里铺、十二里塘、界浑子庄、宁条梁、红柳滩塘、沙头塘、丢歌子井、石渡口、黑河子"等，重要的山川有"账房梁、草山梁"，重要的湖泊有"狗池、倭波池"，重要的沙地有"沙井则、沙边滩、更杜沙窝"。此外，嘉庆《定边县志》的编修者将乾隆年间蒙陕勘界时所设立的界堆加以标示③。这也是陕北沿边六县所绘制的地图中最早对蒙陕勘界进行地图表达的一份县级地图。

（二）靖边县

靖边县现存康熙《靖边县志》（康熙末年）和光绪《靖边县志稿》（光绪二十五年，1899），两部志书中关于陕北边外的地图表述有光绪《靖边县志稿》之《县境总图》之《边外总图》和"五堡分图"。上述舆图中，"五堡分图，每方十里。县总图、边外总图每方二十里，凡城堡从□，村庄从●，别堡村庄从 υ，两县插花地从＊，原从 U，沙从 ∷，路从 ⫶，边界从 ⫶，山峦重叠不可备数，载其有名者大小七条，原委毕具，小水亦多照志填入，惜碍于尺幅，与村庄均难备载也……邑贡生辛居乾绘图并识"④。如图 2.20、

①　嘉庆《定边县志》之《城堡疆域总图》，《中国地方志集成·陕西府县志辑》第 39 册，凤凰出版社 2007 年版，第 9 页。

②　嘉庆《定边县志》之《定、靖两县界址图》，《中国地方志集成·陕西府县志辑》第 39 册，凤凰出版社 2007 年版，第 11 页下—12 页。

③　乾隆七年（1742），贝勒扎木扬等请驱逐界外人民，经川陕总督马尔泰奏，乾隆帝派尚书班第、总督庆复会同盟长定议，即以现耕之地设立土堆，定为疆界（光绪《靖边县志稿》卷四《杂志·中外和耕》，《中国地方志集成·陕西府县志辑》第 37 册，凤凰出版社 2007 年版，第 337 页），同时编订永远章程，即"无论界内界外，俱以旧年种熟之地为界，任民耕种。界内者，照旧租不加；其界外者，每牛一犋除旧租糜子一石、银一两之外（按上云租银五钱四分，此云一两，以乾隆元年例取利者，听其自便也），再加糜子五斗、银五钱，其地界安设标记"（道光《增修怀远县志》卷四下《边外》，《中国地方志集成·陕西府县志辑》第 36 册，凤凰出版社 2007 年版，第 698—699 页）。

④　光绪《靖边县志稿》卷一《舆地志》，《中国地方志集成·陕西府县志辑》第 37 册，凤凰出版社 2007 年版，第 275 页下。

图2.21、图2.22所示。

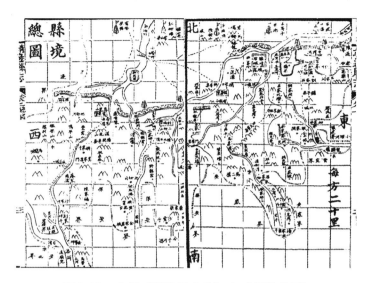

图2.20 光绪《靖边县志稿》之《县境总图》

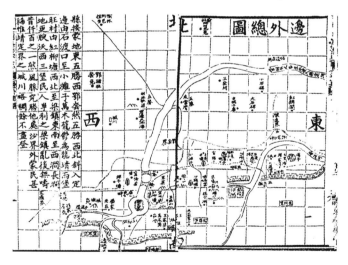

图2.21 光绪《靖边县志稿》之《边外总图》

资料来源：光绪《靖边县志稿》之《县境总图》、《边外总图》，《中国地方志集成·陕西府县志辑》第37册，凤凰出版社2007年版，第275页下—276页上、279页。

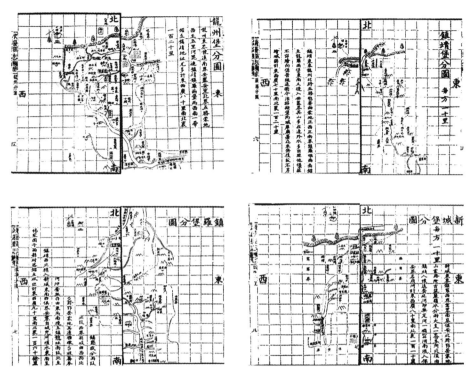

图2.22 光绪《靖边县志稿》之《龙州堡》、《镇靖堡》、
《镇罗堡》、《新城堡》、《宁塞堡》

资料来源:光绪《靖边县志稿》之《龙州堡》、《镇靖堡》、《镇罗堡》、《新城堡》、《宁塞堡》,《中国地方志集成·陕西府县志辑》第37册,凤凰出版社2007年版,第276页下—279页上。

　　光绪《靖边县志稿》之《县境总图》限于篇幅，重点围绕边墙以南的疆界而展开，对于边外情形的标示，主要有"宁条梁、草山梁、红柳滩、壕沟口、小桥畔、丢哥井塘、石渡口塘、马鞍山"等乡镇村落、山梁关隘等。此外，还将边界从沿边墙而划逐步转变为以边外移民聚落实际掌控区域为界。

　　相对而言，光绪《靖边县志稿》之《边外总图》和"五堡分图"则较为详尽地将靖边县边外的边界、聚落、关隘、山川、河湖等加以标示。从《边外总图》中不难看出，图中所标示的边界并未将靖边县边外移民聚落的实际情形全部予以表达，如城川、衣当湾、三岔河、古城子庙、大石碑、小石碑等靠近红柳河以及红柳河以北、以西的移民聚落都划在靖边县边界以外。而该图左侧的图释文字为"县接蒙地，东五胜西鄂套，然五胜西北斜入定边，由石渡口至小滩子，万木茏郁，为龙、靖两堡旺村。由红柳塘西北至梁镇，东南至西涧、长涧，地更腴沃，西三堡民人争利之。梁镇乱后无畴，昔千百之一，然风脉究胜他处。沙界外蒙民甚稀，惟靖、定界之城川略稠，余不尽登"①。该段文字中的"城川"被作为靖边县和定边县的界址标示地点，这显然与该图上城川地点不符。究其原因，图中所标示的边界和文字中所表达的边界并非同一边界，图中边界当为乾隆年间蒙陕勘界时的边界，而文字中所表达的边界则为光绪年间汉族移民越过乾隆勘界后的实际移民聚落控制线②。

　　此外，光绪《靖边县志稿》编修者还绘制了《龙州堡分图》、《镇靖堡分图》、《镇罗堡分图》、《新城堡分图》和《宁塞堡分图》，这五张分图是对《县境总图》和《边外总图》进一步细化。分图中将移民村落、关隘、山川、河流、湖泊更为翔实地加以标示，不过，分图中所标示的城川、衣当湾、三岔河、古城子庙、大石碑、小石碑等移民聚落沿袭了编修者在《县境总图》和《边外总图》所表达的"标点不标界"原则。

　　（三）怀远县（横山县）

　　怀远县（民国三年更名横山县③，1914）现存乾隆《怀远县志》（乾

　　①　光绪《靖边县志稿》卷一《舆地志》，《中国地方志集成·陕西府县志辑》第37册，凤凰出版社2007年版，第276页。

　　②　王晗：《"界"的动与静：清至民国时期蒙陕边界的形成过程研究》，《历史地理》第25辑，上海人民出版社2011年版，第149—163页。

　　③　民国《横山县志》卷二《纪事志》，《中国地方志集成·陕西府县志辑》第39册，凤凰出版社2007年版，第320页。

隆十二年，1747）、道光《增修怀远县志》（道光二十二年，1842）和民
国《横山县志》（民国十八年，1929）。三部志书中与陕北边外有关的地
图表述有道光《增修怀远县志》、《怀远县治全图》、《怀远县山原图》、
《怀远县水道图》、《怀远五堡边口图》、"五堡口外牛犋伙盘分图"和民国
《横山县志》、《横山县境全图》、"五堡分图"。如图2.18至图2.24所示。

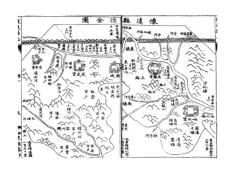

图 2.23 道光《增修怀远县志》
《怀远县治全图》

图 2.24 道光《增修怀远县志》
《怀远县山原图》

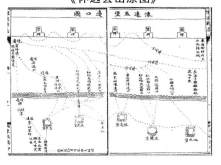

图 2.25 道光《增修怀远县志》
《怀远县水道图》

图 2.26 道光《增修怀远县志》
《怀远五堡边口图》

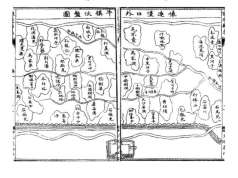

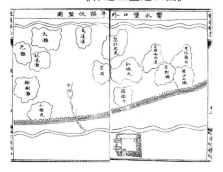

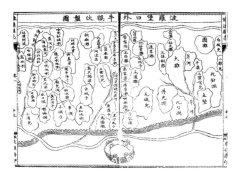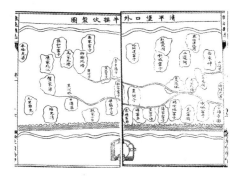

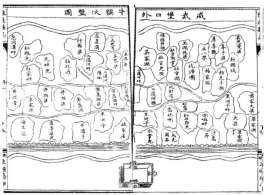

**图 2.27    道光《增修怀远县志》之"五堡口外牛犋伙盘分图"**

图 2.23—图 2.28 来自：道光《增修怀远县志》，《中国地方志集成·陕西府县志辑》第 36 册，凤凰出版社 2007 年版，第 454—469 页。

**图 2.28    民国《横山县志》之《横山县境全图》**

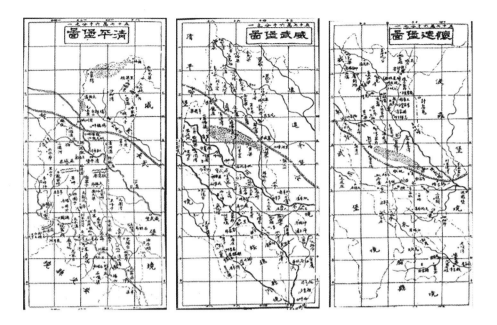

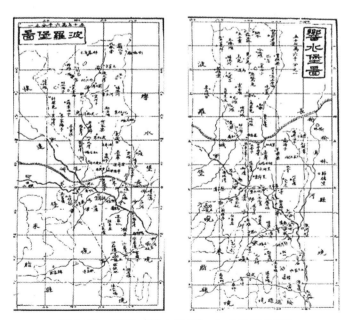

图 2. 29 民国《横山县志》之"五堡分图"

图 2. 28、图 2. 29：民国《横山县志》之《横山县境全图》，《中国地方志集成·陕西府县志辑》第 39 册，凤凰出版社 2007 年版，第 154—159 页。

道光《增修怀远县志》之《怀远县治全图》、《怀远县山原图》、《怀远县水道图》重点围绕边墙以南的关隘、山川和河流湖泊而展开，对于边外情形的标示，主要有"黑河子泛、无定河、硬地梁河、沙河、芹河、黑峁墩河、三岔河、夏河、野人沟河"等地图标示点。道光《增修怀远县志》之《怀远五堡边口图》详细标示了三类内容，其一为边口，即怀远县进入边外的必经之关口，有"石渡口（靖边）、毛胡素沙（怀、靖交界）、黑河（威武清平口）、北洞沟儿（威武口）、红墩儿涧（威武口）、席李滩（威武口）、张家畔（怀远口）、苦地井（怀远口）、红石桥儿（波罗口）、扯冰滩（波罗口）、大滩（波罗口）、小滩儿（响水口）"十二处边口。其二为以塘路为基础发展而来的马路，主要起到沟通蒙古草原和内陆腹地的经贸往来，同时也逐渐成为汉族移民越出边墙深入蒙古草原谋生的主要路径。图中共有"二马路、三马路、四马路"三条马路，纵横交错，西可连通宁条梁，继而进入甘肃、宁夏，东可联系榆林、神木、府谷，进而沟通山西归化城，北可越过"禁牌"，深入蒙古草原。其三为"禁牌"边界，此禁牌仍为乾隆年间蒙陕勘界时所设立的界堆。[①] 相比沿边其余五县舆图而言，该图是唯一的一幅以边口为主题，以马路交通线为内容，同时将禁牌加入舆图标示的地图。

道光《增修怀远县志》另有"五堡口外牛犋伙盘分图"，详细标示了波罗、怀远、清平、威武、响水等五堡边外的牛犋[②]伙盘地分布状况。

---

① 请见正文 74 页脚注 2。

② 关于"牛犋"，沿边各县都有不同的解释。乾隆《怀远县志》卷二《种植》载："怀邑多沙碛、高阜，可耕之土甚少，民人多在边外务农，名牛犋。盖用二牛之力以耕一日，即为一垧地；尽二牛之力以耕一年，则为一犋牛也"［苏其昭纂，乾隆十二年（1747）刊本，第 20 页］。民国《横山县志》卷三《实业志》可得，民人"自晨至午，以一牛力耕之田，名为一垧，家饲牛一头种田百垧者（三亩为垧），称一牛犋"（《中国地方志集成·陕西府县志辑》第 39 册，凤凰出版社 2007 年版，第 431 页）。道光《榆林府志》卷三《舆地志·疆界·附边界》可得，清政府"准令民人租种，每牛一犋，准蒙古征粟一石，草四束，折银五钱"（《中国地方志集成·陕西府县志辑》第 38 册，凤凰出版社 2007 年版，第 183 页下）。另按道光《神木县志》卷三《建置志上》所载"牛犋，口外地土，并无亩数，以牛计犋，每犋二百七八十亩"（《中国地方志集成·陕西府县志辑》第 37 册，凤凰出版社 2007 年版，第 491 页上）。另，《教堂之土地纠纷卷》载，"蒙王岁收水草、牛犋、钱文为数甚众，但此时蒙王恐汉民租地太多，亦以限制。许长城以外沿边六十里内，汉民得永远租住畜牧，年出水草钱按牛一对出租钱若干，故谓之牛犋"。（陕西省档案馆藏：《无标题》，民国十七年五月十七日，008/312）据此可得，牛犋和亩、垧之间的换算依据是以牛的耕作强度为中心。当然，由于耕牛的不同，其半日所耕田亩数是存在一定的差异的。但总的来说，每牛犋为百垧，每垧约 2.7 亩或 2.8—3 亩不等。从而可得到这样的结论：每牛犋应在二百七八十亩至三百亩不等。

据统计，共有"海流兔河、硬地梁河、芹河、白城子河、三营儿河、黑河水、页河子、二道河、沙河"河流 9 处，"红墩、小滩、吴家涧、黄蒿涧、高家窑子、九里滩、毛不素、白城子、毛墩、阿拉五素"等移民聚落 220 处，另外在移民聚落的北侧划有长条禁地。其中，移民聚落的数量和民国初年《陕绥划界纪要》调查资料所统计的怀远县边外移民聚落数量一致。和其他沿边五县相比，怀远县边外移民聚落标示最全，其原因为县志编修者何丙勋等人认为"若夫封邑之疆界、里甲之坐落、建置之沿革、中外之形胜，则显而易见者，详其说，仅得之悬疑披图而稽……按分星箕尾及山川、水道、边口、伙盘，尤为管政者之所资，不可以不志也，故增绘之"①。

正是由于道光《增修怀远县志》编修者的细致考究，以至于民国《横山县志》之《横山县境全图》、"五堡分图"皆以道光《增修怀远县志》"五堡口外牛犋伙盘分图"为基础上加以改绘。略有不同的地方是民国时期引入西方测绘技术，分别将《横山县境全图》、"五堡分图"以七十二万分之一、五十七万六千分之一的比例予以表达，并将五堡边外移民聚落的经纬度进行标示，精确度大为提高。

（四）榆林县

榆林县现存道光《榆林府志》（道光二十一年，1841）、咸丰《榆林府志辨讹》（咸丰七年，1857）、民国《榆林乡土志》（民国六年，1917）和民国《榆林县志》（民国十八年，1929）共四部方志。四部志书基本没有与陕北边外有关的地图表述。其原因为道光《榆林府志》的编修者在卷首《凡例》中所提出的"边外山川、堡寨、古迹等概不列"②。因此，在道光《榆林府志》之《榆林县疆域图》中仅仅列出了"白海子、葭芦海、白崖河、榆溪河之头道河、二道河、三道河、四道河、五道河"等标示，如图 2.30 所示。这也影响到此后榆林方志修纂过程中的舆图编绘。

---

① 道光《增修怀远县志》卷一《图谱》，《中国地方志集成·陕西府县志辑》第 36 册，凤凰出版社 2007 年版，第 441 页。

② 道光《榆林府志》卷首《凡例》，《中国地方志集成·陕西府县志辑》第 38 册，凤凰出版社 2007 年版，第 161 页上。

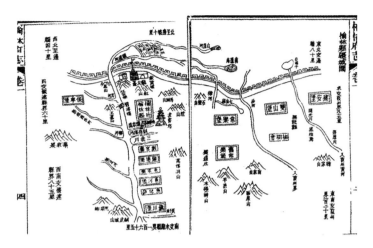

**图 2.30　道光《榆林府志》之《榆林县疆域图》**

资料来源：道光《榆林府志》，《中国地方志集成·陕西府县志辑》第 38 册，凤凰出版社 2007 年版，第 165 页。

（五）神木县

神木县现存雍正《神木县志》（雍正年间，1723—1735）[1]、道光《神木县志》（道光二十一年，1841）和民国《神木乡土志》（民国二十六年，1937）。三部志书中与陕北边外有关的地图表述有道光《神木县志》之《分管伙盘地图》和《河套全图》。如图 2.31、图 2.32 所示。

道光《神木县志》之《分管伙盘地图》对神木县边外的标示有四类：其一为移民聚落，据统计，有孙元家梁、□地梁、黄□城、赵窑梁、□城、肯□令梁、□野梁、□□湾、塔出、□草涧、小保当、大保当、大人窑子、五令井子、□掌梁、巴子梁、桑树湾、哈木塔窑子、塌土墩 19 处。其二为山川，有举人山、磁窑沟山、寨峁山、阿齐图山、木瓜山 5 处。其三为河流、湖泊，有勃牛沟河、沙河川、沙湾岔、可可乌素川、磁窑沟、窑渠、老龙池、黄羊城沟、草地沟、□楼沟、□化沟、柴沟、红水池、母河儿沟、神树沟、柴兔沟、恶水沟、转龙涧沟、野麻沟、红柳河 20 处。

---

① 另据李大海考证，台湾成文出版社影印《神木县志》的成书年代当在康熙末年，尤以康熙五十四年至五十九年之间最为可能（李大海：《台湾成文出版社影印〈神木县志〉成书年代小考》，《中国地方志》2015 年第 1 期）。

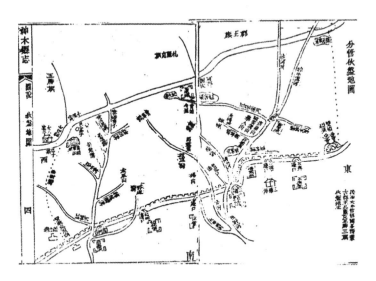

图 2.31 道光《神木县志》之《分管伙盘地图》

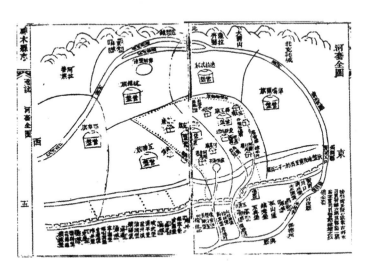

图 2.32 道光《神木县志》之《河套全图》

资料来源：道光《神木县志》之《分管伙盘地图》、《河套全图》，《中国地方志集成·陕西府县志辑》第 37 册，凤凰出版社 2007 年版，第 464—465 页上。

其四为该图北侧有条带状的界牌。图中所标示的移民聚落和民国初年《陕绥划界纪要》调查资料所统计的神木县边外移民聚落数量相比，明显不符①。其原因有可能是《神木县志》编修者仅举 19 处主要移民村落作为代表。该图中所标示的河流湖泊达 20 处之多，这亦可侧面看到，神木县地方政府对于边外的具体情形洞若观火。

此外，道光《神木县志》之《河套图》是沿边其他五县所不具备的，盖因清政府于乾隆八年（1743）在神木县设置神木理事厅②，"专管蒙古鄂尔多斯六旗伙盘租种事务"③。因此，该县志书的舆图中出现了《河套图》的编绘。从该图中，编绘者在详细编绘伊克昭盟七旗的分布情况的同时，在伊盟七旗和陕北边墙之间，自东向西划出了一条禁地，图上文字表述为"伙盘地自东至西一千二百里"④。这实际上大致指出了蒙陕之间移民聚落的客观存在，而且这条禁地的标示也明确表达了志书编修者的编绘意图。

（六）府谷县

府谷县现存康熙《府谷县志》（康熙末）、乾隆《府谷县志》（乾隆四十八年，1783）、光绪《府谷县乡土志》（光绪三十四年，1908）和民国《府谷县志》（民国三十三年，1944）。四部志书中与陕北边外有关的地图表述有民国《府谷县志》之《府谷县清季中叶图》、《府谷县全图》、《府谷民初堡镇乡图》、《府谷民国二十三年联保图》、《府谷民国二十六年联保图》。如图 2.33—图 2.37 所示。

---

①  据统计，神木县口外移民聚落共有 317 处之多［民国《陕绥划界纪要》卷三至卷八，樊士杰等编，静修斋民国二十二年（1933）印刷，榆林市星元图书馆藏］。

②  早在康熙四十七年（1708），清政府在宁夏设理事司员，作为遥控蒙古地区的机构（嘉庆《钦定大清会典事例》卷七三九《理藩院·设官·内蒙古部落官制》，《近代中国史料丛刊三编》（第70 辑），托律等纂修，中国藏学出版社 2006 年版，第 392 页）。最初宁夏理事司员设两名，管辖鄂尔多斯六旗（鄂尔多斯初设六旗，乾隆年间又增设一旗，即后来的鄂尔多斯七旗）沿边蒙汉交涉事。理事司员由理藩院派出，由旗人担任。到康熙朝末年，移民边外的汉人越来越多，蒙汉纠纷以及汉人越界耕种之事也越来越多，远在宁夏的理事司员对鄂尔多斯南部各旗的蒙汉纠纷有鞭长莫及之感，于是在康熙六十一年（1722）覆准："瑚坦河朔至中卫沿边鄂尔多斯六旗，原设办理蒙古事务官二人会同该札萨克办理完结，均驻扎宁夏，如关系神木、榆林等处蒙古事务，遥办恐致迟误，将理事官二员，分驻宁夏一人，神木一人。"［嘉庆《钦定大清会典事例》卷七三九《理藩院·设官·内蒙古部落官制》，《近代中国史料丛刊三编》（第 70 辑），托律等纂修，中国藏学出版社 2006 年版，第 397—398 页］

③  道光《秦疆治略》之《榆林府神木理事厅》，卢坤辑：《中国方志丛书·华北地方》第 288号，成文出版社 1970 年版，第 175—176 页。

④  道光《神木县志》之《图说·河套图》，《中国地方志集成·陕西府县志辑》第 37 册，凤凰出版社 2007 年版，第 364 页下—365 页上。

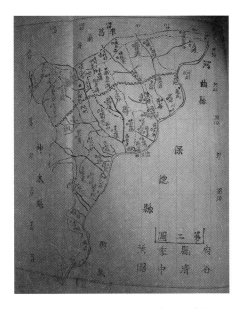

图 2.33 民国《府谷县志》之《府谷
县清季中叶图》

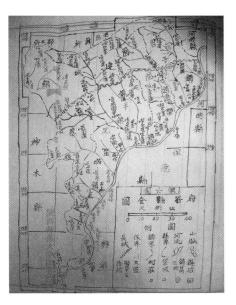

图 2.34 民国《府谷县志》
之《府谷县全图》

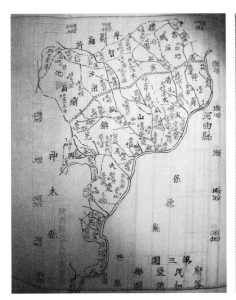

图 2.35 民国《府谷县志》之《府谷
民初堡镇乡图》

图 2.36 民国《府谷县志》之《府谷
民国二十三年联保图》

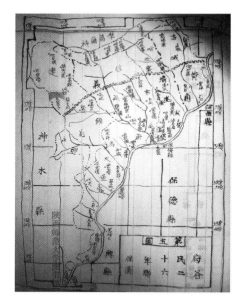

**图 2.37　民国《府谷县志》之《府谷民国二十六年联保图》**

图 2.33—图 2.37 来自：民国《府谷县志》，陕西师范大学图书馆藏［王九皋、王俊让等纂
修，民国三十三年（1944）石印本，不分页］。

　　上述府谷县各舆图在边外的标示除却因时代变迁，乡镇名称有所变动
外，多有相似之处，图中所标示的聚落关隘、山川河流都基本一致，如长
滩、他布窑子、古城、胡滩、戏楼沟、响肚沟、哈拉寨、二道五包、什拉
塔、赵五家沟、木瓜沟、乱菜沟、沙梁、五包门、庙沟、三不拉沟、连城
峁、盖梁、老高殿、他子界、赵茂梁、木匠窑子、太和沟、石岩坑 24 处
移民聚落在各舆图中的位置、名称均未发生改变。同时，各舆图的北部都
有两条界线，最北侧一条为准噶尔旗和府谷县的边界，第二条界线为黑
界①。"界内准民人租种，界外为蒙古牧场，东起山西河曲县北，西迄本县
连城镇，即东西长约一百三四十里，南北宽十里至十五里不等，自清末光

---

　　①　民国《府谷县志》卷一《地理志·黑界考略》载，"该地在清康熙迄乾隆时代将沿边墙直
北五十里以外划出南北十里至十五里不等之疆界作为汉蒙界址，因多年不耕，稸草腐朽地面色黑，
故名黑界"［陕西师范大学图书馆藏，王九皋、王俊让等纂修，民国三十三年（1944）石印本，
不分页］。

绪年间,经垦务大臣贻谷奏明,开放完全由汉人置买耕种,化为仁、义、理、智、信五段,仁、义两段在河曲县界归河曲县管辖,理、智、信三段归本县管辖,所有岁租历年即委托本县代收。"①

### 四 其他文献舆图所见蒙陕边界

(一)光绪《中外舆地全图》

中国近代地图学的倡导者和奠基人邹代钧以咸丰《皇朝一统舆地全图》(谭光枬、李兆洛编绘)、同治《皇朝一统舆图》、光绪《大清会典图》以及各省修通志、国外制图人所编绘的地学图等为基础主持编绘了《中外舆地全图》。光绪《中外舆地全图》中的《陕西图》由德意志人所作地学图改绘而成。其他蒙陕边界图,如图2.38—图2.39所示。

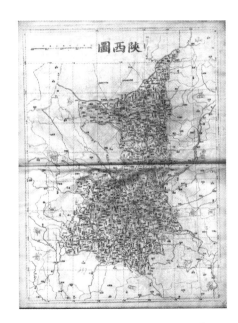

图 2.38 光绪《中外舆地全图》之"蒙陕边界"

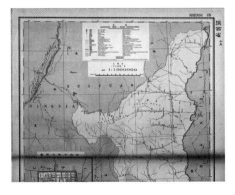

图 2.39 民国《中华民国邮政舆图》之"蒙陕边界"

---

① 民国《府谷县志》卷一《地理志·黑界考略》,陕西师范大学图书馆藏,[王九皋、王俊让等纂修,民国三十三年(1944)石印本,不分页]。

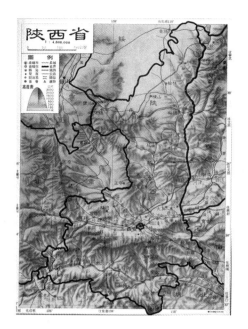

图 2.40　民国《中华民国新地图》
（1934）之"蒙陕边界"

图 2.41　民国《河套图志》
之"蒙陕边界"

图 2.38—图 2.41 来自：光绪《中外舆地全图》，邹代钧撰，光绪二十九年（1903）舆地学会刻本；民国《中华民国邮政舆图》，交通部邮政总局 1936 年版；民国《中华民国新地图》，丁文江、翁文灏、曾世英编制，上海申报馆 1934 年版；民国《河套图志》之《河套前清伊盟七旗图》，张鹏一编，1960 年内蒙古图书馆抄本（据民国六年在山草堂排印本），1 函 6 卷。

图中的陕西和蒙古的边界仍然遵循以边墙为界的宗旨，只是在靖边县边外的宁条梁镇一带标注了宁条梁镇、薛家坳、四十里铺、大梁峁、河湾梁、红柳河、月牙河、黑河、石坡口以及乌兰木伦河等聚落与河流。这与光绪《陕西全省舆地图》的《靖边县图》有相似之处。

此外，光绪《中外舆地全图》对民国时期的地图绘制产生深远影响，如《大清邮政公署备用舆图》　（1903）、民国《河套图志》（1917）、《中华民国邮政舆图》（1925）以及《中华民国地图册》（1926）的陕西与蒙古交界地带的图也都是以光绪《中外舆地全图》为底图和基础绘制的①。

（二）民国《陕绥划界纪要》舆图

民国六年（1917），绥远特别行政区长官蔡成勋援照民国二年（1913）国务会议议决的绥远特别区案②，于民国八年（1919）一月向国务院提请条陈，要求能够依据清代鄂尔多斯与陕西省以边墙为界的标准，将毛乌素沙地南缘的伙盘村庄划归绥远管辖。这一议案的提出，立即遭到陕西方面的强烈反对。最终以"绥远此次提议划界，原为清理积年纠纷起见，倘稍涉草率，敷衍了局，转虞辔辖丛生，更非经久良图"，加之"连日各界绅民函禀交驰，纷纷争论，情词激昂，影响所及，恐于界务进行别生障碍"③，不了了之。随后，陕北沿边六县士绅樊士杰等15人于民国二十一年（1932）编辑修成《陕绥划界纪要》。该书共分八卷，翔实地记录了清末该区伙盘地的兴起原因、发展现状，在以表格的形式将村庄名称、住户、土地类型、开垦年代、风俗、管理，以及方位做有记录的同时，另以《榆、横、府、神、靖、定六县总图》、"各县沿边图"等七幅舆图将移民聚落的位置进行标示。如图2.42横山县沿边图所示：

以《横山县沿边图》为例（如图2.42所示），该图中的标示共有三类：第一类标示为界线，该图中的界线有三条，其一是横山县边墙，其二是乾隆年间所勘界线，其三是乌审旗和横山县的边界。第二类标示为移民聚落，共有井儿界、高罗子畔、统万城、波罗讨利害、省不扣滩等蒙汉语聚落84处，其中在乾隆界线以北、以西的聚落有37处，占到了图上聚落总量的44%。第三类标示为河流，即芦河及其支流，图上聚落多是依靠芦河的一级和二级支流而建，伙盘地移民因地制宜，有效地把握河水泛滥的季节，利用泛起的淤泥肥田，为了得到便利的条件，修建房舍，渐成聚落。其余各图也多是与此相类。

---

① 如民国《中华民国邮政舆图》之《绪言》载，"创始于前清光绪三十四年，举凡都邑、山川、水陆路线，均经罗列。至民国八年重行绘制，二十二年又加修订"［交通部邮政总局印行，民国二十五年（1936），第3页］。

② 《陕绥划界纪要》卷一《陕西省公署训令第五〇二号·附绥远都统蔡成勋条陈》，民国八年二月六日，［樊士杰等编，静修斋民国二十二年（1933）印刷，榆林市星元图书馆藏，第5—6页］。

③ 《陕绥划界纪要》卷一《榆林道道尹致西安省长电》，时间不详［樊士杰等编，静修斋民国二十二年（1933）印刷，榆林市星元图书馆藏，第19—20页］。

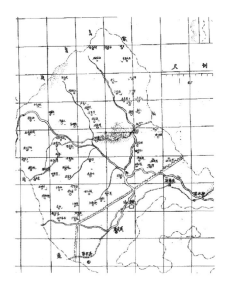

**图 2.42　民国《陕绥划界纪要》之《横山县沿边图》**

资料来源：民国《陕绥划界纪要》卷四之《横山县沿边图》，樊士杰等编，静修斋民国二十二年（1933）印刷，榆林市星元图书馆藏。

（三）《陕甘宁边区地图》（1943）

《陕甘宁边区地图》（1943）由延安新华书店于民国三十二年（1943）出版发行（如图 2.43 所示），该图比例尺为 1∶120 万，范围东到山西闻喜，西到宁夏积金，南到陕西周至，北到山西河曲。图上绘有以度为单位的经纬线、边区界、边界、县界、河流、长城、沙漠、盐池、边府、专署、县、镇、村、堡寨、陵墓的位置和名称，还绘制了铁路、公路、大路以及山脉等标示。

该图和以往各时期的舆图相比，存有较为突出的差异性。编绘者在三边地区（定边、安边、靖边）的绘制上出现明显变化。该图将双井子、西壕、大沙头、巴拉梁、阿包梁、白泥井等定边、靖边县边外移民聚落纳入三边政府的行政管理范围之内，并以县界区划的形式加以确立。分析这一变化的内在原因当为由于国民政府对于陕甘宁边区政府实行经济封锁，边区政府为了开源节流，将改善经济的视角定位在三边地区食用盐的产销上，因此边区政府对于三边地区的行政管理较为完善。如在陕甘宁边区政

图 2.43　民国《陕甘宁边区地图》（1943）

资料来源：民国《陕甘宁边区地图》，新华书店 1943 年印制。

府的主持下，三边地区民众收回了清末赔付圣母圣心会的教区耕地，并重新确定了三边地区民众对于教区耕地的土地权属问题，这也从实际上对该地区的行政区划产生深远影响。①

## 五　舆图编绘的时空属性与区域环境历史信息的复原

在搜集、整理和解析与"蒙陕边界"相关的舆图过程中，不难发现，自国家至州县、乡堡的各级舆图的编绘具有较为典型的时代延续性和空间

① 陕西省档案馆藏：《三边收回教区失地运动大事年表》，民国三十五年（1946）九月二十七日，006/021/1766。

差异性，二者恰好构成了可以客观复原毛乌素沙地南缘地理环境历史信息的基础。

就时代延续性而言，自康雍乾三朝皇舆图至道光《榆林府志》《榆林府属疆域图》，再到光绪《陕西全省舆地图》之《总图》《黄河套》《延安府图》《榆林府图》、"沿边各县图"和民国《续修陕西通志稿》之《延安府十属图》《榆林府五属图》，上述各级舆图都基本体现了清初中央政府对蒙陕边界地带在疆域治理和行政区划方面的制度延续性。这一延续性揭示出清代陕西沿边六县地方政府在蒙陕边界地带仅具有协助蒙旗王公处理蒙古民人交涉事件的职责①，因此，有相当一部分舆图在编绘过程中对边外移民聚落、土地状况等内容隐而不录。如道光《榆林府志》的编修者直接在编修凡例时明言"边外山川、堡寨、古迹等概不列"②。"隐而不录"的舆图编绘态度引发两个方面的影响，其一，民国时期，甚而新中国成立前后，相关地图的编绘工作受到延续性的影响，并未真实表达蒙陕边界的实际情形。其二，民国时期和新中国成立前后关于蒙陕边界的纠纷层出不穷，为该区域经济建设和地方社会事务管理等方面带来诸多负面影响③。

---

① 其参与处理的事务包括越界耕种、违禁在蒙古地方私设店铺、私开煤矿、砍伐树木、私盐、私茶、蒙汉通婚等违反封禁规定的案件；人命、伤害、斗殴、强奸、偷盗等刑事案件；债务、欠租等民事案件；参与处理蒙古各旗之间的边界之争、蒙古人内部诉讼案件，以及在战时调遣外藩蒙古兵，与传教士相关事务等。理事司员虽然不理民，但在州县地方和蒙旗两个互不统属的机构之间起到了调解和监督作用。[《雍正朝满文朱批奏折全译》（上册）《内阁侍读学士马喀奏请拨兵与榆林神木二道等事折》，雍正三年（1725）五月十二日，中国第一历史档案馆编，黄山书社1998年版，第1126页；嘉庆《钦定大清会典事例》卷七三九《理藩院·设官·内蒙古部落官制》，《近代中国史料丛刊三编》（第70辑），托律等纂修，中国藏学出版社2006年版，第397—398页；乾隆《宁夏府志》卷九《职官一·分巡宁夏道理藩院部郎》，《中国地方志集成·宁夏府县志辑》第1册，凤凰出版社2008年版，第201页；道光《神木县志》卷五《人物志·职官》，《中国地方志集成·陕西府县志辑》第37册，凤凰出版社2007年版，第533—534页；金海等编译：《准噶尔旗札萨克衙门档案译编》第1辑，内蒙古人民出版社2007年版，第12、14页。]

② 道光《榆林府志》卷首《凡例》，《中国地方志集成·陕西府县志辑》第38册，凤凰出版社2007年版，第161页上。

③ 民国《陕绥划界纪要》卷二《陕北榆、横、府、神、靖、定沿边六县争存会呈文》，民国十年（1921）二月二十日［樊士杰等编，静娱斋民国二十二年（1933）印刷，榆林市星元图书馆藏，不分页］；陕西省档案馆藏：《三边教区土地问题》，时间不详，006/021/1766；民国《绥远通志稿》卷三八中《垦务·民国十年至民国二十年垦务概况》，第5册，绥远通志馆编纂，内蒙古人民出版社2007年版，第348—372页；陕西省榆林市榆阳区档案馆藏：《1958年孟家湾区党委、区委关于蒙地放牧问题解决的报告》，019/062/011。

就空间差异性而言，陕北沿边六县地方政府的方志编修者在具体编绘县级和乡堡级舆图的态度上存有较大的不同。有的志书采取"隐而不录"的态度，并在编写的志书中也一以贯之。① 有的志书采取"录而不详"的态度，只标示界堆（界牌）、关隘、山川等内容，而对于移民聚落则"能略则略"。不过这类志书在"地理""保甲""民口""民俗""艺文"等篇章中则对边外情形多有提及。② 也有的志书则采取"录而能详"的态度，不仅在舆图上标示界堆（界牌）、关隘、山川、移民聚落等具体内容，并且用文字的形式直接录在舆图上以示用意。③

其实，无论是"隐而不录""录而不详"，还是"录而能详"，皆代表志书编修者在绘制舆图时的基本理念和态度。这种理念、态度和志书编修者的成长背景、求学经历、为政经验和社会理想密切相关。以靖边县为例，靖边县仅为延安府十属县之一，并不具备管理边外民人、土地的职责，但志书中编绘了《边外总图》，这在陕北沿边六县所编绘的舆图中处于独特的地位。究其原因，当和时任靖边县知县丁锡奎密不可分。④ 光绪二十一年（1895），国子司业黄思永请垦伊克昭、乌兰察布二盟牧地。他认为，伊、乌两盟牧地"纵横数千里，土田沃衍，河套东西，尤属膏腴。山西缠金牧地，如今民多私垦，不如官为经营，请饬筹办"⑤，清政府责令当地官员进行实地踏勘，以作为毛乌素沙地南缘伙盘地放垦与否的参考意见。靖边县知县丁锡奎奉榆林知府令，协同安边厅官员双林对毛乌素沙地南缘伙盘地的自然条件、土地状况及汉民垦殖情况等进行调查。他在禀文中提出了与黄思永相左的看法，他认为"陕北蒙地，远逊晋边"，自然条件相当恶劣，城川口"周围千里大约明沙、巴拉、碱滩、柳勃居十之七八，有草之地仅十之二三，此外并无森林茂树、草软肥沃之地，惟硬沙梁、草地滩，可耕者绝少。往西一带

---

① 雍正《神木县志》、道光《榆林府志》等。
② 嘉庆《定边县志》、道光《神木县志》、民国《府谷县志》等。
③ 道光《重修怀远县志》、民国《横山县志》、光绪《靖边县志稿》等。
④ 丁锡奎先后师从牛树梅、任其昌（光绪《靖边县志稿》之《前延安府知府平乡景星耀序》，《中国地方志集成·陕西府县志辑》第37册，凤凰出版社2007年版，第268页），此二位学林名宿多以封建王朝士大夫在治世的传统理念对丁锡奎施加影响。
⑤ 《清德宗实录》卷四〇四，"光绪二十三年戊辰"，《清实录》第57册，中华书局1985年版，第274页下。

又苦无水，不能居住"①。有鉴于此，丁锡奎认为如果在这样的自然条件下还要坚持放垦的话，很可能既有碍于蒙古牧民从事牧业生产，也可能导致放垦得不偿失。② 丁锡奎将在此次事件的经历表达在光绪《靖边县志稿》中，而将办理垦务过程中所调查的边外移民聚落标示于《边外总图》上。

总体而言，通过梳理、分析舆图编绘过程中的时代延续性和空间差异性，揭示舆图研究背后错综复杂的各种关系，如舆图内部各要素的关系、各级舆图之间的关系，以及舆图编绘者所处的各种政治、经济与文化的环境，可以深刻理解研究区域的经济发展特色和社会事务管理，继而将之作为我们客观复原舆图所表达的历史时期地理环境的基础，推动宜于优化和改善当地生态的有效途径的寻求。

## 第二节　清代伙盘地的渐次扩展<br>和蒙陕边界的形成

明清以降行政区划界线变迁的复原，尤其是边疆行政区划界线的复原是历史政区地理研究的重要内容之一。③ 历史时期以来，行政区域的界线在很大程度上受到地形条件、区际间交往形式、界线性质判读、绘图者与

---

① 光绪《靖边县志稿》卷四《艺文志·详报查勘蒙地并绘图贴说由》，《中国地方志集成·陕西府县志辑》第 37 册，凤凰出版社 2007 年版，第 351 页下—352 页下。

② 光绪《靖边县志稿》卷四《艺文志·同安边厅勘查蒙地会禀道宪》，《中国地方志集成·陕西府县志辑》第 37 册，第 352 页下—354 页上。

③ 周振鹤：《体国经野之道：新角度下的中国行政区划沿革史》，中华书局 1990 年版；满志敏：《行政区划：范围和界线》，《江汉论坛》2006 年第 1 期；侯甬坚：《从习惯线到法定线：我国政区界线性质的变迁》，《江汉论坛》2006 年第 1 期；张伟然：《归属、表达、调整：小尺度区域的政治命运——以"南湾事件"为例》，《历史地理》第 21 辑，上海人民出版社 2006 年版，第 172—193 页；徐建平：《政治地理视角下的省界变迁：以民国时期安徽省为例》，上海人民出版社 2009 年版；李大海：《政区变动与地方社会构建关系研究——以明清民国时期陕西地区为中心》，博士学位论文，陕西师范大学，2010 年；王晗：《"界"的动与静：清至民国时期蒙陕边界的形成过程研究》，《历史地理》第 25 辑，上海人民出版社 2011 年版，第 149—163 页；杨斌：《明清以来川（含渝）黔交界地区插花地研究》，博士学位论文，西南大学，2011 年；冯玉新：《界域变动与地方社会——以明清民国时期黄河上游农牧交错带为中心》，博士学位论文，陕西师范大学，2011 年；郝文军：《从游牧边界到行政边界——清代以来蒙陕边界变迁的过程及背景分析》，《历史地理》第 31 辑，上海人民出版社 2015 年版，第 165—174 页；庄宏忠：《19 世纪天主教蒙古传教区东部界线争端研究》，《中国历史地理论丛》2016 年第 3 期等。

读图者基本素养以及其他不稳定因素等多重方面的影响。[1] 在地方史志的记载中，方志编纂者囿于自身学养和时代局限，对于所处区域的地理疆界最为详尽的描述多是以"四至八到"的形式呈现。如此的记录方式的弊端是除绘图者和部分同时代的当事人外，很难被后世读者准确把握。这也不可避免地导致邻近行政区之间的边界隐患。因此，行政界线的确定仍是比例尺过小的示意性画法，与真实的界线变化有一定的距离。[2] 这样一来，如何复原明清以降较为精准的行政界线成为此类研究继续深入的关键所在。

本节通过对雍正《陕西通志》、民国《续修陕西通志稿》、民国《陕绥划界纪要》、陕北沿边六县的方志资料以及其他文献的梳理，对伙盘地的历史沿革、疆域、山川、村庄、户口、地亩、物产等资料进行了必要的处理。按照本节所讨论问题的需要，针对其中所涉及的历史沿革、疆域、山川、村庄、地亩资料进行基础性整理、解析，并以此推敲研究区内移民社会的垦殖活动在不同历史时期的扩展情况。试解这一问题，显然具有其自身的现实意义，同时也有一定的难度。

## 一 第一次勘界——康熙线的形成

清代道光年间，时任陕西巡抚卢坤曾在《秦疆志略》记录中，就陕北沿边六县的基本地理状况做出总结，其中，定边县"地处极边，山穷水恶"，靖边县"地居沙漠，民鲜盖藏……为苦寒之区"，榆林县"地多沙渍，及山沟积水之处，均不能播种五谷"，神木县"惟地气旱寒，春多风多旱，夏秋多雹"，府谷县"其地土瘠沙深，山高水冷，沟渠难资灌溉"，即便是环境条件较好的怀远县也是"百十年来，地有开垦，粮无加增"[3]。

---

① 侯甬坚：《从习惯线到法定线：我国政区界线性质的变迁》，《江汉论坛》2006年第1期，另见《新华文摘》2006年第8期。

② 满志敏：《1542—2001年青浦县界变迁》，《历史地理》第25辑，上海人民出版社2011年版，第108—123页。

③ 道光《秦疆治略》之《定边县》、《靖边县》、《榆林府榆林县》、《榆林府神木县》、《榆林府府谷县》、《榆林府怀远县》，卢坤辑：《中国方志丛书·华北地方》第288号，成文出版社1970年版，第155、157—158、177—178、179—180、181—182、185—186页。

而与之形成鲜明对比的边外禁留地，由于自清初以来便处于封禁状态，"因多年不耕，稽草腐朽地面色黑"，堪称从事垦殖活动的最佳场所，故而引起沿边民众的广泛关注。

　　清代康熙年间，我国北方气候有一段转暖时期，农牧过渡带的北界有可能到达了旱作的最西界①，这为陕北沿边六县民众进入清政府划定的禁留地从事垦殖活动提供了条件②。而清政府虽在康熙年间屡次申明严格控制"关口出入之人"，但大多是为"防盗窃"，而对于"民人往边外居住耕种者"，既不提倡，也未禁止，而是采取一种默认的态度③。在这种政策默许下，进入禁留地的民众日益增多。康熙三十六年（1697），伊盟盟长贝勒松阿喇布根据当时长城内汉族农民不断出边佃耕蒙人的土地，蒙古牧人也乐于出租土地而征收地租的实际情况，奏请康熙帝"乞发边内汉人，与蒙古人一同耕种"，这一请求得到了康熙帝的同意④。该项政策的颁布，使得边外移民的越边垦殖活动带有了某种默许的意味。然而这一政策在推行过程中，并未出现相应的辅助措施和具体法律条文的规定，甚至也没有勘定民众越边垦殖的地域范围，故而伴随着越边人民的不断增多，伙盘村庄相应出现，并迅速发展。至康熙末年，毛乌素沙地南缘的伙盘地村庄渐成规模。如图2.44所示。

　　从图2.44分析可得，从康熙年间陕北沿边六县民众进入禁留地从事垦殖活动开始，至康熙末年，边外伙盘地村庄随着边外移民规模的增加而初具规模。不过，这些村庄距离边墙不远，而且多沿河流、淡水湖泊分布，呈现由南至北逐步深入的发展态势。时间一长，难免出现边外移民与蒙族牧民争地的现象，这也就导致了伙盘地发展史上的第一次勘界。

　　① 邹逸麟：《明清时期北部农牧过渡带的推移和气候寒暖变化》，《复旦学报》（社会科学版）1995年第1期。
　　② 道光《增修怀远县志》卷四下《边外》，《中国地方志集成·陕西府县志辑》第36册，凤凰出版社2007年版，第697—698页。
　　③ 成崇德：《清代前期蒙古地区农牧业发展及清朝的政策》，《清史研究》1991年第2期。
　　④ 《清圣祖实录》卷一八一，"康熙三十六年三月乙亥"，《清实录》第5册，中华书局1985年版，第939页上。

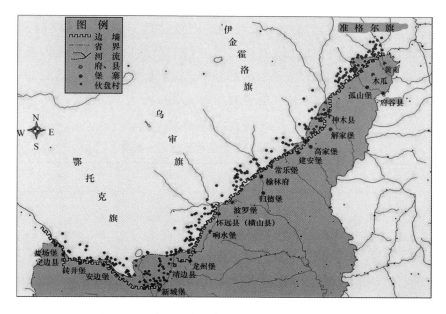

**图 2.44 康熙五十八年（1719）伙盘地分布图**

康熙五十八年（1719），贝勒达锡卜坦请定地界，康熙帝命侍郎拉都浑踏勘，即于陕北长城外"五十里界内有沙者，以三十里立界；无沙者，以二十里为界；界内之地准人民租种，每牛一犋准蒙古征粟一石、草四束，折银五钱四分"（以下称该次所勘界线为康熙线）①。

自此，边外移民的垦殖范围有了一定的限定。但是从这条文献资料中，我们可以得到这样的认识，伙盘地最初的地界勘定依据的是"有沙"和"无沙"，而并未对具体的处所进行界定，因此是模糊的、不具体的，甚至是不完善的。这种措施的不完善性，不仅反映了伙盘地自身缺乏相对的法律条文的严格约束，为以后边外移民的进一步发展埋下了伏笔，同时也体现了清政府并未对这一特定地域的特殊事物引起足够的重视，使得地方官吏在具体的实施过程中无法律依据可循，以至陷入一种难以名状的两

① 道光《增修怀远县志》卷四下《边外》，《中国地方志集成·陕西府县志辑》第 36 册，凤凰出版社 2007 年版，第 698 页。

难境地。

为了进一步证实清政府对伙盘地的态度问题，查雍正《陕西通志》得，陕北沿边六县中，府谷、神木二县在清初已然设立①，其余四县也于雍正九年（1731）相继设立②。但从成书于道光七年（1827）前后的《陕西志辑要》中，我们找到这样的资料，如表2.4所示。

表2.4　　　　　　　　道光七年（1827）沿边六县疆域一览表

| 县名 | 距边墙里程 | 备注 |
|---|---|---|
| 定边县 | 北至边墙一里 | |
| 靖边县 | 北至边墙十里 | |
| 榆林县 | 北至边墙十里 | 编户四里 |
| 神木县 | 西界边墙五十里，北界边墙十里 | 编户四里 |
| 府谷县 | 北界鄂尔多斯九十里 | 编户四里 |
| 怀远县 | 北界边墙二十里 | 未编户 |

资料来源：道光《陕西志辑要》卷六之《定边县》《靖边县》《榆林府》《榆林县》《神木县》《府谷县》《怀远县》，王志沂辑：《中国方志丛书·华北地方》第289号，成文出版社1970年版，第697—742页。

————————————

①　雍正《陕西通志》卷三《建置二》载，"神木，明隶延安府葭州，国初因之。雍正三年，州改直隶，县仍属州……府谷，明隶延安府葭州，国初因之。雍正三年，州改直隶，县仍属州"［吴坚主编：《中国西北文献丛书》（第1辑）《西北稀见方志文献》（第1卷），兰州古籍出版社1990年版，第63页］。

②　雍正《陕西通志》卷三《建置二》载，"榆林府，明置榆林卫，隶陕西都司，本朝改属榆林道。雍正九年改榆林卫为榆林府，隶陕西布政司，领县四。榆林，本明东路双山堡，属神木道中路，常乐、保宁、归德、鱼河四堡属榆林道，本朝因之。雍正九年，并五堡置榆林县，为榆林府治。怀远，本明中路怀远、波罗、响水、威武、清平五堡属榆林道，本朝因之。雍正九年，并五堡置怀远县，属榆林府。靖边，本明西路靖边、宁塞、镇罗、镇靖、龙州五堡属靖边道，本朝裁靖边道，改属榆林道。雍正九年，并五堡置靖边县，属榆林府。定边，本明西路定边、盐场、砖井、安边、柳树涧五堡属靖边道，本朝裁靖边道，属榆林道。雍正九年，并五堡置定边县，属榆林府"［吴坚主编：《中国西北文献丛书》（第1辑）《西北稀见方志文献》（第1卷），兰州古籍出版社1990年版，第60页上］。

由上表所划定的疆域内容来看，陕北沿边六县中除府谷县外，或西至边墙、或北至边墙的距离少则一里、多则五十里不等。这显然与上述各县都已经或多或少地管辖该地域伙盘地的史实不符，而这一点恰恰说明了自雍正九年至道光初年近百年中，清政府一直未能对伙盘地做出较好的处置，更可以说清政府对伙盘地的认识是存有局限性的。

正是由于这种对伙盘地认识的局限性，使得同一时期的清政府对此的看法也存有不一致的地方，以至出现政策上的"朝令夕改"。就在陕北沿边四县相继设置的前一年，也就是雍正八年（1730），经理藩院尚书特古忒奏，边墙外"五十里禁留之地，何得蒙古收租"，于是经过议处，决定让地方官吏征收粮草归地方官仓储备。然而时隔不到两年（实际上，从政令颁布到地方官吏付诸实施，不过一年而已），伊克昭盟发生荒歉现象。鉴于伙盘地所带来的经济效益足以应付，于是，清政府又准许蒙古贵族收取伙盘地的租银，以减少灾荒所带来的经济损失①。因此，无论是清政府，还是蒙古贵族，他们在当时所看到的，仅仅局限在伙盘地所带来的经济效益上，而在该区域的实际管理和约束上，则仍处于混乱状态。伙盘地民众则在这种上级政策不明、下级无以应对的情况下，推动伙盘地界不断北扩。这也成为清代中后期乃至民国初年不断有伙盘地勘定事件屡有发生的先导性因素。

## 二 清代伙盘地地界的重新勘定——乾隆线的形成

伙盘地民众在清政府的默许和蒙古贵族招垦的双重因子作用下，得以大量开垦土地，以至伙盘界"日扩日远"。至晚到乾隆初年，伙盘地民众已越过那条模糊的康熙线，逐步向伊克昭盟各旗牧地推进。以靖边县为例，乾隆初年，靖边县所辖五堡一县中，"龙州、镇靖稍跨五胜旗地，余三堡（镇罗堡、新城堡、宁塞堡）多耕鄂套旗地"②，而所涉及的地域大致可为表2.5所示，租种蒙古土地情况如表2.6所示。

---

① 道光《增修怀远县志》卷四下《边外》，《中国地方志集成·陕西府县志辑》第36册，凤凰出版社2007年版，第698页。

② 光绪《靖边县志稿》卷四《杂志·中外和耕》，《中国地方志集成·陕西府县志辑》第37册，凤凰出版社2007年版，第337页。

表2.5 乾隆八年（1743）靖边县边外伙盘地范围

| 地界名 | 范围 | 备注 |
|---|---|---|
| 县东北五胜旗地界 | 东南自县属五台厫起，西北至怀远县之阿包采，计一百八十里 | 与鄂套地接壤 |
| | 东北自怀远县庙瓜上起，西南至县属塘马窑，计一百二十里 | 与鄂套地接壤 |
| | 正东自怀远县许家沙畔起，正西至县属天池海子，计一百二十里 | 与定边县蒙地接壤 |
| | 正北自榆林县呵叨儿兔起，正南至县属鸽子滩，计一百七十里 | 与鄂套地接壤 |
| 县西北鄂套旗地界 | 东南自县属姬家峁起，西北至县属猪拉兔，计一百五十里 | 与定边县蒙地接壤 |
| | 东北自五胜衣当湾起，西南至县属熊子梁，计一百二十里 | 与定边县边墙接壤 |
| | 正东自五胜地塘马窑起，正西至县属牌子滩，计八十里 | 与定边县蒙地接壤 |
| | 正北自五胜地胡拉狐梁起，正南至县属边墙壕，计一百四十里 | 与边墙内地孤山涧接壤 |

资料来源：光绪《靖边县志稿》卷四《杂志·中外和耕》，《中国地方志集成·陕西府县志辑》第37册，凤凰出版社2007年版，第337页。

表2.6 乾隆八年（1743）靖边县边外各堡租种蒙地亩数租银及花名户口

| | 耕种蒙地数额（垧） | 租银数额（两） | 汉民户数（户） | 男女总数（丁口） |
|---|---|---|---|---|
| 龙州堡 | 3121 | 19.76 | 95 | 539 |
| 镇靖堡 | 15810 | 116.77 | 527 | 3321 |
| 镇罗堡 | 9240 | 58.37 | 131 | 786 |
| 新城堡 | 8220 | 36.45 | 288 | 1707 |
| 宁塞堡 | 10632 | 68.93 | 185 | 1075 |
| 宁条梁（镇） | 9468 | 78.90 | 133 | 944 |
| 共计 | 56491 | 379.17 | 1359 | 8372 |

资料来源：光绪《靖边县志稿》卷四《杂志·中外和耕》，《中国地方志集成·陕西府县志辑》第37册，凤凰出版社2007年版，第337页。

通过对表2.5、表2.6的分析，自康熙五十八年（1719）勘定结束，到乾隆八年（1743）不过二十几年的时间，多有边外移民越过康熙年间所勘界线，分别在靖边县东北的乌审旗和该县西北的鄂托克旗租种土地，而且所占地域面积较大。据统计，靖边县五堡边外租种蒙地亩数共计56491垧，边外移民所纳租银为379.169两，折合近149垧纳租1两，远低于内地。而汉族移民的数量和这一数字相比较来看，汉族移民的生活负担相对内地民众要轻很多。如此一来，前往边外从事农牧业生产的民众自然越来越多，所营建的村落也与日俱增。如图2.45所示。

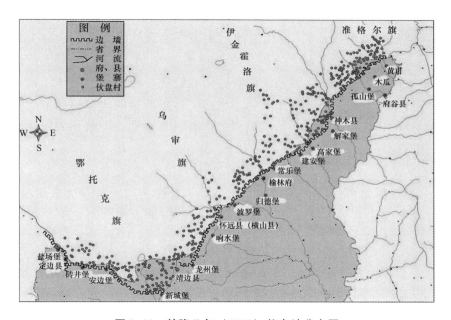

图2.45　乾隆八年（1743）伙盘地分布图

从图2.45不难看出，相对于康熙五十八年（1719）而言，边外移民已经不再局限于边墙附近，他们或者沿着窟野河、无定河等河流及其支流溯源而上，或者直接深入草原腹地，寻找适宜于农业垦殖的区域，向当地蒙古贵族缴纳相应的租银，进行土地的开垦。这种行为发展速度之快，分布范围之广，是清政府和蒙族贵族所始料不及的，以至官方勘界事宜又一次展开。

乾隆初年，乾隆帝委任尚书班第、总督庆复会同伊盟王公扎木扬等，对康熙年间所勘定的界线进行重新勘划，编订永远章程，规范晋陕边民的垦殖行为①。从而，新的官方勘定界线出现（以下称为乾隆线）。由此形成"新牌子地"和"旧牌子地"的说法，它们统称牌界地②。总的来看，由官方认同的陕北沿边六县边外垦殖区域在乾隆中前期始终是维持在禁留地的范围内，而此时伙盘地的范围主要是"边墙以北，牌界以南地土"③，即自边墙向北或二十里，或三十里之内。

在这里，值得注意的是"界"的理解和诠释。因为它关系到康熙时期和乾隆时期两次对伙盘地的勘定。上述文献中所谓"以旧年种熟之地为界"之"界"，当指康熙线（旧牌子地），而"其地界安设标记"之"界"则指乾隆线（新牌子地），两线之间的地域当为康熙线之外的、原为禁止但实际上已被开发的区域，该界仍在禁留地以内。④ 从重新勘定的伙盘地地界的文献内容和新的地界范围来看，清政府在一定程度上承认了伙盘地居民越过康熙线的、已开垦的土地。当然，这里所指的伙盘地应不包括禁留地以外的村庄。这就表明了统治者仍本着一条原则，即禁止人民越过现有的伙盘地界（乾隆线）。

为了使这一禁令行之有效，清政府在"设安边同知管理蒙古人民事物，并设总甲俾资核稽其黄甫川、宁条梁、开张店户人等一体造册稽查"的同时，⑤ 又设立神木理事厅，其最高行政长官神木理事同知于"旧制每年秋后……间年一次轮流出口，巡查县中造送牛犋伙盘册籍"，以监督边外伙盘地居民是否存在越大规模越出乾隆线的现象，这种地方官的应对措

---

① 光绪《靖边县志稿》卷四《杂志·中外和耕》，《中国地方志集成·陕西府县志辑》第37册，凤凰出版社2007年版，第337页。

② 民国《河套新编》之《记·河套垦务调查记·前套》，金天翮、冯际隆编，内蒙古自治区图书馆藏，民国十年（1921）石印本，第19—21页。并不是所有的县都如神木县这样规定新、旧牌界的，有的县，如定边县的边外牌界地稍有出入［旧牌界规定"无沙者二十五里定界"（据陕西省档案馆藏：《三边调查资料》，005/185）］。

③ 道光《神木县志》卷三《建置上·附牌界》，这里所指的牌界应为新牌界（《中国地方志集成·陕西府县志辑》第37册，凤凰出版社2007年版，第491页上）。

④ 民国《神木县乡土志》卷一《边外属地疆域·附开垦始末》载，"及乾隆八年，再为展界，将清初禁留地五十里均为开垦"之句可为印证（《中国方志丛书·华北地方》第286号，成文出版社1970年版，第14页）。

⑤ 光绪《靖边县志稿》卷四《杂志·中外和耕》。光绪《靖边县志稿》卷四《杂志·中外和耕》，《中国地方志集成·陕西府县志辑》第37册，凤凰出版社2007年版，第337页。

施被称为"秋巡"①。这样一系列行政措施的实施，其所带来的效果是比较明显的。乾隆四十八年（1783）刊定的《府谷县志》则记录了乾隆线勘定四十年后的府谷县五堡边外租种蒙古鄂尔多斯土地的情况，如表 2.7所示。

表 2.7　　　　　　　府谷县五堡边外蒙古鄂尔多斯土地情况

| 区名 | 租种地亩数（牛犋） | 租银 | | 租糜 | | 伙盘地数额（处） |
|---|---|---|---|---|---|---|
| | | 两/犋 | 总额（两） | 石/犋 | 总额（石） | |
| 黄甫堡口外 | 452 | 2.5 | 1131.25 | 1 | 452.5 | 95 |
| 清水堡口外 | 383 | 2 | 767 | 1 | 383.5 | 77 |
| 木瓜堡口外 | 325 | 2 | 651 | 1 | 325.5 | 60 |
| 孤山堡口外 | 358 | 0.54—0.95 | 206.44 | 0.3—0.866 | 186.612 | 72 |
| 镇羌堡口外 | 706 | 1—2.5 | 1110.75 | 0.5—1.5 | 623 | 145 |
| 总计 | 2226 | | 3866.45 | | 1971.112 | 449 |

资料来源：乾隆《府谷县志》卷二《田赋·附人民租种五堡口外蒙古鄂尔多斯地土内》，《中国地方志集成·陕西府县志辑》第 41 册，凤凰出版社 2007 年版，第 60—61 页上。

表 2.7 所示"府谷县五堡口外蒙古鄂尔多斯土地情况"较为翔实地记录了当时府谷县五堡口外所租种的蒙地亩数、租银的总额与单位数额、租糜的总额与单位数额、伙盘地数额以及所租种的蒙地对象。而且在土地租种时，"蒙古地主皆立档子与人民收执。每年收租地主自来伙盘种地人民同该管总甲牌头亲交，秋间，各总甲仍将种地人民姓名、牛犋、租银、租糜数目开载明确，到县投递，考核、造册、申赍，本道府理事厅暨驻扎神木理藩院部郎各衙门以备查考"②。可见，这种土地状况记录是对行政措施的具体实施后的反馈。在这样的政策的严格规定下，其所载内容严格程度是可以想见的。可以说，乾隆线的勘定在一定程度上得以执行，而且至少

① 道光《神木县志》卷三《建置上·附牌界》，《中国地方志集成·陕西府县志辑》第 37 册，凤凰出版社 2007 年版，第 491 页上。
② 乾隆《府谷县志》卷二《田赋·附人民租种五堡口外蒙古鄂尔多斯地土内》，《中国地方志集成·陕西府县志辑》第 41 册，凤凰出版社 2007 年版，第 60—61 页上。

到乾隆四十八年（1783）为止，应无大规模的伙盘地民众越出乾隆线的行为。

查乾隆后期至道光年间的方志资料以及其他相应的文献资料，均未发现明显的关于伙盘地民众大规模的越过乾隆线的历史记录的痕迹①。如图2.46所示。

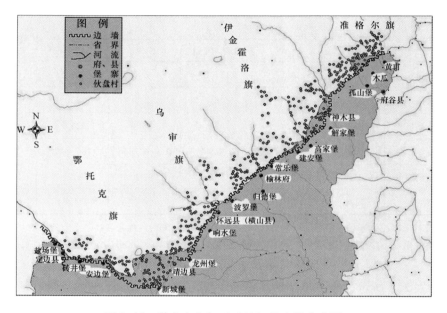

图2.46 道光十八年（1838）伙盘地分布图

---

① 乾隆《府谷县志》卷二《田赋·附人民租种五堡口外蒙古鄂尔多斯地土内》（道光《榆林府志》卷首《凡例》，《中国地方志集成·陕西府县志辑》第38册，凤凰出版社2007年版，第161页上）和道光《榆林府志》卷六《建置志·村庄》（《中国地方志集成·陕西府县志辑》第38册，凤凰出版社2007年版，第208—209页）比较，发现府谷县五堡口外伙盘地数字自乾隆四十八年至道光二十一年（1783—1841）的近60年中，各堡口外伙盘地数字虽然有所不同，但其变化幅度不大，而且两个时期的总体数字相比，相差无几，这可能是某几处伙盘地村落自然发展的缘故所致。故而，道光二十一年的府谷县口外伙盘地未出现大规模的越出乾隆线进行垦殖的现象。光绪《靖边县志稿》载，当时的靖边县知县丁锡奎会同安定边厅的官员于光绪二十四年（1898）勘查靖边、定边二县是否悉遵"照例边墙五十里内为伙盘地，准汉民向蒙古租种，不准价卖，且限以界牌，不准越里数之外"的旧章时，发现该两处"并无侵占牧场情事"。可见，光绪二十四年尚未发现人民越过乾隆线的行为。

从图 2.46 中，不难发现，从乾隆八年至道光十八年（1743—1838）的近百年时间内，毛乌素沙地南缘的口外移民由于人均占有土地数量较多，多从事对牌界内的土地垦殖，因此，在此期间，伙盘村落也并未有明显的增加趋势，陕北沿边六县口外伙盘地均未出现大规模的越出乾隆线进行垦殖的现象。

### 三　清末伙盘地地界的再次变动

晚清时期的中国正处于"数千年来未有之变局"的关键时刻，在此之时，民族矛盾、阶级矛盾日益尖锐，清政府为应对时局，先后出台"以夷制夷""塞海并重"等应对方略。然而，西方列强对于我国边疆地区的不断渗透，导致严峻的边疆危机。有鉴于此，清政府对中国北部边疆地区采取移民实边的策略，希冀通过发展当地的垦务活动来巩固边疆、"保藩固圉"①。光绪二十八年（1902），清政府以贻谷为督办蒙旗垦务大臣，督办内蒙古西部的垦务。贻谷至绥远后，先后设立垦务总局和乌、伊两盟垦务局，另于准噶尔、鄂托克、郡王三旗内各设分局，乌审、札萨克两旗则是合设一分局。令其各自分别组织和管理这一带的拓荒事务，共同执行和完成强行放垦之任务②。贻谷放垦的重点放在伊克昭盟等处牧地，毛乌素沙地南缘自然也包括在内，这些土地由私垦转为官垦，长期依赖租种蒙地而维持生活的汉族民众因失去土地的使用权而需要按照垦务公司的章程重新认购土地③。

此次放垦行为从根本上改变了伙盘地的土地权属问题，并为清末民初又一次内地民众大规模涌入毛乌素沙地南缘从事农牧业生产提供了前提。在贻谷放垦期间，毛乌素沙地南缘先后建成伙盘村落 249 处，先后开垦土地 358264 亩，其中，滩地 174943 亩，沙地 183321 亩，分别占到民国初年统计伙盘村开垦土地总量的 31.3% 和 24.0%。如表 2.8 所示。

---

① 贻谷：《垦务奏议》：《奏为会筹勘办蒙旗垦务大概情形恭折》，沈云龙编：《近代中国史料丛刊续编》第 11 辑，文海出版社 1974 年版，第 17—22 页。
② 民国《绥远通志稿》卷三八上《垦务》，第 5 册，绥远通志馆编纂，内蒙古人民出版社2007 年版，第 189—315 页。
③ 张仲臻：《东胜县垦务放地概况》，中国人民政治协商会议内蒙古东胜市委员会文史资料研究委员会编：《东胜文史资料》（第三辑），1986 年版，第 63—71 页。

表2.8 清末赀谷放垦期间所建伙盘村庄情况

| 属县 | 开放年代 | 村庄数（座） | 户数（户） | 滩地（亩） | 沙地（亩） | 距离边墙（里） |
|---|---|---|---|---|---|---|
| 榆林县口外 | 光绪三十一年（1905） | 67 | 560 | 12346 | 16088 | 50里外 |
| 怀远县口外* | 光绪二十八年（1902） | 15 | 114 | 3915 | 0 | 50里外 |
| 府谷县口外 | 光绪三十一年（1905） | 76 | 727 | 2810 | 54478 | 50里外 |
| 神木县口外 | 光绪二十九年（1903） | 51 | 377 | 10372 | 107685 | 50里外 |
| 靖边县口外 | 无 | 0 | 0 | 0 | 0 | |
| 定边县口外** | 光绪三十三年（1907） | 40 | 507 | 145500 | 5070 | 50里外 |
| 总计 | | 249 | 2285 | 174943 | 183321 | |

注：* 怀远县在民国三年（1914）更名为横山县。

** 定边县口外第一区统计村庄中含民国八年（1919）开垦土地约计3处伙盘村、50户民众、109540亩滩地，该处土地系赀谷放垦时已放未垦地亩。

资料来源：民国《陕绥划界纪要》卷三至卷八，樊士杰等编，静修斋民国二十二年（1933）印刷，榆林市星元图书馆藏。

　　上述调查资料系民国初年陕西省政府会同绥远省政府派员实地调查所得，可信度较高。从表中不难发现，赀谷放垦时期所建伙盘村庄都突破"五十里禁留之地"，进入草原腹地从事农牧业生产，其距离长城最远的伙盘村竟达到230里[1]。如图2.47所示。

　　此次伙盘地放垦周期为光绪二十八年至光绪三十三年（1902—1907）近5年的时间，而移民规模和土地垦殖量相对以前都存有明显变化，而这种变化直接导致了新的伙盘地界的出现（以下皆称之为光绪线）。经过这次勘定，民国六年（1917）刊定的《河套图志》翔实地记载了光绪三十三年（1907）陕北沿边六县口外伙盘地地界范围：

　　　　伙盘界石日扩日远，计府、神、榆、横、定、靖六县边外伙盘地界，东至府谷礼字地，与山西河曲县义字地接壤，西至定边县五虎

--------

① 民国《陕绥划界纪要》卷六《神木县已垦地亩表册》载，三道草牌内之旧庙湾、赵家梁、燕家沟三处伙盘村距离陕北边墙二百三十里［樊士杰等编，静修斋民国二十二年（1933）印刷，榆林市星元图书馆藏，第1页］。

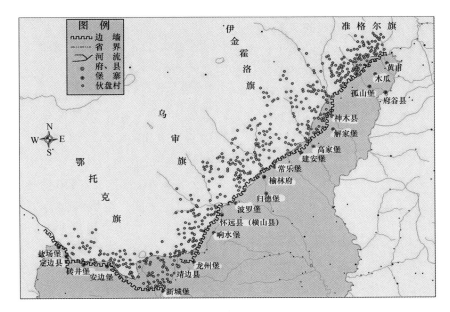

图2.47 光绪三十三年（1907）伙盘地分布图

洞，与甘肃盐池县边外接壤，北至准噶尔、郡王、札萨克、五胜、鄂套等旗牧地暨东胜县粮地，南至榆、横等县边墙，东西广一千三百余里，南北袤五十里或百余里、二百余里不等。①

自此，清代毛乌素沙地南缘伙盘地扩展情况在这种官方的、政府的因素的影响下，得到较为严格的界定。直到民国初年，伙盘地民众没有出现大规模的越出光绪线的现象，从而该区域也未有更大的变动②。

① 民国《河套图志》卷四《屯垦第四·清伙盘垦地》，张鹏一编，1960年内蒙古图书馆抄本（据民国六年在山草堂排印本），1函6卷，第5—6页。另，民国《府谷县志》卷一《地理志·黑界考略》载，"清末光绪年间，经垦务大臣贻谷奏明，（府谷县口外蒙地）开放完全由汉人置买耕种，化为仁、义、礼、智、信五段，仁、义两段在河曲县界归河曲县管辖，礼、智、信三段归本县管辖，所有岁租历年即委托本县代收"〔陕西师范大学图书馆藏，王九皋、王俊让等纂修，民国三十三年（1944）石印本，不分页〕。

② 民国《续修陕西省志稿》卷二八《田赋》，宋伯鲁等编纂，民国二十三年（1934）刊本；吴坚主编：《中国西北文献丛书》（第1辑）《西北稀见方志文献》（第7卷），兰州古籍出版社1990年版，第45页上。

#### 四 蒙陕边界形成的实质

清朝初期，清政府沿袭了传统的长城—黄河一线作为鄂尔多斯地区与内地的农牧分界，但是这一界线仅是习惯线而已，并不具备法定特征。随着农牧区域的相互扩张，加之政府当局对于这一地带的区位特点逐渐熟悉，因此农牧界线的精确性和法定属性得到进一步的强化。康熙年间察罕托灰（又作查汉托户）的归属问题，可以看作清朝前期农牧划界的一个范本。察罕托灰是清代宁夏府所辖的一块水草丰密的荒地，其大致相当于今天宁夏北部惠农县一带。起初鄂尔多斯王公松阿喇布请求在察罕托灰"暂行游牧"，康熙皇帝批准后，"定以黄河、西河之间，柳墩等四台为界"。康熙五十二年（1713），宁夏总兵范时捷上奏称，"察罕托灰本系版图内地"，而准许蒙古游牧后，"多致越界行走，与宁夏民众蒙混樵采，实属不便"，他请求仍以黄河为界并停止蒙古游牧。为了弄清具体情况并解决争议，康熙皇帝派遣理藩院员外郎莫礼布前往调查，最后调查结果发现鄂尔多斯部的游牧范围已经"渐至贺兰山下"，"与原定之界实系踰越"①。最终，清朝坚持了以黄河为界的做法，而察罕托灰归属宁夏后也迅速被移民开垦，并设置新渠、宝丰等县进行管理。

而对于毛乌素沙地南缘这一特殊区域，清代蒙陕边界的形成过程实质上可以视为伙盘地移民社会构建的过程，在清政府、民国政府、蒙旗贵族、天主教堂、地方士绅、基层民众等不同阶层的关注下，晋陕移民向草原腹地不断延伸，伙盘界线不断北扩，农牧界线逐渐北移、错位。至清代末年，伙盘村庄已具有 1806 处，可与陕北沿边六县的边墙内的村庄数等量齐观。此外，伙盘地居民的思想观念、文化、心理状态随着边外定居生活的开始，日趋稳定。这种变化带来了区域社会的变迁，推动独具特色的伙盘地移民社会的形成，从而进一步固化了新的移民社会对于逐步形成的伙盘地范围的认同，并为民国时期陕绥划界的争端和新中国成立后蒙陕界线的划定提供了重要的依据。

---

① 《清圣祖实录》卷二五六，"康熙五十二年八月丁丑"，《清实录》第 6 册，中华书局 1985 年版，第 529 页下—530 页上。

# 第三节 地方治理与利益诉求：民国初年陕绥划界纠纷研究

　　民国初年的"陕绥划界纠纷"，始自民国二年（1913）由国务总理熊希龄、内务总长朱启钤①提出的绥远特别区案②。该议案针对"绥远地居冲要，边事日见艰危"的时局，认为应当"仿照热河先例，先就归绥十二县及乌、伊两盟划成一行政区域"。民国八年（1919）一月，绥远都统蔡成勋以此项决议为契机，向国务院提交条陈，希望北京政府依据清代陕西省与伊克昭盟以明代长城为界的标准，将长城外侧地区划归绥远管辖③。这一行为迅速引发陕绥双方的争议，陕北地方士绅成立"公民争存会""陕西榆林五邑旅京学会"，发起请愿活动。几经波折，民国九年（1920）十月，北京政府内务部责令绥远"停止收界……从缓办理"④。这次纠纷，前后持续了近八年的时间。在此期间，上自北京政府内阁、国务议会议员、陕绥双方政府，下至伊克昭盟王公、地方士绅、民众都纷纷介入其中。由于各阶层所持有的立场不同，以至于整个事件呈现出"乱花渐欲迷人眼"的状况。从表面上看来，这起事件是由于国家政令的变更而引发的省界争议问题，但实际上反映了在原本利益诉求相对稳定的地区，北京政府、地方政府以及地方各派系力量因政权更迭

---

　　① 熊希龄内阁于民国二年九月十一日成立后，始终在围绕"变改省制"的主张而展开工作。他们希冀借此来实现国家统一和中央集权，并从根本上解决财政支绌问题，绥远特别区案便是熊氏内阁为实现政治目的而推行的重要举措之一。但由于总统府和国务院之间、国务院内部、国务院和各省都督之间皆存有意见分歧，尤其是民国二年十二月十五日，政治会议开议后，熊希龄内阁的影响力逐渐下降。从而出现"上有总统之果断办事，担任一切；中有政治会议之辅弼，讨论重要政事而决定之，经由总统施行；内阁所司仅理循例之事，国务会议将为政治会议之提议机关，内阁权力已较以前日微，更难举责任之实"［《现内阁之权势观》，《顺天时报》民国二年十二月十七日，第9版］。

　　② 《国务总理熊希龄内务总长朱启钤呈大总统陈明国务会议议决将口外十二县并乌昭两盟归绥远将军管辖等情请批示遵行文并批》，民国二年十二月五日），《政府公报》第574号。

　　③ 高涌先：《陕绥划界纪要·叙》，樊士杰等编：《陕绥划界纪要》，静修斋民国二十二年（1933）印刷，榆林市星元图书馆藏。

　　④ 民国《绥远通志稿》卷二《省县旗疆域现状》，第1册，绥远通志馆编纂，内蒙古人民出版社2007年版，第227—229页；闫天灵：《汉族移民与近代内蒙古社会变迁研究》，民族出版社2004年版，第155—157页。

而出现利益重组的过程。

　　目前学界针对历史政治地理中的行政区域界线变迁问题及由此出现的"政治过程对地理区域变迁的影响"研究①，已有一定的研究成果，并在一些专著中也有总体性的把握②，但关注力度尚显薄弱，而且多数研究着力于依据各级方志、调查报告中的模糊性官方记录，配合以报纸、笔记、个人著述中的文字，来复原行政区域的具体范围、判定不同级别行政区域之间的界线等，以此来复原疆域政区历史变迁的全过程。因此，鲜明的个案研究尚处于亟须积累的过程③，研究者在研究时段、研究区域上，尚需要精益求精的系统性考究。本节基于对陕绥划界纠纷的考察，梳理出这一时期省界变动的具体过程以及在这一过程中北京政府与地方政府、地方政府与地方政府（陕、绥双方）、地方各系势力与两级政府之间的互动关系。

----

　　① 周振鹤：《建构中国历史政治地理学的设想》，《历史地理》第 15 辑，上海人民出版社 1999 年版，第 1—19 页；周振鹤：《范式的转换——沿革地理—政区地理—政治地理的进程》，《华中师范大学学报》（人文社会科学版）2013 年第 1 期。

　　② 靳尔刚、苏华：《职方边地——中国勘界报告书》上册，商务印书馆 2000 年版；周振鹤主编：《中国行政区划通史》，复旦大学出版社 2017 年版。

　　③ 谭其骧：《浙江各地区的开发过程与省界、地区界的形成》，复旦大学中国历史地理研究所编：《历史地理研究》第 1 辑，复旦大学出版社 1986 年版，第 1—11 页；谭其骧：《自汉至唐海南岛历史政治地理——附论梁隋间高凉洗夫人功业及隋唐高凉冯氏地方势力》，《历史研究》1988 年第 5 期；周振鹤：《地方行政制度史》，上海人民出版社 1998 年版，第 226—249 页；韩光辉：《清雍正年间的政区勘界》，《中国方域——行政区划与地名》1997 年第 4 期；胡英泽：《河道变动与界的表达——以清代至民国的山、陕滩案为中心》，《中国社会历史评论》第 7 辑，天津古籍出版社 2006 年版，第 199—219 页；张伟然：《归属、表达、调整：小尺度区域的政治命运——以"南湾事件"为例》，《历史地理》第 21 辑，上海人民出版社 2006 年版，第 172—193 页。郝志诚：《也论清代鄂尔多斯七旗的划界问题》，《内蒙古师范大学学报》（哲学社会科学版）2006 年第 3 期；周振鹤：《中国行政区划通史·总论卷》，复旦大学出版社 2009 年版，第 1—216 页；张萍：《谁主沉浮：农牧交错带城址与环境的解读——基于明代延绥长城诸边堡的考察》，《中国社会科学》2009 年第 5 期；徐建平：《政治地理视角下的省界变迁——以民国时期的安徽省为例》，上海人民出版社 2009 年版；李大海：《政区变动与地方社会构建关系研究——以明清民国时期陕西地区为中心》，博士学位论文，陕西师范大学，2010 年；王晗：《"界"的动与静：清至民国时期蒙陕边界的形成过程研究》，《历史地理》第 25 辑，上海人民出版社 2011 年版，第 149—163 页；闫天灵：《民国时期的甘青省界纠纷与勘界》，《历史研究》2012 年第 3 期；郝文军：《清代伊克昭盟行政制度内地化的起始时间与标志研究》，《中国边疆史地研究》2015 年第 2 期；华林甫等：《中国省制的演进与未来》，东南大学出版社 2016 年版；郭声波：《从圈层结构理论看历代政治实体的性质》，《云南大学学报》（哲学社会科学版）2018 年第 2 期；徐建平：《清中期以来阿尔泰山地区分界研究》，《复旦学报》（哲学社会科学版）2018 年第 3 期；徐硕遥：《民国时期陕绥划界纠纷的初步研究》，硕士学位论文，陕西师范大学，2015 年；张力仁：《民国时期陕绥划界纠纷研究中的几个基本问题》，《内蒙古大学学报》（哲学社会科学版）2016 年第 5 期，等等。

继而重点探讨政局变革之际，在西部民族交融地区，北京政府、地方政府以及地方各系力量扮演着怎样的角色。北京政府是否存在"力有不逮"的情况；地方政府的"地方属性"是如何表达和强化的；不同阶层在时局的影响下，又是如何争取和获得自身的利益诉求。有鉴于此，本节尝试对上述问题展开探究，最终讨论整个政治过程对地理区域变迁的影响，希冀推动同类研究的深入。

### 一 北京政府的地方利益诉求

自清代咸同以降，尤其是太平天国战争以后，地方督抚兼辖军、民两政的情况逐渐成为大势所趋，中央和地方的利益诉求差异越发明显，中央集权和地方分权的矛盾成为晚清时期政治发展过程中的焦点问题。不过，在此期间，清政府仍可以通过对地方官员的任命权来频繁调动督抚的任职区域，并借此来限制督抚在任职区的管控能力。在边疆地区，尤其是蒙陕边界地带，中央政府对于地方的管控能力始终处于主导地位，甚至在某些特定阶段，还完全受制于统治者的个人意志。伊盟王公则是通过维系与清统治者的良好关系，来对毛乌素沙地南缘施加作用。这种作用的存在与否、强弱与否都随着中央政府利益的变化而发生改变。陕北沿边各府县等基层政府则直接听命于中央，他们所扮演的角色在较大程度上可以定位为中央政令的执行者。因此，清代蒙陕边界的形成过程更可以视作中央政府对该区域的地方管控过程。相应地，这一区域土地权属问题的变迁过程，与租税分配、行政管理、民人户籍归属等各种权益之间息息相关。拙文《清代毛乌素沙地南缘伙盘地土地权属问题研究》中多有涉及，此处限于篇幅，不再赘述。

至清代晚期，沙俄势力对我国蒙古地区不断施加影响，清政府希冀采取开放蒙禁、推行垦务来巩固边疆、减少财政赤字[①]。蒙旗垦务大臣贻谷于光绪二十八年（1902）设立垦务总局和乌兰察布垦务局、伊克昭盟垦务局，着手内蒙古西部的垦务事宜。贻谷将放垦的重点放在了鄂尔多斯牧

---

① 贻谷：《垦务奏议》，《奏为会筹勘办蒙旗垦务大概情形恭折》，沈云龙编：《近代中国史料丛刊续编》第 11 辑，文海出版社 1974 年版，第 17—22 页。

地，并在鄂托克、准噶尔、郡王三旗内设置垦务分局，将札萨克旗和乌审旗合设分局。贻谷要求各垦务分局组织和管理相应的拓荒事宜，执行和顺利完成放垦的相关任务。① 蒙陕交界地带自然也包括在内，这些土地"由私垦转为官垦，长期依赖租种蒙地而维持生活的汉族民众因失去土地的使用权而需要按照垦务公司的章程重新认购土地。此次放垦行为从根本上改变了毛乌素沙地南缘的土地权属关系"②，以前"内地人民以口外种地为恒产，蒙古亦资地租为生活，并照旧界给租"的土地权属模式转变为"内地人民出境认垦，率以重价买得，久已成为主业，故世居不移"③。这促使清末民初内地民众大规模涌入陕北长城外谋生。

在贻谷放垦之初，清政府责令当地官员配合垦务委员进行踏勘实测，以作为这一区域放垦的参考意见。当时的靖边县知县丁锡奎奉令对当地的自然条件、土地类型及移民开发情况等进行调查。丁氏认为"陕北蒙地，远逊晋边"，自然条件相对较差④。土地状况的相对不良，一旦加大开发力度，很可能既不利于蒙汉民众维持生计，也会引发政府开放蒙边事宜难以继续。针对丁锡奎的呈文，督垦局仍然坚持放垦⑤。由此可见，尽管地方政府试图确保地方利益，但中央政府出于扩大垦务实施效果的目的，严令地方政府与其保持一致，甚至绕过地方政府，和当地的乡保、里长直接联系，以确保政令的实施。

辛亥革命后，独立各省自相为政，所谓"中央政权"的权威很难得到各方的一致认同，"中央行政，不及于各省，各部亦备员而已"，地方政府逐渐成为北洋各系势力互相倾轧的政治资源⑥。在北京政府和地方

① 《贻谷为办理蒙旗垦务之示谕》，光绪二十八年（1902）三月十九日；《贻谷等为会筹勘办蒙旗垦务情形之折稿》，光绪二十八年（1902）三月二十□日，宝玉：《蒙旗垦务档案史料选编》（上），《历史档案》1985年第4期。

② 王晗：《清代毛乌素沙地南缘伙盘地土地权属问题研究》，《清史研究》2013年第3期。

③ 民国《陕绥划界纪要》卷二《查界委员榆林县知事会呈文》，民国九年（1920）三月四日，樊士杰等编，静修斋民国二十二年（1933）印刷，榆林市星元图书馆藏，第4—6页。

④ 光绪《靖边县志稿》卷四《艺文志·详报查勘蒙地并绘图贴说由》，《中国地方志集成·陕西府县志辑》第37册，凤凰出版社2007年版，第351页下—352页下。

⑤ 光绪《靖边县志稿》卷四《艺文志·偕同委员大挑知县朱锺浚查办垦荒内》，《中国地方志集成·陕西府县志辑》第37册，凤凰出版社2007年版，第356—357页上。

⑥ 胡春惠：《民初的地方主义与联省自治》（增订版），中国社会科学出版社2011年版，第102页。

政府之外，由地方士绅组建的地方利益集团在固有的地方分权基础上，对地方公共事务逐渐拥有了一定的话语权和影响力。因此，本着"欲谋行政之统一，先以整理区域为根本"①的理念，北京政府先后发布法令②，在全国废府州，存道县，普遍推行省、道、县三级制管理，以期达到"析疆增吏，增长中央权势"的政治目的。为了加大对蒙藏地区的管控力度，北京政府采取了与清政府不同的边疆治理方式：缩小边疆省份的面积，提高应对边疆问题的政府力量，杜绝被境外势力利用的可能。民国二年至民国三年（1913—1914），热河、察哈尔、绥远和川边四个特别区先后设置③，以提高应对边疆问题的力度，确保边疆安全。针对绥远地区，北京政府于民国二年（1913）十一月批准"以山西归绥道所属十二县暨内蒙古乌兰察布盟、伊克昭盟区域"设置绥远特别区，以绥远都统"统辖各县暨蒙旗事务"④。民国三年（1914）一月十三日，北京政府援照"热河国税分厅成例"在绥远设立国税厅筹备分处，"管理该区域内一切国税事务，并指挥监督各征收机关"⑤。同年七月六日，北京政府再次出台《热河道、绥远道、兴和道区域表》，以法律形式将绥远等三个特别区域的行政制度和行政区划予以界定⑥。由于此次界定更多地侧重晋绥分治，因此，对于伊克昭盟七旗的归属，则是遵循惯例将之纳入新成立的绥远特别区，而对于毛乌素沙地南缘这一可能存在争议的地区没有多加考虑。

这一举措对于陕绥双方而言，存有较大分歧。从传统上讲，陕北长城外的鄂尔多斯地区无疑是蒙族牧民的传统游牧地，所以绥远建立特别区，必然会以传统的分界线为其南部边界线，绥远地方政府势必会坚守这一点，而陕西省又不肯放弃塞外土地。因此，在陕绥划界纠纷出现后，

---

① 《临时政府内务行政纪要》，沈云龙主编：《近代中国史料丛刊三编》第 23 辑第 222 册，文海出版社 1987 年版，第 39 页。

② 民国二年二月，北京政府先后颁布了《划一现行各省地方行政官厅组织令》《划一现行各道地方行政官厅组织令》和《划一现行各县地方行政官厅组织令》等系列法令。

③ 刘寿林等编：《民国职官年表》，中华书局 1995 年版，第 361、364、367 页。

④ 内务部职方司第一科编：《全国行政区划表》，民国三年，第 137 页。

⑤ 《拟在绥远设立国税厅筹备分处呈袁世凯文》，《政府公报》第 599 号，民国三年一月十三日。

⑥ 《热河道、绥远道、兴和道区域表》，《时事汇报》1914 年第 7 期。

陕绥双方就毛乌素沙地南缘的归属问题争执不下，他们相继向北京政府提交条陈，同时以不同的形式向北京政府施加压力，希冀能够借助中央的"权威"来谋求有利于己方的裁决①。而此时的北京政府受直、皖、奉各派系力量的影响，在毛乌素沙地南缘事务上的决策制定和管控能力颇有"力不从心"之感，以至于在纠纷的过程中成为陕绥双方借力相互倾轧的对象。

在绥远特别区的行政区划界定之初，北京政府的着眼点有两方面，一是应对日益严重的边疆危机，二是改变"财政日绌"现状，以建立务实、稳健的中央财政②。基于这样的考虑，北京政府希冀在陕绥划界纠纷的过程中予以贯彻和表达③。但是，随着纠纷的愈演愈烈，北京政府逐步丧失了对整起事件的主导能力，尤其是陕西地方士绅民众先后发起"停止划界请愿""维持旧界请愿"和"请将鄂尔多斯各旗仍归陕辖请愿"三次请愿活动，对北京政府造成了一定的社会舆论压力。而在此之时，绥远都统蔡成勋先后奉命参与"八省援陕"和徐树铮收复库伦等军事活动，无暇东顾④。因此，民国八年（1919）六月五日，北京政府将上述三次"请愿案"并案提交国务会议⑤，并于同年六月二十四日议决，"仍应照原议办

①　如陕北六县士绅代表张立仁、高普煦等发起请愿活动，并向内务部、陕西省府和国务会议提交请愿书。陕西省省长刘镇华联合陕西督军陈树藩向国务院提出"拟恳钧院俯念西北边防重要，准将原案提交国务会议，准予停止划界以顺舆情而固边圉，不胜屏营待命之至"的要求。同时，陕北沿边各县公民代表公推镇守使署朱维勤为全权代表赴京请愿，并请在京的陕西籍参众两院议员宋伯鲁、高增爵等从中斡旋。

②　章启辉、付志宇：《北京政府时期税收政策的演变及借鉴》，《湖南大学学报》（哲学社会科学版）2009年第2期。

③　民国《陕绥划界纪要》卷一《陕西省长公署训令第七三二号》，民国八年（1919）二月二十四日，樊士杰等编，静修斋民国二十二年（1933）印刷，榆林市星元图书馆藏，第8—10页。

④　《专电》，《申报》民国八年（1919）二月十日，第3版；《唐总代表关于陕事之要电》，《申报》民国八年（1919）二月二十一日，第6版；《陕西同乡会致各和平会书》，《申报》民国八年（1919）三月七日，第10版；《时评》，《申报》民国八年（1919）四月十七日，第3版；《日本通信社电》，《申报》民国八年（1919）五月五日，第3版；《专电》，《申报》民国八年（1919）六月二十五日，第3版。

⑤　《咨国务院咨行本院请愿委员会提出陕西榆林六县公民停止划界请愿案又陕北榆林六县公民维持旧界请愿案又陕北榆绥延郿公民请将鄂尔多斯各旗仍归陕辖请愿案并案讨业经院议可决请查照办理文》，民国八年（1919）七月七日，《参议院公报》第2期第3册《公文一五》，第184—185页。

理，惟现值蒙边不靖，暂缓施行"①。从议决的具体内容来看，北京政府在陕绥划界一事上的意见是有所保留的，即国务会议认为，原来的方案是可行的②，但实际上是在宋伯鲁、高增爵等参、众两院议员和陕西方面的影响下，而做出维持现状的举措。

由上述情况不难看出，北京政府建立特别行政区的目的在于，应对日益严重的边疆危机和改变"财政日绌"现状。因此，尽管由于各系军阀和地方诸多势力的影响，北京政府对于地方的管控能力大打折扣，许多亟须解决的地方事务纠纷不断，长期悬而未决，但是北京政府仍然试图从国家角度对地方事务做出评判和裁决。

## 二　从"地方政府"到"地方的政府"

### （一）绥远特别区的成立及其边界诉求

民国元年（1912）十月，原北洋陆军第 20 镇统制张绍曾出任绥远城将军，他以北京政府提倡的"现在五族共和，自不能如帝政时代，再有藩属名称，此后蒙藏回疆等处，自应统筹规划，以谋内政之统一，而冀民族之大同"③ 为契机，召集归绥观察使公署所属县、乌伊两盟及土默特总管旗相关人员，于民国二年（1913）组成"乌伊归绥联合会"。张氏希望得到北京政府的认可，对绥远地区推行独立的行政建制，甚而希冀通过此次努力直接达到建省的诉求④。民国二年（1913），北京政府裁撤归化城副都统及观察使，将绥远城将军作为行政长官，实现与山西省的分治，同时设置军政、民政两厅分理军、民事务⑤。民国三年（1914），北京政府出于"以行政贵乎敏活，地势广漠，远掉不灵，故缩小范围，便于治理，以为

---

① 《国务院咨行陕西榆林六县公民停止划界等请愿案业经分电陕西山西甘肃各省长及绥远都统请查照文》，民国八年（1917）七月十一日，《参议院公报》第 2 期第 3 册《公文三四》，第303—304 页。

② 《国务总理熊希龄内务总长朱启钤呈大总统陈明国务会议议决将口外十二县并乌昭两盟归绥远将军管辖等情请批示遵行文并批》，民国二年十二月五日，《政府公报》第 574 号。

③ 《中国大事记》，《东方杂志》1912 年第 8 卷第 12 期。

④ 《准格尔旗札萨克衙门档案》第 37 册，苏德毕力格编，内蒙古科学技术出版社 2011 年版，第 44—45 页。

⑤ 民国《绥远通志稿》卷二《省县旗疆域现状》，第 1 册，绥远通志馆编纂，内蒙古人民出版社 2007 年版，第 227—229 页。

发达边圉，巩固国防之计，而其手段，则在减芟将军之势力"的目的，设置绥远特别区①，下辖归绥道十二县，归化城土默特左、右二旗，伊克昭盟和乌兰察布盟。变革绥远行政管理体制不仅是北京政府和绥远地方政府的愿望，也是蒙古各盟旗的愿望，只不过两方的目标有着极大的差异。对于地方大员和北京政府来说，其目标是理顺和划一对这一地区的行政管理；对于各盟旗王公贵族来说，则是期望通过变革使自己的固有权利得到更多的保障，并希望进一步提高自己的政治地位。绥远特别区共存在了十四年，地方行政首脑因政局多变而更迭频繁。据统计，在蔡成勋就任绥远都统之前，绥远地区在各系军阀操控下，有七位行政长官先后主政。如表2.9所示。

表2.9　民国二年至民国十年（1912—1921）绥远特别区行政长官情况

| 姓名 | 官职名称 | 在任时间 | 从属派系 | 备注 |
|---|---|---|---|---|
| 张绍曾 | 绥远城将军 | 1912.10.12—1914.4.20 | 袁世凯 | |
| 潘矩楹 | 绥远城将军 | 1914.4.21—1915.11.20 | 袁世凯 | 民国三年（1914）七月六日，北京政府发布热河道、绥远道、兴和道区域表，改绥远城将军为都统，于热河、绥远、察哈尔三区域内各设道尹* |
| | 绥远都统 | 1915.11.20—1916.10.6 | | |
| 蒋雁行 | 绥远都统 | 1916.10.7—1917.5.28 | 段祺瑞（皖系） | |
| 张凤朝 | 绥远都统 | 1917.4.25—1917.5.28 | 代行都统职 | 蒋雁行赴京参加国会，由都统署副官长、代理都统张凤朝代行都统职 |
| 王丕焕 | 绥远都统 | 1917.5.28—1917.8.6 | 地方势力 | 绥远口北司令兼旅长王丕焕杀都统署副官长、代理都统张凤朝，自任都统 |
| 陈光远 | 绥远都统 | 1917.7.27 | 段祺瑞（皖系） | 未到任 |
| 蔡成勋 | 绥远都统 | 1917.8.6—1921.5.24 | 段祺瑞（皖系） | 时任中央陆军第一师师长，率师入绥远，驱逐王丕焕 |

　　注：*北京政府虽于民国三年（1914）七月六日改绥远城将军为都统，但在实际任命过程中，将绥远城将军潘矩楹改任绥远都统的时间则为民国四年（1915）十一月二十日。

　　资料来源：郭廷以《中华民国史事日志》，"中研院"近代史研究所1979年版。《京闻拾零》，《申报》民国十年（1921）五月二十七日第7版。

---

　　① 刘仲仁：《蒙古建省议》，《地学杂志》1917年第5期第83号。

从表2.9中,我们可以看出,上述七位行政长官在绥远任职时间短,大部分精力都陷于各系军阀势力的纷争。民国六年(1917)七月,蔡成勋以北洋军阀安福系为依托,率中央陆军第一师西进绥远,成功驱逐绥远口北司令王丕焕,并于同年八月六日继任绥远都统。伴随着蔡氏对绥远地区的管控能力逐步稳固,特别区行政边界的勘定工作便摆上了日程。蔡成勋于民国八年(1919)一月援照民国二年(1913)国务会议议决的绥远特别区案①,经大总统批准向国务院提请条陈,希望将伊克昭盟全境划归绥远管辖②。其条陈内容如下:

> 窃维治政之道首在疆域清楚,若疆域清则一切庶政俾便整理以期完善。兹查绥远区域所属伊克昭盟鄂尔多斯七旗,曰达拉特旗,曰杭锦旗,曰准噶尔旗,曰郡王旗,曰乌审旗,曰札萨克旗,曰鄂托克旗。除达、杭两旗归绥属五原县管辖外,其余五旗如准噶尔旗地北界归绥属托克托、东胜两县管理,南界归山西河曲、陕西府谷两县管理。郡王、札萨克两旗地北界归绥属东胜县管理,南界归陕西神木县管理。乌审旗地尽归陕西神木、榆林、横山、靖边四县管理。鄂托克旗地归甘肃平罗县管理。然一旗之地有归两省两县管理者,又有一省四县管理者,甚有归三省四县管理者。而一旗地内居住汉蒙人民应纳之租税并呈控之诉讼,趋赴县署或一二百里者,或数百里者,奔驰之苦,久称不便,且对于行政各要端障碍尤多,此疆界纠纷、政权不一之实在情形也。粤稽前清时代,绥远将军专管军事兼辖两盟,其行政事务均归地方官厅管理。今政体变更,事权亦异,而地方行政若仍照习惯则于政务既多废弛,又于人民诸称不便,殊非治政之道。兹经博考舆情,斟酌现状,自非划清行政疆域,实不足以资治理,拟将伊克昭盟各蒙地陕西、山西、甘肃三省各县管理者,均请划归绥区,酌设县治,自行治理,庶于一切政务可归一致而便整饬,此沿边各县所辖蒙地应划归绥区自行治理之实在情形也。成勋为划一行政事权俾便

---

① 《国务总理熊希龄内务总长朱启钤呈大总统陈明国务会议议决将口外十二县并乌昭两盟归绥远将军管辖等情请批示遵行文并批》,民国二年十二月五日,《政府公报》第574号。
② 《二十一日之阁议》,《申报》民国八年(1919)一月二十五日,第6版。

整理起见，兹将伊盟各蒙地疆界绘图理合呈请鉴核。伏乞饬交国务会议决定施行，如蒙照准，即行请饬知陕西、山西、甘肃各省派员会同勘划蒙边界址后，再行咨部立案。此陈。①

　　蔡氏希冀通过此次划界能够达成三点意图：其一，绥远特别区既然在民国三年（1914）已经成立，按照绥远特别区案，应该将"归绥十二县及乌、伊两盟"全部划归绥远特别区，并将历年有争议的地方全部清理。其二，绥远特别区成立后，绥远都统除了统辖所部军队外，还需要承担"管理该管区域内军政、民政事务"②，因此，确保特别区疆界的整齐划一是行政主官的职责所系。其三，为解决前清遗留给北京政府的"一旗之地有归两省两县管理者，又有一省四县管理者，甚有归三省四县管理者"和"一旗地内居住汉蒙人民应纳之租税并呈控之诉讼，趋赴县署或一二百里者，或数百里者，奔驰之苦，久称不便"等问题，蔡成勋提出请求，要在原本由陕、晋、甘三省代为管理的伊克昭盟各蒙地收归绥远，并采取设县治理③。由此可见，蔡成勋以遵循北京政府筹设特别区的政治意图为依托，推动绥远地区行政管理体制的构建和地方社会经济的建设，尽可能地掌握人口较为稠密、经济相对发展的区域。蔡氏这样的政治意图在于完成"拓田为民、拓地建省"的政绩，获取绥远地区蒙汉各阶层的支持，继而提升自身在国家军、政建设和西北地区地方事务上的政治地位和影响力。

　　然而，从陕绥划界纠纷的发展过程来看，蔡成勋的前后态度并不一致，尤其是在陕西一方先后发起数次请愿活动之时，绥远一方并未出现向北京政府施加影响的明显行为。经过史料梳理，我们发现，由于"绥远地当冲要，村堡相望，西为陕、甘之辅车，北为乌、科之后路，南则屏藩直、晋，东则翼卫京畿……诚为扼要之区"④，因此，蔡成勋在就任绥远都

　　① 　民国《绥远通志稿》卷二《省县旗疆域现状》，第 1 册，绥远通志馆编纂，内蒙古人民出版社 2007 年版，第 227—229 页。
　　② 　《热河道、绥远道、兴和道区域表》，《时事汇报》1914 年第 7 期。
　　③ 　民国《绥远通志稿》卷二《省县旗疆域现状》，第 1 册，绥远通志馆编纂，内蒙古人民出版社 2007 年版，第 227—229 页。
　　④ 　（清）贻谷：《绥远奏议》，《近代中国史料丛刊续编》第 11 辑第 103 册，文海出版社 1975 年影印本，第 330 页。

统期间，除了需要整顿地方行政事务外，还需要配合北京政府的政治、军事活动。在第一次归属地争议期间（民国八年一月至六月，1919），蔡成勋的精力主要忙于"八省援陕"① 和徐树铮收复库伦等军事行动。在陕西地方政府忙于勘划蒙陕边界时（民国八年六月至民国九年十二月，1919—1920），蔡成勋则主要在应对北京政府提出的"裁减军额、整顿赋税"、协助徐树铮筹措外蒙防务、会剿卢占魁和谋任陕西督军等事②。在第二次归属地争议期间（民国九年十二月至民国十年四月，1920—1921），蔡成勋则陷入"谋划陕西督军而未成，出任甘肃督军而不能赴任"的困境，最终成为北京政府靳云鹏内阁的陆军总长③。因此，蔡氏在应付频繁的政治、军事活动和谋求个人利益的过程中，思想上存有较大的变化，以至于影响到他在陕绥划界纠纷中的态度和相关举措。不过，在上述军事行动结束和谋求陕西督军而未成后，蔡氏转而重视陕绥事务上，并于民国九年（1920）十一月命令绥远垦务总局"赓续前案，丈放已经勘收各地，委曾广润为筹办勘放郡、札两旗草牌界地亩垦务分局局长，设局于陕西神木县"④。为了勘放举措的行之有效，绥远垦务总局制定"勘放郡、札两旗报垦地亩暂行办法十三条"作为对"郡、札两旗报垦地亩"（含贻谷放垦时

---

① 由于皖系军阀的陕西省督军陈树藩和北京政府的八省援陕军对抗，蔡氏命令绥远第一师沈广聚旅和李际春的"第四支队"于民国八年二月由包头过黄河，到达榆林驻扎，前锋抵达鄜县、洛川一带，以完成北京政府要求的"八省援陕"任务。[《专电》，《申报》民国八年（1919）二月十日，第3版；《唐总代表关于陕事之要电》，《申报》民国八年（1919）二月二十一日，第6版；《陕西同乡会致各和平会书》，《申报》民国八年（1919）三月七日，第10版；《时评》，《申报》民国八年（1919）四月十七日，第3版。]

② 《十一月二十二日大总统令》，《申报》民国八年（1919）十一月二十五日，第3版；《京华短简》，《申报》民国八年十二月九日，第6版；《各通信社电》，《申报》民国八年（1919）十二月二十一日，第6版；《专电一》，《申报》民国九年（1920）四月二十七日，第3版；《北京通信》，《申报》民国九年（1920）八月二十三日，第6版；《天津通信》，《申报》民国九年（1920）九月二十八日，第7版；《专电二》，《申报》民国九年（1920）十二月三日，第6版。

③ 《专电》，《申报》民国九年十二月十日，第3版；《命令》，《申报》民国十年（1921）一月四日，第6版；《京闻拾零》，《申报》民国十年（1921）三月五日，第7版；《专电》，《申报》民国十年（1921）五月十五日，第6版；《新内阁之外息》《申报》民国十年（1921）五月十六日，第6版。

④ 民国《陕绥划界纪要》卷二《府谷县知事呈文》，民国十年（1921）三月五日［樊士杰等编，静修斋民国二十二年（1933）印刷，榆林市星元图书馆藏，第54—55页］。

期已然由晋陕民众购买的毛乌素沙地南缘土地）进行勘放的依据①。最终，绥远都统蔡成勋在内务部的调停下，"已饬督垦局，将各委酌量调回"②，"至是而绥区与陕、晋、甘划界事遂中止"③。

（二）陕西地方政府的内部协调与应对举措

陕西地方政府在应对绥远特别区提出的"划界"要求时，并未达成内部意见的统一，甚至一度出现了较大的争议和紧张局势。其中，有两股力量举足轻重，一方为以王健、宋伯鲁、井岳秀等为首的陕北沿边地方集团，另一方则是以刘镇华、陈树藩为首的省府集团。

民国五年（1916），原陕西民政厅厅长王健赴榆林就任道尹职，王氏上任伊始，"即广咨博访，备悉汉蒙错处"④，并支持当地士绅代表艾如兰、高照初等，联合榆林、绥德、延安、鄜州等地士绅对绥远特别区案提出异议。而陕西督军兼省长陈树藩因忙于在关中三原、高陵一带和靖国军杨虎城所部鏖战，对陕北士绅民众的呈文无暇顾及。故而，陈氏以"应从缓议"为由不做处置，民国七年（1918）三月，新任陕西省省长刘镇华⑤亦以"窒碍甚多，徒滋纷扰，无裨实事"为由加以拒绝⑥。

---

① 该条例由府谷县知事从郡、札两旗草牌界地垦务分局局长曾广润处抄录所得。［民国《陕绥划界纪要》卷二《府谷县知事呈文》，民国十年三月五日，樊士杰等编，静修斋民国二十二年（1933）印刷，榆林市星元图书馆藏，第54—55页］而原文应在民国九年十二月十六日便由绥远垦务总局转呈陕西省府。［民国《陕绥划界纪要》卷二《绥远垦务总局咨文》，民国九年十二月十六日，樊士杰等编，静修斋民国二十二年（1933）印刷，榆林市星元图书馆藏，第20页］

② 民国《陕绥划界纪要》卷二《陕西省长指令第二六二八号》，民国十年（1921）三月二十三日，樊士杰等编，静修斋民国二十二年（1933）印刷，榆林市星元图书馆藏，不分页。

③ 民国《绥远通志稿》卷二《省县旗疆域现状》，第1册，绥远通志馆编纂，内蒙古人民出版社2007年版，第227—229页。

④ 高诵先：《陕绥划界纪要·叙》，樊士杰等编，静修斋民国二十二年（1933）印刷，榆林市星元图书馆藏，第1—2页。

⑤ 民国六年冬（1917），陕西革命党人郭坚等响应孙中山护法号召，率靖国军围攻西安。陕西督军兼省长陈树藩电邀刘镇华求援。刘氏率军击退靖国军，解西安之围。民国七年（1918）三月，刘镇华由北京政府正式任命为陕西省省长（《职官任免令》，《东方杂志》，1918年第15卷第5期）。

⑥ 民国《陕绥划界纪要》卷一《陕西省长公署指令第二八九号》，民国七年（1918）十月二十一日；民国《陕绥划界纪要》卷一《陕西督军署指令第五八三四号》，民国七年（1918）十月二十八日［樊士杰等编，静修斋民国二十二年（1933）印刷，榆林市星元图书馆藏，第4—5页］。

民国八年（1919）一月，国务会议议决案通过后，陕西省省长刘镇华于同年二月至五月间先后向榆林道尹王健下达了五次命令。刘氏严令王健"即便遵照，妥拟办法，呈候核夺，期清疆界而重边务……迅速遴派妥员前往，定期会勘绘图贴说，呈候核夺以凭转咨"。随后，在王健拖延缓办的情况下，刘镇华直接越过榆林道及所属各县官员，委任"许敬藻、塔斯哈先行驰赴准噶尔、郡王、乌审、札萨克各旗会同诣勘，应俟勘明呈报后规定妥协，再行派员收管"①。这一系列命令的下达反映出刘镇华在陕绥划界问题上的明确立场②。

面对刘镇华的多次严令，王健并未改变初衷，而是一面遵奉省府命令，"委员会勘事宜，已分令沿边各县知事，俟绥远委员到境，随时妥为接洽"，同时向省府提出更为具体而翔实的意见③。

窃查陕北毗连蒙疆，内地人民率多出境认垦，积久成习，渐推渐远，疆域既犬牙相错，住户亦汉蒙杂处，此系边地特别情形，原无确切地点，彼此足资依据。此次绥远提议划界，如能将积年纠纷之习使之渐归统一，政治前途获益非细。惟是壤境错杂，汉蒙人民生计息息相依，遽言划分，深觉漫无标准，连日督同熟悉边情人员，参稽志乘，悉心考核，只有援照清初建置成案，仍依汉蒙旧界，酌量区分，似尚较易着手。兹将沿边疆舆沿革暨划界应行注意之点，谨为宪台缕晰陈之。查陕北沿边地方共有六县，榆林、横山、靖边与乌审接壤；定边与鄂套接壤；神木与札萨克台吉、郡王接壤；府谷与准噶尔接壤，东西绵亘千有余里。前清建置之初，于各县边墙

① 民国《陕绥划界纪要》卷一《陕西省公署训令第五零二号》，民国八年（1919）二月六日；民国《陕绥划界纪要》卷一《陕西省长公署训令第七三二号》，民国八年（1919）二月二十四日；民国《陕绥划界纪要》卷一《陕西省长公署训令第二零一号》，民国八年（1919）三月三日；民国《陕绥划界纪要》卷一《陕西省长公署训令第一五六二号》，民国八年（1919）四月二十八日；民国《陕绥划界纪要》卷一《西安省长覆电》，日期不详，应在民国八年四月底五月初［樊士杰等编，静修斋民国二十二年（1933）印刷，榆林市星元图书馆藏，第5—6、8—9、10—11页］。
② 王成斌、刘炳耀、叶万忠：《民国高级将领列传》第2集，解放军出版社1988年版，第77—78页。
③ 民国《陕绥划界纪要》卷一《榆林道道尹呈省长文》，民国八年（1919）四月三日［樊士杰等编，静修斋民国二十二年（1933）印刷，榆林市星元图书馆藏，第11—14页］。

外直北禁留地五十里作为中国之界。康熙三十六年，贝勒松拉普奏
请汉蒙合伙种地，此为开垦之始。嗣以蒙旗游牧窄狭，于五十里界
内，有沙者以三十里立界，无沙者以二十五里立界，令民人租种。
雍正八年，理藩院条奏，五十里禁留之地，何得蒙古收租，议令地
方官征收粮草。后因鄂尔多斯荒歉，奉特恩仍给鄂尔多斯养赡，并
照旧界给租。此前清抚夷柔远之略，非常例也。乾隆八年，尚书班
第、总督庆复奉命前诣榆林，议定永远章程，于旧界外稍出二三十
里令民人照旧给租耕种，约计界址仍不出五六十里内外。此后，汉
蒙地界即以此案为定。按之各县图志，其道里之远近均属相符，是
边墙外五十里之地即汉蒙分界处所，亦即陕绥应行划界之点。惟是
沿边汉族向以领垦为恒产，迨清季开放伊克昭盟之地，领垦愈众，
越界尤多，几于五旗肥腴之田，全数为沿边六县殖民地矣。现议将
伊克昭盟之地完全划归绥区，以疆域论，边墙五十里之外，自应为
绥远所有之地。以行政论，则沿边数十万领垦之户，亦将一变而为
绥远之民。陕北素称瘠苦，而沿边各县精华萃聚半在蒙疆，经此次
束缩之后，岁入锐减，行政事宜必致立受影响，此亦地方困难情形，
不得不先事陈明者也。道尹管见所及，此案既经国务会议议决，于
彼于此，原不必再事争执，惟五十里中国之界为政治整肃起见，此
后亦不必再沿前清纠纷之治，议给蒙租，似应查照雍正八年理藩院
奏案，由地方官征收粮草，从此汉蒙各分疆域，行政官吏即各有专
责，未始非一劳永逸之计。①

　　在王氏的电文中，其意见大致有三点：其一，清代民众出口垦殖并
非政府组织，多是自发性的行为，因此，在村落分布和人口分布上呈现
"汉蒙杂处"的态势。如要划界，可以参考的依据只有清代康熙、乾隆
年间所勘定的界线②。其二，按照清代划界的规定，陕北长城外五十里
为蒙汉分界处所，这应当作为陕绥划界所凭借的划界原则，而不是所言

① 民国《陕绥划界纪要》卷一《榆林道道尹呈省长文》，民国八年（1919）四月三日［樊
士杰等编，静修斋民国二十二年（1933）印刷，榆林市星元图书馆藏，第11—14页］。
② 王晗：《"界"的动与静：清至民国时期蒙陕边界的形成过程研究》，《历史地理》第25
辑，上海人民出版社2011年版，第149—163页。

"沿边各县所辖蒙地应划归绥区自行治理"的划界依据。其三，汉族民众长期"以领垦为恒产"，且人口众多，一旦按照划界原则，将长城外五十里全都划归绥远特别区，那么陕北沿边各县的经济状况便会一落千丈，地方社会必然陷入困顿之中，这势必对陕西省府的行政管理和财政拨款造成切肤之痛。届时无论如何筹措补救，只会让省府多有掣肘之感。基于以上三点理由，王健认为，陕绥划界应该以雍正八年（1730）理藩院奏案为依据①，提出有利于陕西的议案，否认绥远特别区对毛乌素沙地南缘的管辖权。

王健在回复陕西省府意见的同时，向榆林、横山等六县知事发布榆林道公署训令，该训令改变了原有陕西省政府"将原属伊克昭盟各旗地划归绥区管理，以正疆界"的意见，而是按照有利于陕北地方的思路将勘界的内容加以改变，即"查该县边墙外直北五十里原系清初建置时禁留之地，此后汉蒙疆域既以此为定点，则此次划界办法自仍当以此为依据。惟历年已久，故址就湮，究竟从前旧界现在何处，其中村落系何名称，均非详加考察，不可合行。令仰该知事遵照，一俟绥区派员至日，妥为接洽，会同履勘，查照图志，征以故老传闻，指明旧日界牌确点，绘图贴说"②。这实际上是在否定北京政府、陕西省政府的命令而自行其事。

面对国务院、绥远特别区、榆林道县纷至沓来的公函、呈文，刘镇华在陕绥划界问题上的态度逐渐发生变化。这种变化一方面来自外界的压力，但更多的是，刘氏在陕西关中地区已然站稳脚跟，并将视野投放到陕北地区。一旦如王健所言，"边墙以外所有已垦膏腴之田尽归绥区"，"陕北沿边六县陡蹙，百余里之地减少，数十万之民已失设治资格，况捐税各款收数锐减，省库难免影响，而各县行政经费不敷留支，又需赴省请领，当此财政奇窘，追加预算，似所难能"③，势必对刘氏在陕西的长久盘踞不

---

① 雍正八年（1730），理藩院尚书特古忒奏，边墙外"五十里禁留之地，何得蒙古收租"，于是经过议处，决定让地方官吏征收粮草归地方官仓储备（道光《增修怀远县志》卷四下《边外》，《中国地方志集成·陕西府县志辑》第36册，凤凰出版社2007年版，第698页）。

② 民国《陕绥划界纪要》卷一《陕西榆林道公署训令第五一六号》，民国八年（1919）四月十四日［樊士杰等编，静修斋民国二十二年（1933）印刷，榆林市星元图书馆藏，第14—15页］。

③ 民国《陕绥划界纪要》卷一《榆林道道尹呈省长文》，民国八年（1919）五月七日［樊士杰等编，静修斋民国二十二年（1933）印刷，榆林市星元图书馆藏，第16—17页］。

利。平衡得失之下，刘镇华逐渐有了"边墙以外所有已垦膏腴之田"应归属陕西的意向。

正在陕西省府行政长官和榆林道县等地方官员逐步达成上下一致协调的过程中，陕北六县士绅民众代表张立仁、高普煦等发起请愿活动，并上呈请愿书①。其内容如下：

> 呈为公恳停止划界以全县治而靖边疆。事缘绥远都统条陈拟将伊克昭盟各蒙地、山西、陕西、甘肃各县管理者全部划归绥区，酌设县治，经国务院议决咨行划分一案。代表等或居内地或处蒙疆，闻其事由，咸惊惶骇异，断断知其不可。盖国家大计，所关地方废兴，所系兼为时势所趋，有非可以寻常划界视者，设只图局部之发展，冒昧从事，非惟有损于陕，实且无益于绥。而意外之变更，恐相因而生，谨将审察各方面之重要理由分陈于左：
>
> （甲）陕边方面不能划分之理由
>
> 查伊克昭盟鄂尔多斯七旗，稽之志乘，本陕西、河套旧境，有宗主之特殊关系，故接壤之。榆林、神木、府谷、横山、靖边、定边六县皆远近边墙，幅员狭小，藉蒙地为生活，而靖、定两县治尤仅隔咫尺。据父老传闻，有明承平时代，恒俱耕牧套中，春出秋归。至前清始明定中外疆域，于各县边墙口外直北禁留地五十里作为中国之界，不准互越，至启争端。嗣后节次展放疆界乃远，说与榆林府志颇合。当日备蒙人南犯，依地形之险，为一时防守之计，非如长城之为华夷界也。是以寓居新旧界内之民，对于地方种种义务，与腹地人民毫无少异，而县乃赖以不废。今一旦划归绥远，则立治之要素缺乏，加以时乱，年荒补抵无术，自非大行裁并不可。然处同一统治权之下，一方增设，一方裁并，非国家统筹全局之道，此其不可者一也。
>
> （乙）绥远方面不必划分之理由
>
> 查鄂尔多斯与陕边连界之准噶尔、郡王、札萨克、乌审、鄂托克

---

① 民国《陕绥划界纪要》卷一《陕北沿边六县人民代表呈文》，民国八年（1919）五月十二日［樊士杰等编，静修斋民国二十二年（1933）印刷，榆林市星元图书馆藏，第20—23页］。

等五旗皆沙漠居多，与达拉特、杭锦两旗地肥瘠悬殊，又遑比乌兰察布盟乎？绥人统谓之沙梁裹者是也。境内居民皆零星小村，相距又远，绝无设治之资格。观已设之东胜县，即可类推而知。其治在陕边六县所属蒙地之北，东、西、南、朔各辖数百里而遥。自设治之初，其知事即寄住包头，遥领县事，原条陈中所谓"汉蒙人民应纳之租税、呈控之诉讼，趋赴县署或一二百里或数百里，奔驰之苦，久称不便者"，不啻为该县言之，非所语于陕边沿蒙之六县也。盖六县口外居民虽散处新、旧界地，而对于原管县署，至远仅百有余里，实无不便之感耳。夫以偌大面积，仅仅一东胜县尚不足莅任治理，又何必劳民伤财，多增有名无实之城邑。若喜事侈功勉强行之，比之东胜更当自桧以下，已于国于民究何裨益，况本有不利于国家之陕边者在耶，此其不可者二也。

（丙）蒙古方面未可划分之理由

查蒙古崇信喇嘛教，奉活佛如神，汗王以次顶礼惟虔，一切部务往往视其意向为转移。前清控制得宜，最称恭顺，民国而还，渐生骄纵。自库伦活佛哲布尊丹巴夜郎自大后，内蒙皆首鼠两端，外顺内睽。而焚杀汉民之暴行，早层见叠出。所以未敢大肆者，外蒙道远难恃，与我无隙可乘也。至若改建郡县之议，本为保全蒙境以杜外人之觊觎，意至善也。乃传之彼族，竟腾为驱逐，若辈归并蒙旗等种种谣词，愚者嘻吁，桀者奋怒，大有待时而发之势。此等情状，凡往来蒙土者，类能知之。今外蒙又宣传独立矣，风声所及，内蒙定受影响，倘因划界而妄生误会，或竟藉口驱逐等名。当此内外多故、风云日亟之秋，万一有不逞之徒从中煽惑边事，尚堪设想乎，此其不可者三也。

合上诸理由观之，陕绥划界问题目下实难成立，仍以照旧管理为宜，若云已定之案未便轻更，试观该区呈准设治之初，固以山西口外十二县暨伊乌两盟原辖区域为区域，而其后丰镇、兴和等县又划归察区者要，亦国家通盘筹划，权其利害缓急，不沾沾于一区之原定疆宇，为之酌盈剂虚耳。今陕边事同一例，当不能坚执成案，置六县废兴及其人民公意于不顾，而遂行划分也。然使划分之后果无窒碍，于绥、于陕皆国家领土。国家人民原非变更国籍之比，又何必哓哓为也。代表等身处其境，情形颇熟，且危机暗伏，未敢缄默不言。所有公恳停止划界，以全县治而靖边疆。缘由除分呈内务部暨陕西省长以及请愿国会外，理合呈请道尊鉴核据情转呈，以维旧界而免纷更，实为公便。谨呈榆林道道尹王。

陕北榆林县全体人民代表张立仁、高普煦
神木县全体人民代表尚焕堂、张见龙
府谷县全体人民代表高诵先、高峋
横山县全体人民代表曹思聪、李骏材
靖边县全体人民代表樊士杰、张宗渊
定边县全体人民代表刘育英、陈元善
中华民国八年五月十二日①

该请愿呈文以久居陕绥划界争议区民众代表的切身感受为切入点，从陕边方面不能划分、绥远方面不必划分和蒙古方面未可划分三个方面层层深入地陈述反对"绥远都统条陈拟将伊克昭盟各蒙地、山西、陕西、甘肃各县管理者全部划归绥区，酌设县治，经国务院议决咨行划分一案"的理由。从具体的表述中，张立仁、高普煦等公民代表认为，在陕西方面，争议区一旦划归绥远，陕北沿边各县的地方经济、社会、行政诸方面都会受到影响，甚至会因此遭到裁撤，这样一来就会和国家统筹全局之道背向而驰。在绥远方面，由于争议区内"居民皆零星小村，相距又远，绝无设治之资格"，如果仿效东胜县的案例进行设置，极可能出现劳民伤财和有名无实的城邑出现，更不利于对当地民众的行政管理。在国家层面，争议区如果划归陕西，则有利于国家北部边疆的安全和领土的完整，避免国外势力的觊觎②。因此，刘氏联合督军陈树藩向国务院提出"拟恳钧院俯念西北边防重要，准将原案提交国务会议，准予停止划界以顺舆情而固边围，

---

① 民国《陕绥划界纪要》卷一《陕北沿边六县人民代表呈文》，民国八年（1919）五月十二日［樊士杰等编，静修斋民国二十二年（1933）印刷，榆林市星元图书馆藏，第20—23页］。

② 整篇请愿呈文的措辞多和王健向陕西省府呈文内容一致，可见此次陕北士绅民众在撰写请愿意见时，颇得王氏的大力支持。两厢比较，大有双簧之感。

不胜屏营待命之至"的要求①。

此外，国务院颁布"蒙边不靖，暂缓施行"的决议不久，刘镇华窥其端倪，于民国八年（1919）九月三日向王健指出北京政府的决议存有明显漏洞，并要求王氏"转饬榆林等县知照"，让沿边各县派遣合适人员对"陕绥交界之处关于地址、物产、交通、风俗以及汉蒙人民相处情形"实地调查，以找到有利于陕西方面的依据。同时，刘镇华"委任巫岚峰、贾永德二员前往榆林、神木、府谷、横山、靖边、定边等六县会同详查"②。由于刘镇华的态度和陕绥划界最初时相比，可谓大相径庭。因此，王健在难以猜度省府真实用意的情况下，以沉默的方式予以应对。刘镇华深谙其意，遂于九月二十日转发内务部部长朱瑗九月三日关于要求调勘毛乌素沙地南缘详细情况的命令，并在行文中着意提出"此案关系边民生计"，且"事关达部要政，毋稍率忽迟延，是为至要"。

通过陕西省府和榆林地方政府之间的沟通，王健对陕西省府的意图有所了解，并很快与之在陕绥划界问题上达成共识。民国八年（1919）十一月四日，王健向陕北沿边六县知事发出指令，要求按照内务部命令，"务须查勘明确，分析绘造详细图册各三份，克日呈赍本署"③。随着巫岚峰奉令抵达榆林和王健等人会晤，加之刘镇华向王健指示"仍需统筹全局，机轴在握，察详虑周，措置咸宜，勿使事后少留余憾，致遗口实"，因此，由陕西省府和榆林道县主持的勘界事宜得以顺利进行④。此次勘界起于民国八年（1919）十一月七日，止于民国九年（1920）三月六日，前后共计五个月的时间，在此期间，勘界委员和所属县知事对沿边六县进行细致踏勘，其内容如表2.10所示。

---

　　①　民国《陕绥划界纪要》卷一《陕西督军署训令第二八九号·附抄件一纸》，民国八年（1919）七月五日［樊士杰等编，静修斋民国二十二年（1933）印刷，榆林市星元图书馆藏，第32—33页］；《咨国务院咨行本院请愿委员会提出陕西榆林六县公民停止划界请愿案又陕北榆林六县公民维持旧界请愿案又陕北榆绥延郿公民请将鄂尔多斯各旗仍归陕辖请愿案并案讨论业经院议可决请查照办理文》，民国八年（1919）七月七日，《参议院公报》第2期第3册《公文一五》，第184—185页。
　　②　民国《陕绥划界纪要》卷一《陕西省长公署训令第二八五六号》，民国八年（1919）九月三日［樊士杰等编，静修斋民国二十二年（1933）印刷，榆林市星元图书馆藏，第36—37页］。
　　③　民国《陕绥划界纪要》卷一《陕西省榆林道公署训令第九一二号》，民国八年（1919）十一月四日［樊士杰等编，静修斋民国二十二年（1933）印刷，榆林市星元图书馆藏，第12—13页］。
　　④　民国《陕绥划界纪要》卷一《陕西省长公署指令第一一九五号》，民国九年（1920）二月十一日［樊士杰等编，静修斋民国二十二年（1933）印刷，榆林市星元图书馆藏，第38—39页］。

表 2.10 　　　　民国八年至民国九年（1919—1920）陕绥勘界情况

| 勘界县域 | 勘界人员 | 勘界时间 | 勘界路线 | 勘界结论 |
|---|---|---|---|---|
| 神木县 | 巫岚峰、李荣庆 | 1919.11.7—11.24 | 五庐口、新窑子、泥河村、草地沟、碾坊湾、孙家伙盘、乔家伙盘（旧牌界）、活绿色太湾、猪儿肯沟、五成公、苏鸡河、举人圪塔、活鸡兔沟（新牌界）、活勒素、格碰沟、驼娘沟 | 人民心理上早已视同内地，即一切政令、礼俗、捐纳、差徭暨摊认公债等与内地亦无歧异 |
| 府谷县 | 巫岚峰、孙士彦 | 1919.12.4—12.19 | 孤山镇、镇羌堡、龙王庙、小巴图、塔尔巴、古城镇、油坊塔、贾米家湾、巴图坪、麻地沟、黄甫堡 | 各地向系府谷完全管辖，其一切政令、礼俗、捐纳、差徭暨摊认公债特别等捐，与腹地负担毫无歧异。 |
| 横山县 | 贾永德、张本睿 | 1919.11.11—11.23 | 不详 | 口外民人一闻划界之事，金不愿归诸绥远，屡恳维持原状在案 |
| 靖边县 | 巫岚峰、崔铭新 | 1920.1.20—1.29 | 镇靖堡、四十里铺、宁条梁、二十里塘（靖定交界处）、王家渠、马家元峁、米家窑、鸽子滩 | 自前清康乾两朝后，率以重价买得主权所有，世守不移……惟自划界问题发生后，蒙人颇怀不安 |
| 榆林县 | 巫岚峰、张萃峰 | 1920.2—3 | 不详 | 至汉蒙合伙种地，内地人民出境认垦，率以重价买得，久已成为主业，故世居不移……至公债派捐，种种义务，口外人民未尝不负荷担，较之内地殊觉踊跃 |
| 定边县 | 巫岚峰、刘迪裕 | 1920.2.3—2.19 | 陈家沟、车轮沟、扒腊梁、沙陵、耿洞湾、蔡家沟、冯家圈、王家庄 | 比年以来，如倡办驼捐、皮毛捐、摊认公债及特别捐，口外各地约出十分之五、六，教育及自治费全仰给于狗池产盐销票费 |
| | | 1920.2.28—3.6 | 四、五两区边地 | |

资料来源：民国《陕绥划界纪要》卷一至卷二，樊士杰等编，静修斋民国二十二年（1933）印刷，榆林市星元图书馆藏。

勘察结束后，王健随即组织各县知事与勘界委员"造具图册"，"详加考察，汇绘总图"，对村庄名称、住户、土地类型、开垦年代、风俗、管理以及方位均加以记录。根据此次踏勘情况，绘制民国八年（1919）伙盘地分布图。如图 2.48 所示。

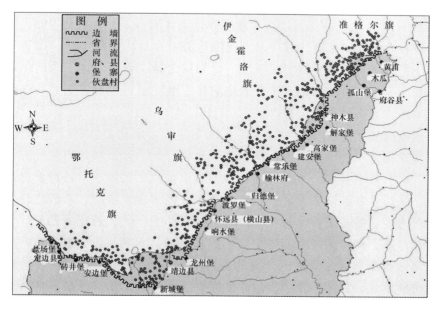

**图 2.48　民国八年（1919）边民垦殖分布图**

通过认真勘察，勘界委员和各县知事得出相应的认识，划界争议区"其界东至府谷县礼字地，与山西河曲县义字地接壤，西至定边县五虎洞，与甘肃盐池县边外地接壤，北至准噶尔、郡王、札萨克、乌审、鄂套等旗牧地暨东胜县粮地，南至榆、横等县边墙。东西广一千三百余里，南北袤五十里，或百余里，或二百余里不等。综六县合计，除明沙、碱滩不堪耕种外，已垦之熟地共有一百四十二万七千七百五十一亩三分，烟户一千九百四十二村，居民一万六千一百一十三户"①。通过勘界过程中对毛乌素沙地南缘边民垦殖兴起原因、发展现状的了解，王健得出有利于陕西一方的证据，"就绥远方面言之，以偌大面积、丁地寥落之区，少设县治则鞭长

---

① 民国《陕绥划界纪要》卷二《榆林道道尹王呈省长文》，民国九年（1920）六月二十七日［樊士杰等编，静修斋民国二十二年（1933）印刷，榆林市星元图书馆藏，第13—15页］。

莫及，多设数县又虞入不偿出。衡之事理，万难收发展之利益。而在陕徒受纷更之影响，其非同一统治权之国家所宜出"①。

正当陕北沿边各县忙于查勘毛乌素沙地南缘边民垦殖情况之时，蔡成勋于民国九年（1920）十一月责令绥远垦务总局对"郡、札两旗报垦地亩"进行勘放②。蔡成勋认为，"陕省亦以破坏府谷、神木六县为词，请求中央意在取消院议原案，或要求划留陕边五十里地为调停地步。绥省以陕边五十里如划出，则所留尽属荒漠。况划留之地，作为蒙地，政治仍难统一，作为民地，蒙旗必不认可。此次划界，经院定东以旗界为线，如此办理，蒙旗将因失地而反抗也"③。

蔡氏的呈文促成陕西省府、陕北镇守使署、榆林道公署的连锁反应。刘镇华在批复王健的回文中，针对"勘放郡、札两旗报垦地亩暂行办法十三条"内容逐条反驳，并认为"蒙旗垦案沿前清、民国继续进行，已逾二十载，陕边各县前清有无已收、已放之地，民国有无继收、继放之地？收放完竣之后，陕省是否仍有主权，究系如何办法？此次若竟听勘放，恐现在所放之界，即将来所划之界。且恐四旗之地，愈劝愈报，愈报愈收，愈收愈多，愈放愈远，则横山、榆林各县沿边之地将玉斧踵至"。有鉴于事态有可能恶化，刘镇华希望王健能够提前做出应对预案，以备不时之需④。陕北镇守使井岳秀应王健所请，派遣部队前往事发区域待命⑤。在陕西军、

---

① 民国《陕绥划界纪要》卷二《榆林道道尹王呈省长文》，民国九年（1920）六月二十七日〔樊士杰等编，静修斋民国二十二年（1933）印刷，榆林市星元图书馆藏，第13—15页〕。

② 该条例由府谷县知事从郡、札两旗草牌界地垦务分局局长曾广润处抄录所得。〔民国《陕绥划界纪要》卷二《府谷县知事呈文》，民国十年（1921）三月五日，樊士杰等编，静修斋民国二十二年（1933）印刷，榆林市星元图书馆藏，第55页〕而原文应在民国九年十二月十六日便由绥远垦务总局转呈陕西省府。〔民国《陕绥划界纪要》卷二《绥远垦务总局咨文》，民国九年（1920）十二月十六日〔樊士杰等编，静修斋民国二十二年（1933）印刷，榆林市星元图书馆藏，第31—32页〕。

③ 民国《绥远通志稿》卷二《省县旗疆域现状》，第1册，绥远通志馆编纂，内蒙古人民出版社2007年版，第227—229页。

④ 民国《陕绥划界纪要》卷二《西安省长来电》，日期不详，樊士杰等编，静修斋民国二十二年（1933）印刷，榆林市星元图书馆藏，第37页。当在民国九年十二月十六日之后。

⑤ 民国《陕绥划界纪要》卷二《陕北镇守使、榆林道道尹会呈督军、省长文》，民国十年（1921）一月三日；民国《陕绥划界纪要》卷二《榆林道道尹咨镇守使文》，民国十年（1921）一月二十四日；民国《陕绥划界纪要》卷二《陕北镇守使咨文》，民国十年（1921）二月二日〔樊士杰等编，静修斋民国二十二年（1933）印刷，榆林市星元图书馆藏，第32—34、29、38页〕。

政各界的努力下，蔡成勋被迫做出回应，"目前该项工作尚处于调查期内，并未实行，且此事纯系放垦，与上年陕绥划界本为两事"①。

最终，内务部令绥远垦务总局勘放郡、札两旗事宜"暂从缓办"②。绥远方面也奉令"撤回委员"。由此，陕绥划界纠纷就此告一段落。此后，蔡成勋在民国十年（1921）五月出任靳云鹏内阁的陆军总长③，加之绥远政局多变，陕西省和绥远特别区（民国十七年九月二十五日绥远建省④，1928）之间除局部出现划界调整外，未出现过较大的划界纠纷⑤。

### 三 伊盟王公和地方士绅：地方社会事务参与权的角色转换

毛乌素沙地南缘的长城外侧区域在清代隶属于伊克昭盟的准噶尔旗、郡王旗、乌审旗和鄂托克旗，是游牧民族的传统游牧地。伊盟蒙族王公通过协同征战、政治联姻、会盟等方式建立、维系与清统治者的良好关系，进而对毛乌素沙地南缘施加影响。由于汉族移民的大量涌入，区域内的土地权属关系、移民社会营建过程和农牧民生产环节都发生了显著变化。毛乌素沙地南缘逐渐成为陕西既成事实的塞外土地，而伊盟蒙族王公伴随着对地方影响力的减弱，逐渐丧失对地方社会事务的话语权。

---

① 民国《陕绥划界纪要》卷二《陕西督军、省长指令第二七三三号·照抄绥远来电》，民国十年（1921）三月二十五日［樊士杰等编，静修斋民国二十二年（1933）印刷，榆林市星元图书馆藏，第64—65页］。

② 陕西省档案馆藏：《内务部为咨复事前准贵省长电请迅电绥远都统停止收界》，日期不详，008/562。

③《专电》，《申报》民国九年十二月十日，第3版；《命令》，《申报》民国十年（1921）一月四日，第6版；《京闻拾零》，《申报》民国十年（1921）三月五日，第7版；《专电》，《申报》民国十年（1921）五月十五日，第6版；《新内阁之外息》，《申报》民国十年（1921）五月十六日，第6版。

④《命令》，《申报》民国十年（1921）九月七日，第10版。

⑤ 民国十七年（1928），绥远建省，陕西与绥远的边界仍维持原来状态，"伊盟各旗，除杭、达两旗悉归绥西各县管理，其他准、札、郡、乌、鄂五旗之偏南部，有陕西之府谷、神木、榆林、横山、靖边，晋之偏关、河曲等县辖地。人民租税词讼，仍归陕、晋管理如故，绥以旗界为省界，名实犹未能符也"。（民国《绥远通志稿》卷二《省县旗疆域现状》，第1册，绥远通志馆编纂，内蒙古人民出版社2007年版，第227—229页。）民国二十六年（1937）九月，经蒋介石指定和国民政府行政院三三三次会议通过，将延安、延长、延川、绥德、米脂、佳县、清涧、吴堡、神木、府谷、安定、安塞、靖边、定边……等二十六县，划为八路军募补区，归陕甘宁边区政府辖治［西北五省区编纂领导小组、中央档案馆：《陕甘宁边区抗日民主根据地（文献卷）》上册，中共党史资料出版社1990年版，第2页］。

（一）伊盟王公话语权的渐行消亡

伊盟王公话语权的削弱始于光绪年间的贻谷放垦，这一政策从根本上改变了毛乌素沙地南缘的土地权属关系。① 民众向垦务公司缴纳押荒银后，成为这些土地的拥有者。

蔡成勋在"清理疆界"的过程中，曾经以"各旗以前经都统署借拨款项，购置军械，款尚未还，遂商定会报斯地，以为筹还借款之计"为由，同时许以"共收租税"②，来获取札萨克、郡王、乌审及准噶尔等旗王公的支持。而伊盟王公"因受着移住民农业经济发生的侵蚀，牧场日渐缩小，使游牧经济的基础加速崩溃；再以内地农村经济的破产，国际经济恐慌的加剧，而皮毛的销路，亦受到低落的影响，他们为抵抗这种崩溃的命运，只有减低自己的生活需要而至于极度的恶化"③。正因如此，札萨克、郡王、乌审及准噶尔等旗蒙古王公在陕绥划界纠纷中多采取支持绥远都统蔡成勋的立场④。但从整起事件的过程来看，伊盟各旗王公在争议区地方事务的参与度并不高，也缺乏对纠纷事件的话语权。

（二）地方精英影响力的判读：士绅民众的利益诉求

纵观整个陕绥划界纠纷过程，地方士绅在整起事件的三个重要阶段起到关键性的作用。第一次是民国七年（1918）。是年五月，士绅代表艾如兰、高照初等在王健的支持下，联合榆林、绥德、延安、鄜州等地士绅对民国二年国务会议议决的绥远特别区案提出异议，并"呈请榆林王道尹转请省府督军、省长拟情陈请国务会建议收回成案，改正疆界，仍以沿边诸蒙旗照旧归陕兼辖"⑤。其理由为"惟查我陕北边民大部田产全在蒙疆，一旦割弃，则绝我边民养生之路。且榆、横、府、神、靖、定沿边六县，其治城高附边墙，并于神木、安边专设两同知。考其缘由，原为便为统驭中

<hr />

① 王晗：《清代毛乌素沙地南缘伙盘地土地权属问题研究》，《清史研究》2013 年第 3 期。
② 民国《陕绥划界纪要》卷二《陕北榆、横、府、神、靖、定沿边六县争存会呈文》，民国十年（1921）二月二十日［静修斋民国二十二年（1933）印刷，榆林市星元图书馆藏，第 44—49 页］。
③ 贺扬灵：《察绥蒙民经济的剖析》，商务印书馆 1935 年版，第 227 页。
④ 民国《陕绥划界纪要》卷一《查界委员、府谷县知事会呈文》，民国八年（1919）十二月三十日，静修斋民国二十二年（1933）印刷，榆林市星元图书馆藏，第 43—46 页。
⑤ 高涌先：《陕绥划界纪要·叙》，樊士杰等编［静修斋民国二十二年（1933）印刷，榆林市星元图书馆藏，第 1—2 页］。

外。倘边外之地，悉数划归绥远，则沿边众县即失设治枢处，而绥远官吏又鞭长莫及"①。这一举措虽然没有得到陈树藩和刘镇华的支持②，但已经促成地方士绅初步达成对毛乌素沙地南缘归属问题的基本共识，并为后期纠纷争端过程中有效组织相关的舆论奠定了基础。

第二次关键时期是在陕西省府和榆林道县逐步达成上下一致之时。在此期间，陕北沿边六县士绅代表张立仁、高普煦等发起请愿活动，并上呈请愿书。③ 他们以久居陕绥划界争议区民众代表的切身感受为切入点，从陕边方面不能划分、绥远方面不必划分和蒙古方面未可划分三个方面陈述了反对理由。整篇请愿呈文的措辞多和王健向陕西省府呈文内容一致，可见此次陕北士绅民众在撰写请愿意见时，颇得王氏的大力支持。

在该请愿呈文提交国务会议的同时，陕北沿边各县公民代表公推镇守使署朱励生为全权代表赴京请愿，并请在京的陕西籍参众两院议员宋伯鲁、高增爵等从中斡旋。④ 在陕西各界人士的努力下，参议院于民国八年（1919）六月五日将陕北榆林六县公民张立仁等"停止划界请愿事件案"、陕北榆林等六县公民代表李棠等"维持旧界请愿事件案"以及陕北榆绥延郿公民艾如兰等"请将鄂尔多斯各旗仍归陕辖请愿案"并案提交国务会议⑤，并于同年六月二十四日议决，"仍应照原议办理，惟现值蒙边不靖，暂缓施行等因，业经分电陕西、山西、甘肃各省长暨绥远都统在案"⑥。

第三次关键时期则在绥远垦务总局于民国九年（1920）十一月计划对

① 陕西省档案馆藏：《陕绥争执边界》，时间不详，005/185。

② 民国《陕绥划界纪要》卷一《陕西省长公署指令第二八九九号》，民国七年（1918）十月二十一日；民国《陕绥划界纪要》卷一《陕西督军署指令第五八三四号》，民国七年（1918）十月二十八日［樊士杰等编，静修斋民国二十二年（1933）印刷，榆林市星元图书馆藏，第4—5页］。

③ 民国《陕绥划界纪要》卷一《陕北沿边六县人民代表呈文》，民国八年（1919）五月十二日［樊士杰等编，静修斋民国二十二年（1933）印刷，榆林市星元图书馆藏，第20—23页］。

④ 陕西省档案馆藏：《陕绥争执边界》，时间不详，005/185。

⑤ 《咨国务院咨行本院请愿委员会提出陕西榆林六县公民停止划界请愿案又陕北榆林六县公民维持旧界请愿案又陕北榆绥延郿公民请将鄂尔多斯各旗仍归陕辖请愿案并案讨论业经院议可决请查照办理文》，民国八年（1919）七月七日，《参议院公报》第2期第3册《公文一五》，第184—185页。

⑥ 《国务院咨行陕西榆林六县公民停止划界等请愿案业经分电陕西山西甘肃各省长及绥远都统请查照文》，民国八年（1919）七月十一日，《参议院公报》第2期第3册《公文三四》，第303—304页。

"郡、札两旗报垦地亩"进行勘放时期。此次勘放行为遭到当地民众的抵制①，继而引发陕西方面更大规模地反对②。为了有效地从中斡旋，陕北沿边六县士绅以高涌先、张立德为正、副会长，组建"陕北榆、横、府、神、靖、定沿边六县争存会"（简称争存会）③。民国十年（1921）二月间，争存会根据神木、府谷二县与绥远郡、札两旗草牌界地垦务分局局长曾广润接洽的结果④，进一步认为"绥远以划界不成，勾结蒙旗将边地重行报垦，得利平分，遂其报复之私"，重演"饵蒙报垦，诬熟为荒，重买双租，特开苛例"的旧例⑤。这一看法已经从根本上触动了北京政府设置绥远特别区的初衷，最终促成北京政府做出有利于陕西一方的裁决⑥。

从上述内容中，我们能够看到不同阶层出于各自利益的需要，都纷纷介入其中。但是起到决定作用的，当是争议区内民众的人心向背。因此，无论北京政府，还是陕绥地方政府，谁能把握住争议区民众的心态，谁便能够更好地对民众行为加以引导和推动，那么，谁就能够在整个事件过程中占有主导地位。

毛乌素沙地南缘民众早期多为暂时脱离了原籍，"春出冬归，暂时伙聚盘居"的"雁行人"。当这些"雁行人"对新的生活和生产方式逐步适

---

① 民国《陕绥划界纪要》卷二《府谷县知事呈文》，民国十年（1921）一月十四日；民国《陕绥划界纪要》卷二《准噶尔旗公署公函》，民国十年（1921）一月二十六日；民国《陕绥划界纪要》卷二《神木县知事呈文》，民国十年（1921）二月六日［樊士杰等编，静修斋民国二十二年（1933）印刷，榆林市星元图书馆藏，第52—54、37、39—43页］。

② 《旅京陕西学生会议之两事》，《申报》民国九年十二月二十五日，第6版。

③ 《陕北榆横、府、神请定沿边六县争存会规则》载，"窃绥远以划界未遂，变为收界放垦，沿边居民惶恐虑失恒业，爰集六县士绅在榆林城内设立争存会，以期联合筹议，并刊木质图记一颗，文曰陕北榆横府神靖定沿边六县争存会之图记。已于民国九年（1920）十一月二十五日成立，除分别呈咨外，既有成立日期，即启用图记，缘由理合具文呈请鉴核，俯准立案查考示遵，谨呈陕西省长刘"（陕西省档案馆藏，008/562）。

④ 民国《陕绥划界纪要》卷二《府谷县知事呈文》，民国十年（1921）一月二十五日；民国《陕绥划界纪要》卷二《准噶尔旗公署公函》，民国十年（1921）一月二十六日（二月五日到）；民国《陕绥划界纪要》卷二《神木县知事呈文》，民国十年（1921）二月六日［樊士杰等编，静修斋民国二十二年（1933）印刷，榆林市星元图书馆藏，第52—54、37、39—43页］。

⑤ 民国《陕绥划界纪要》卷二《陕北榆、横、府、神、靖、定沿边六县争存会呈文》，民国十年（1921）二月二十四日［樊士杰等编，静修斋民国二十二年（1933）印刷，榆林市星元图书馆藏，第44—49页］。

⑥ 陕西省档案馆藏：《内务部为咨复事前准贵省长电请迅电绥远都统停止收界》，时间不详，008/562。

应后，便会选择定居于此，并为原籍人口的迁入起到"踩路效应"①。伴随着移民规模逐步加大，特别是由此而产生的同一宗族、同一地域的人口涌入，毛乌素沙地南缘出现大量村庄，他们拥有自己的文化理念和风俗习惯，进而建立熟悉的社会秩序。清末贻谷放垦后，土地所有权的转化推动着毛乌素沙地南缘移民社会的构建过程，继而固化了当地民众的区域认同。

晋陕北部恶劣的自然环境、籍贯认同的人际环境也促使这些移民边外的民众时刻和亲朋古旧保持良好的关系，以确保天灾人祸之年可以投亲靠友。正是由于边外移民社会在自我认同的过程中，密切保持和家乡的关系认同，陕北沿边六县士绅民众才可能在民国初年的陕绥划界纠纷中以较短的时间团结自身力量积极斡旋。同时，陕北沿边六县士绅还能够联合陕北榆、绥、延、鄜等地士绅民众以及全陕各界人士的力量，最终在陕绥划界纠纷中赢得主动。

#### 四　边界纠纷中的地方治理与地方诉求

就行政区域界线的历史变迁及由此出现的政治过程对地理区域变迁的影响而言，不同层级的政治权力之间的相互博弈和较量，是导致行政区域界线变迁、区域地理环境变迁的主导性因素。毛乌素沙地南缘内，由于晚清以来地方士绅、圣母圣心会、基层民众等新晋社会力量强而有力的介入，旧有的北京政府、地方政府、蒙旗贵族等传统政治力量长期的、相对稳定均衡的共存与互动关系被打破，不同政治力量之间发生角逐与变革。因此，处理好毛乌素沙地南缘内北京政府与地方各级政治力量之间的关系以确保长期稳定，进而有效推动行政治理以完善地方民生，遂成为民国时期研究区内的第一要义。

清代咸丰、同治年间以降，由于西方列强等外来因素和国内民族矛盾、阶级矛盾等内部因素的影响，国家的整合性受到削弱，"大一统"的政治秩序出现一定程度的衰退。相应地，地方自成一体的情况得以强化，原本被视为北京政府在各地分支机构的地方政府，逐渐拥有了谋求地方利益诉求的意识。因协助清政府镇压太平军、捻军、回民军等抗清力量而出

---

① 张永江：《试论清代的流人社会》，《中国社会科学院研究生院学报》2002 年第 6 期。

现的地方各系势力，也在逐渐参与到地方社会事务的管理中，并发挥着日益重要的作用。辛亥革命后，独立各省纷纷设官分职，"俨然具一独立国家之形象，以军事而论，则参谋部、军务部，无所不备；以行政机关而论，则外交司、会计检查院，无所不有"①。与此同时，外国加强干涉中国内政和蒙藏的谋求独立，使得国人达成一种共识，即组建强而有力的北京政府来"御外侮而齐内政"。这一理念曾经对袁世凯在二次革命中完成武力统一起到推动作用，但继之而起的北洋各系势力彼此互相攻伐、纷争不断，以至于民国建立的最初十余年间，国家政权多处于无政府状态之中。在此情势下，新的国家形态正处于一种摸索的过程，原有的大一统国家的中央集权制在新的时期正在发生某种改变和重新表达、界定。

清代末年，贻谷垦务政策的推行，从根本上改变了毛乌素沙地南缘的土地权属关系，土地的拥有者——伊盟王公被迫将所属土地报垦，来减轻政治高压，并换取清政府的信任②。蒙汉民众通过认购土地，拥有了自己的田产。毛乌素沙地南缘的土地资源得以重新分配，各阶层的利益诉求在某种程度上达到了相对稳定的状态。民国设立绥远特别区后，在陕绥划界纠纷过程中，北京政府迫切关注的地方诉求是"谋内政之统一"和确保边疆安全，绥远当局的地方诉求是"行'拓田为民、拓地建省'之实"③，陕西当局的地方诉求是避免沿边行政机构陷入丧失"设治枢要、议及裁并"的困境，争议区民众的地方诉求是确保自身的田产不受损失。因此，各阶层的利益诉求打破了那种相对利益均衡，陕绥划界纠纷也由此被激化起来。

在划界纠纷过程中，北京政府采取的政治举措是，要求陕西省省长刘镇华负责调查毛乌素沙地南缘的土地垦殖情况和历史归属关系，并最终同

---

① 《裁汰冗员论》，《民国汇报》1913年1月23日。

② 西蒙垦务开始之初，乌兰察布盟和伊克昭盟拒绝报垦，"或称该盟旗各理各地，未暇会商；或称世世牧放，难允开垦"[《奏为蒙藩延不遵调悬恩饬下理藩院严饬迅赴归绥以便筹商垦利免误事机恭折》，光绪二十八年（1902）八月初八日，（清）贻谷：《垦务奏议》，沈云龙编：《近代中国史料丛刊续编》第11辑，文海出版社1974年版，第41—44页]。其中，伊盟盟长杭锦旗札萨克贝子阿拉宾巴雅尔在清政府的高压之下，被迫报垦杭锦旗东、中两段巴噶地和王文善渠以西至黄河拉盖沙的西巴噶地部分。由此，伊盟其他各旗或迫于政府压力，或为表忠心，于光绪三十年至光绪三十一年（1904—1905）陆续报垦。

③ 《内外时评》《移民屯垦》，《东方杂志》1925年第22卷第5期。

意了陕西省地方政府和争议区民众的请求，由内务部着令绥远垦务总局勘放郡、札两旗事宜"暂从缓办"。但是，相对于清代地方事务的管控能力来说，民国时期，无论是北京政府、地方政府，还是地方各系势力，利益各方在努力试图加强管治的过程恰恰反映了自身管控能力的缺乏。正是在这种情况下，地方民众所代表的利益集团表现出的利益诉求表现得格外强势。

这种"强势"的根本在于地方民众在毛乌素沙地南缘所拥有的土地权属是否会因为政权更替而发生变化。按照他们的思维惯性，这些土地自然还是属于自己的。[①] 地方民众的农牧业生产、生活方式将地域色彩融入了区域经济社会的发展之中，使得毛乌素沙地南缘成为独具特色的移民社会，从而拉大了该区域和周边其他区域，尤其是和绥远地区之间的差异。这种区域性社会经济利益观念形成之后，很自然就会反射到政治上的地域意识。从某种意义上来看，毛乌素沙地南缘地方民众的抗争行为更可以表述为是中央权势弱化下地方利益的诉求呼声。

陕绥划界纠纷发生在民国初年中央权势弱化、地方利益集团力量强化和边疆危机四伏的大背景下。面对如此困局，北京政府试图通过"析疆增吏、增长中央权势"来强化中央权威，谋求"行政之统一"。陕绥双方最高行政主官多从自身利益出发，争取最大程度上巩固既有的政治、经济利益。而新兴的毛乌素沙地南缘蒙汉利益集团逐渐成为地方政治的干预力量，继而在陕绥划界问题上挑战地方政府，甚至是北京政府的权威性。他们多出于爱乡自治思想，组建相应的利益共同体，来争取自身存在的价值和维护其"正当性"。"正当性"的维护是对于民国初年国家大局无可奈何情况下的一种应激反应。这种应激反应更可以理解为一种社会心理的认同，而且这种认同不仅体现在陕西、绥远等地方公共事务中，也体现在全国其他地区地方士绅争取民意、强化在地方自治事务话语权的诸多努力上。也正是在全国地方自治运动此起彼伏的呼声中，地方民众最终在陕绥划界纠纷中确保毛乌素沙地南缘的土地所有权。

---

① 民国《陕绥划界纪要》卷二《神木县知事呈文》，民国十年（1921）二月六日［静修斋1933年6月铅印本，现藏榆林市星元图书馆，第39—43页］。

# 第三章 土地权属与蒙边垦殖

## 第一节 清代毛乌素沙地南缘伙盘
## 地土地权属问题研究

### 一 问题的提出

20 世纪 50 年代，中国科学院地理研究所罗来兴曾主持无定河流域水土保持重点查勘队的地貌研究工作。在此期间，罗氏对毛乌素南缘地区的地面形态及其组成物质、风力与沙丘发育等情况进行了实地考察，并科学论证了沙丘运行的方式与速率。1954 年，他在《陕北榆林靖边间的风沙问题》一文中详细记录了毛乌素沙地南缘的风沙危害：

> 榆林城西 15 千米的保宁堡，70 年前还是一个相当热闹的集镇，因风沙侵袭，现在变得很冷落了。榆林城东 20 千米的长乐堡（常乐堡），在七八年内，城内被沙埋去面积达 2/3，西门的沙丘，高出城墙约 3 公尺余。榆溪、无定两河汇口的鱼河堡，公元 1852 年（清咸丰二年）西门城墙因战争被毁，流沙由城的缺口侵袭，在最近 100 年间，实测积沙面积达 38400 方公尺，体积 180000 立方公尺，平均厚度 4.7 公尺。乌审旗一区一乡 1953 年春季播种面积 19405.8 市亩，因风沙侵袭，作物不能出苗的，达 3908.7 市亩，占播种面积 20%。同年，横山县三区亦因风沙为害，损失禾苗的夏田达 50%，秋田达 20%。1952 年春季，靖边三区海子滩发生风灾，除补种以外，作物受害面积仍达 30%，小桥畔、巴头湾一带，作物曾经补种三次。榆林至包头公

路，常遭流沙埋没，无法通车。①

　　罗来兴的调查资料显示：新中国成立前后，毛乌素沙地南缘的沙漠化并未得到有效的遏制，一些始建于明代的古城废墟、人居遗址逐渐被风沙所掩没。据罗氏多年的科学观测，"榆溪、无定两河汇口的鱼河堡……在最近100年间，实测积沙面积达38400方公尺，体积180000立方公尺，平均厚度4.7公尺"。其他陕北长城沿线的村镇在风沙的侵扰下，农业生产和道路交通难以维持正常的运作。当地居民也无法进行正常的生活，辛苦一岁，所得收获十分有限。上述调查资料反映了自晚清至新中国成立初期毛乌素沙地南缘地理环境的基本状况，如此生态条件下，仍有大量移民选择以此地为谋生之地接踵而至②。这不禁会让人们产生种种疑惑：当地蒙汉民众为什么会选择此地从事农牧业生产？民众的农牧业生产对毛乌素沙地的退化究竟起着怎样的作用？

　　基于此，笔者选取伙盘地作为研究对象，通过对研究区内特定时段的历史文献加以搜集和梳理，并结合相应的实地调查。同时，我们需要对大量土地数据背后的自然与人文因素加以甄别和分离，以历史时期研究区内土地的权属关系为切入点，细致探讨毛乌素沙地南缘相关的人类活动（尤其是社会经济活动）。

## 二　"出口种地"与禁留地的出现

　　民间自发的"出口种地"习尚的出现至少可回溯至明代中叶。成化二年（1466），延绥巡边御史杨琚奏称"河套屡为边患，近有百户朱长，年七十余，自幼熟游河套，亲与臣言，套内地广田腴，亦有盐池、海子，葭州等民多出墩外种食"③，文中言及"多出墩外种食"的"葭州等民"即

---

① 罗来兴：《陕北榆林靖边间的风沙问题》，《科学通报》1954年3月号。
② 民国《调查河套报告书》载，河套地区"前套中部砂山连亘，高出黄河水面约一千尺，地势高亢，水分缺乏，沙砾弥漫，蓬蒿满目，颇不宜于农产。惟沿黄河一带及长城附近，地稍平坦，土质较佳。自康熙末年，山陕北部贫民，由土默特渡河而西，私向蒙人租地垦种。而甘省边氓亦复逐渐辟殖。于是伊盟七旗境内，凡近黄河长城处，所在（皆）有汉人足迹"（督办运河工程总局编辑处潘复编，京华书局1923年版，第219页）。
③ 康熙《延绥镇志》卷六《艺文志·移堡防边疏》，《中国地方志集成·陕西府县志辑》第38册，凤凰出版社2007年版，第122页下。

包括来自吴堡、神木、府谷等地自发组织的雁行人①。

明代末年，由于蒙古封建主之间的混战和清政府对蒙古各部的征战，蒙古牧业经济遭到严重破坏。人口普遍下降，牲畜大量削减，鄂尔多斯地区的蒙民只有四万余正户，人口仅 19.2 万人，人口密度为 0.33—0.34 人/平方里②。民户的削减严重影响了蒙古牧业经济的恢复和发展。清政府为改变时局，推行"编入旗伍，安插牧地，赐以牲口"等休养生息、保护牧业的政策，以促进蒙古社会、经济的发展。在鄂尔多斯地区，清政府设置了伊克昭盟，并在盟下先后设置了札萨克旗、鄂托克旗、乌审旗、郡王旗、准噶尔旗、杭锦旗、达拉特旗七旗。此外，鉴于晋陕蒙一带抗清力量此起彼伏，时而威胁北部边塞，清政府遂沿陕北长城北侧与鄂尔多斯高原之间划定一条南北宽五十里，东西延伸两千多里的长条禁地——禁留地③，"蒙旗、汉人皆不能占据"④。故而清初禁留地的土地权属既不在伊盟各蒙旗，也不从属于陕北沿边地方政府。不过，在此期间，内地农民多从事对原有荒芜土地的复垦，因此虽有一些无地、少地农民违反禁令，进入毛乌素沙地南缘进行私垦，但为数有限，并未对当地的生境造成明显影响。

---

① 明代葭州领吴堡、神木、府谷三县。民国《绥远通志稿》卷五〇《民族（汉族）》言"当时内地农人，春至秋归，谓之雁行，此雁行之俗，在明季已然，尚不始于清初，惟在未正式开放垦禁以前，有客籍之汉族，无土著之汉族焉"（第 7 册，绥远通志馆编纂，内蒙古人民出版社 2007 年版，第 1—3 页）。另明代魏焕虽言成化"八年，榆林修筑东、西、中三路墙堑，宁夏修筑河东边墙，遂弃河守墙，加以清屯田，革兼并，势家散，而小户不能耕"，但此"小户不能耕"应指不能像官方组织的那样进行长期屯种［《明经世文编》卷二五〇《巡边总论·榆林经略》，陈子龙等辑，北京大学图书馆藏，崇祯十一年（1638）刊本，第 2626 页］。

② 张植华：《清代至民国时期内蒙古地区蒙古族人口概况》，《内蒙古大学学报》（哲学社会科学版）1982 年第 3、4 期（合刊）；李三谋、李震：《伊克昭盟近代农牧活动探析》，《古今农业》2003 年第 3 期。张文中的伊盟户数资料源于乾隆《大清会典》，并以当时清理藩院 215、216、220、222 号关于锡盟、青海右翼盟旗和外蒙车臣汗部的户籍报告档案，王士达《民政部户口调查及各家估计》和国民党政府蒙藏委员会档案第 840 号《1944 年国民党政府蒙藏委员会派驻额济纳旗专员的报告书·附额旗户口》进行综合评估，得出蒙旗户均 4.68 人。这一数字是正户户均人口，排除了喇嘛、黑徒、鳏寡孤独，即男妇儿女齐全的户。李文则根据张文数据进一步推算出相应的人口密度。

③ 清朝初期沿袭了传统的长城—黄河一线作为鄂尔多斯地区与内地的农牧分界，但是这一界线仅仅是习惯线而已，并不具备法定特征。随着农牧区域的相互扩张，农牧界线在政府的规划下，其精确性和法定属性得到强化。

④ 民国《续修陕西通志稿》卷二八《田赋三·屯垦·鄂尔多斯蒙部述略》，宋伯鲁等编纂，民国二十三年（1934）刊本；吴坚主编：《中国西北文献丛书》（第 1 辑）《西北稀见方志文献》（第 7 卷），兰州古籍出版社 1990 年版，第 45 页上。

### 三 "汉租蒙地、蒙得汉租": 以"界"为核心的土地概念变迁与分析

毛乌素沙地南缘自清初划定"禁留地"后，又先后出现了"牌界地""黑界地""白界地""牌子地"和"伙盘地"等土地类型。这些土地的概念和范围在不同时期都存有或显著或细微的变化，因此，后世研究者对上述土地的概念、变迁及其关系的认知上颇有争议。

关于"黑界地"，梁冰提出"禁留地即黑界地"的看法[①]。另有观点认为禁留地与黑界地是两个互不统属的概念，两者除出现时间有先后之别外，地域范围也截然不同，黑界地是在禁留地基础上又划出的宽十里到十五里不等的土地[②]。关于"白界地"，王卫东认为"所谓白界地，亦称牌子地或牌界地，是康熙年间清政府对鄂尔多斯刚刚解除封锁不久，内地农民越过长城，在准噶尔旗境内开垦耕种的土地，长约二百余里，宽四五十里，地域在黑界地以内"[③]。另有研究者则认为"白界地是在开垦禁留地的基础上形成的……沿长城开垦过的地叫作白界地。白界地在南，靠内地农耕区；黑界地在北，靠鄂尔多斯游牧区。白、黑界地合起来就是原来的禁留地"[④]。而关于"伙盘地"，张淑利提出"长年耕种的已垦牌界地也叫作白界地或伙盘地"[⑤]，哈斯巴根则认为"白界地有'雁行'民人暂时居住，也叫伙盘地"[⑥]。

通过对上述论著的研究，笔者认为，目前学术界对禁留地和黑界地之间的关系已经逐步澄清，而对于黑界地、白界地、牌界地和伙盘地的关系存在较大争议。究其原因，皆因边外移民不断增多，"伙盘界石日扩日远"，黑界地、白界地和伙盘地的范围都发生着历史变迁，而且由于不同

① 梁冰：《伊克昭盟的土地开垦》，内蒙古大学出版社 1991 年版，第 43 页；王卫东：《鄂尔多斯地区近代移民研究》，《中国边疆史地研究》2000 年第 4 期。王文错将《清圣祖实录》"康熙三十六年三月乙亥"条中的"乞发边内汉人，与蒙古人一同耕种"记录为"乞发边内汉人，与蒙古人一同耕种黑界地"。后来在王氏所著《融会与建构：1648—1937 年绥远地区移民与社会变迁研究》之第二章《鄂尔多斯地区移民考》（第 47 页）中仍未加以校正，即"康熙三十六年，贝勒阿松拉布奏请'乞发边内汉人，与蒙古人一同耕种黑界地。'清廷俱如所请"。

② 张淑利：《"禁留地"初探》，《阴山学刊》2004 年第 1 期。

③ 王卫东：《鄂尔多斯地区近代移民研究》，《中国边疆史地研究》2000 年第 4 期。

④ N. 哈斯巴根：《鄂尔多斯地区农耕的开端和地域社会变动》，《清史研究》2006 年第 4 期。

⑤ 张淑利：《"禁留地"初探》，《阴山学刊》2004 年第 1 期。

⑥ N. 哈斯巴根：《鄂尔多斯地区农耕的开端和地域社会变动》，《清史研究》2006 年第 4 期。

阶层对边外垦殖的日益关注，因此对于上述土地的范围界定都掺杂了人为的因素在里面。要研究清楚这些土地历史变迁的真实内容，必须对区域内移民垦殖过程中的土地权属问题有深刻的认识。

目前，有关伊盟王公获准招纳汉族民众前往蒙地垦殖的史料最早见于康熙三十六年（1697）①。是年春，清康熙帝亲征噶尔丹，途经陕甘和鄂尔多斯时，召见鄂尔多斯诸王公于横城（位于今银川市兴庆区）。时：

> 鄂尔多斯贝勒松阿喇布奏，向准臣等于横城贸易，今乞于定边、花马池、平罗城三处，令诸蒙古就近贸易。又边外车林他拉、苏海、阿鲁等处，乞发边内汉人，与蒙古人一同耕种。上命大学士、户部、兵部及理藩院会同议奏。寻议覆，应俱如所请，令贝勒松阿喇布等及地方官各自约束其人，勿致争斗。得旨，依议，日后倘有争斗、蒙古欺凌汉人之事，即令停止②。

**又康熙三十六年（1697）二月二十日，兵部与神木道发敕谕一道：**

> 谕山西巡抚倭伦、陕西巡抚党爱、甘肃巡抚郭洪，朕比年出师剿寇，总期又安边檄永辑民生，兹厄鲁特噶尔丹业已势蹙，力穷畏死，悔罪遣使具奏乞降，朕躬再临边塞，相机剿抚，因欲乘便，循览边境形势，并察视军民生理，遂遣发禁旅取道边外，朕自大同经内地前赴宁夏，一路地方，见缘边州县，地土瘠薄，军民生计艰难，朕心涞切轸念，一切御用所需，皆自内庭措办，不以烦民，扈从人员俱极简少，市易之物悉以时值，诚恐有强取抑价等事，已令都察及科道官逐日稽查，纠劾其经过城堡街市，辄多结彩，亦殊觉扰累，嗣后着通行

---

① 早在康熙二十二年（1683），伊盟王公即以"游牧地方狭小"为由向清政府提请"定边界外进行游牧"（《清圣祖朝实录》卷一○八，"康熙二十二年三月甲子"）。清政府出于"边外苏海、阿鲁诸地，离定边兴武营等边或五六十里或百里不等，并非边内耕种之地"等方面的考虑，"应如松阿喇布所请，暂给游牧"（《清圣祖朝实录》卷一一○"康熙二十二年闰六月己巳"）。自此，伊盟王公势力开始由草原腹地开始向禁留地附近延伸，但此时清政府仅允许暂借之地用于游牧，而对于边内民众出口种地行为仍持保留态度。

② 《清圣祖实录》卷一八一，"康熙三十六年三月乙亥"，《清实录》第5册，中华书局1985年版，第939页上。

禁止，乘舆巡幸，本为安民，岂可反劳民力，尔等务严饬有司，不得藉端妄行科派，仍张示晓谕，俾穷檐编户，咸悉曲礼，朕轸念民依至意，特谕。①

康熙帝基于西北军事征战、伊盟王公渴望开边谋取经济发展和亲见"缘边州县地土瘠薄，军民生计艰难"等多方面的情况，遂允准开放蒙陕边禁。自此，禁留地逐步得以开放，晋陕边民可以进入禁留地耕种土地②。地方官员在执行中央政令的同时，兼顾清政府、蒙古贵族和汉族移民三方利益，既需要规范移民垦殖的地域范围，制定移民垦殖的租赋标准，又要集中物力、人力开凿水渠，为土地垦殖提供必要的水利开发和防护体系③。因此，在陕北沿边地方政府的直接介入下，毛乌素沙地南缘土地垦殖渐成规模，禁留地"招民佃种"遂成为伊盟王公的重要收入来源之一。此外，陕北沿边六县相继设置，直接参与到对边外移民的行政管理④。不过，康熙三十六年（1697）的诏令并不意味着伊盟王公就此长期拥有对禁留地的土地权属⑤。

　　边禁的开放促使前往口外租种蒙地的晋陕边民日益增多，加之传统"撂荒"生产技术的沿用与推广，晋陕边民陆续突破康熙五十八年

---

①　雍正《神木县志》卷四《诰敕》，《中国地方志集成·陕西府县志辑》第 37 册，凤凰出版社 2007 年版，第 432 页下—433 页上。

②　最早开放地点为"边外车林他拉、苏海、阿鲁等处"，这些地点不在禁留地范围之内，但因出边种地需通过禁留地，故而禁留地逐步成为边民垦殖的对象，而伊盟王公遂将势力范围延伸其间。

③　民国《榆林县乡土志》之《政绩录·兴利》［张立德等编，民国六年（1917）抄本，不分页］。

④　雍正《陕西通志》卷三《建置二》，吴坚主编：《中国西北文献丛书》（第 1 辑）《西北稀见方志文献》（第 1 卷），兰州古籍出版社 1990 年版，第 63 页。

⑤　雍正八年（1730），理藩院尚书特古忒奏，边墙外"五十里禁留之地，何得蒙古收租"。经过议处，决定把禁留地收归国有，并让陕北沿边六县的地方官吏征收粮草归地方官仓储备。然而时隔不到两年（实际上，从政令颁布到地方官吏付诸实施，不过一年而已），伊克昭盟发生荒歉现象。鉴于禁留地所带来的经济效益尚可应付，清政府遂准许蒙古贵族收取租银，以降低灾荒所带来的经济损失（道光《增修怀远县志》卷四下《边外》，《中国地方志集成·陕西府县志辑》第 36 册，凤凰出版社 2007 年版，第 698 页）。同时，清政府为了加强对这一区域的有效管理，于乾隆初年在"设安定同知管理蒙古人民事物，并设总甲俾资核稽"（光绪《靖边县志稿》卷四《杂志》，《中国地方志集成·陕西府县志辑》第 37 册，凤凰出版社 2007 年版）的同时，又设立神木理事厅，其最高行政长官神木理事同知于"旧制每年秋后……间年一次轮流出口，巡查县中造送牛犋、伙盘册籍"（道光《神木县志》卷三《建置上》，《中国地方志集成·陕西府县志辑》第 37 册，凤凰出版社 2007 年版，第 491 页上）。

（1719）所勘定的牌界界线①，开始向草原腹地延伸。鉴于此，贝勒札木扬等于乾隆七年（1742）请驱逐界外民众，清政府派尚书班第、总督庆复会同盟长定议，即以康熙五十八年（1719）所勘定的界线为准，在乾隆七年所耕之地设立土堆，定为疆界，即"仍以五十里为定界，此外不准占耕游牧，并令民人分别新、旧界给租"②。由此形成"新牌子地"和"旧牌子地"的说法，它们统称牌界地③。总的来看，由官方认同的陕北沿边六县边外垦殖区域在乾隆中前期始终是维持在禁留地的范围内，而此时伙盘地的范围主要是"边墙以北，牌界以南地土"④，即自边墙向北或二十里，或三十里之内。

在此期间，怀远县于道光十七年（1837）"复于牌界以内地亩报招内地民人租种，每犋每年租银五钱、糜子五斗，获利更多，蒙汉两益。如有复租者，官为严追；有剥盘蒙古者，援远年债务一本一利之例，速为判结，则相安无事，可长享其利也"⑤。而同一年，蒙古贵族在"沿边蒙地重垒石立界，招内地人民移垦"⑥。由上述两条史料可以初步判断，至道光十七年（1837）前后，牌界地内仍存有不少土地可以用于招徕内地民众前去

---

① 康熙五十八年（1719），贝勒达锡卜坦请定地界，康熙帝命侍郎拉都浑踏勘，即于五十里界内有沙者，以三十里立界；无沙者，以二十里为界；界内之地准人民租种，每牛一犋准蒙古征粟一石、草四束，折银五钱四分（道光《增修怀远县志》卷四下《边外》，《中国地方志集成·陕西府县志辑》第36册，凤凰出版社2007年版，第698页）。

② 道光《神木县志》卷三《建置上·附牌界》，《中国地方志集成·陕西府县志辑》第37册，凤凰出版社2007年版，第491页上；另据民国《河套新编》之《记·河套垦务调查记·前套》载，神木县新旧牌子地范围如下："光绪二十九年所报之旧牌子地，其地南界边墙，北界牌栅，东至札萨克，西至鄂托克，长四百余里，宽八十余里，又新牌子地一段，其地南界旧牌子，北界新牌子，东界札萨克，西界鄂托克，长四百二十三里，宽十余里"[金天翮、冯际隆编，内蒙古自治区图书馆藏，民国十年（1921）石印本，第19—21页]。

③ 民国《河套新编》之《记·河套垦务调查记·前套》，金天翮、冯际隆编，内蒙古自治区图书馆藏，民国十年（1921）石印本，第16—18、19—21页。并不是所有的县都如神木县这样规定新、旧牌界的，有的县，如定边县的边外牌界地稍有出入（旧牌界规定"无沙者二十五里定界"）（陕西省档案馆藏：《三边调查资料》，005/185）。

④ 道光《神木县志》卷三《建置上·附牌界》，这里所指的牌界应为新牌界（《中国地方志集成·陕西府县志辑》第37册，凤凰出版社2007年版，第491页上）。

⑤ 道光《增修怀远县志》卷四下《边外》，《中国地方志集成·陕西府县志辑》第36册，凤凰出版社2007年版，第699页。

⑥ 民国《横山县志》卷二《纪事志》，《中国地方志集成·陕西府县志辑》第39册，凤凰出版社2007年版，第312页。

租种。

　　既然牌界地内尚有不少地亩可以垦种，是否就意味着不存在民众越出"五十里禁留之地"而进行私垦的行为？光绪十二年（1886），赴陕西榆林府筹办开源事务的李云生在对边外伙盘地进行调查后认为，"榆溪县亘千里，黑界以外五十余里之地准民人耕种，春去冬归，伙聚盘居，谓之伙盘，今则有筑室于外者"①。民国时《续修陕西通志稿》修纂者宋伯鲁、吴廷锡等对此质疑，他们将道光《榆林府志》与之对比，认为"《榆林府志》谓黑界内准民人租种，《榆塞纪行录》谓黑界外五十余里准民人耕种，分明四十余年之间，汉民之租种蒙地者，已向外推展……而汉民垦边之情形，与昔时边界亦多更易矣"②。笔者认为，李云生在实地考察过程中看到了所谓"黑界之外"存有伙盘地村庄的事实，但他忽略了黑界之南至边墙以北的范围也是伙盘地的所在范围，而宋伯鲁、吴廷锡等人的看法则准确地勾勒出黑界地和伙盘地的内在联系。由此可见，从乾隆年间以降，边民越出黑界进入草原腹地从事农牧活动的行为始终没有间断，而且随着时间推移，越界垦殖渐成规模。

　　更为重要的是，《榆塞纪行录》成书于同治陕甘回民战争、光绪丁戊奇荒之后，许多陕北州县在经历这两次天灾、人祸的打击后，人口下降幅度显著。有些人口损失较重的州县在光绪末年尚未恢复到同治战乱前的30%③，而毛乌素沙地南缘伙盘地的社会经济虽受到一定影响④，但随即成为救济陕

① 光绪《榆塞纪行录》卷一《记上》[李云生撰，光绪十二年李氏代耕堂刻本，吴坚主编：《中国西北文献丛书》（第4辑）《西北民俗文献》（第3卷），兰州古籍出版社1990年版]。李云生奉陕西布政使之命于光绪十一年（1885）赴陕西榆林府筹办开源事务，其行程为光绪十一年（1885）二月二十六日至五月二十日近三月时间，而在榆林府及属县办理具体事务的时间为三月十三日至四月二十日。在此期间，李云生曾于四月初出边墙对伙盘地进行实地考察。
② 民国《续修陕西通志稿》卷五〇《兵防七·边界》，宋伯鲁等编纂，民国二十三年（1934）刊本；吴坚主编：《中国西北文献丛书》（第1辑）《西北稀见方志文献》（第7卷），兰州古籍出版社1990年版，第409页下—410页上。
③ 据道光三年（1823）成书的《秦疆治略》载，该年前后，米脂县在册人口约为109000口，以绥德州从乾隆四十八年至道光三年（1783—1823）的人口年平均增长率2.9‰为准，至咸丰十一年（1861），该县的人口数应在124370余口。而至光绪末年时，该县"民屯丁口之之寡，则不能举其确数也，县民五里，共六百余村，以每村十家，每家五口均算，男女丁口当在三万外矣"（光绪《米脂县志》卷之五《田赋志一》）。
④ 《清史稿》卷五二七《列传三〇七·藩部三·鄂尔多斯》，台湾商务印书馆1999年版，第11912页。

西灾荒的重要粮食源地和内地民众避难的主要场所①。也正是基于此，李云生在边外考察时才能看到"黑界之外"仍有颇具规模的伙盘村庄，故而自清代中后期以降，晋陕边民越界垦殖呈现出进一步发展的趋势②。

在此期间，牌界地、黑界地的土地权属归伊盟王公所有。伊盟王公通过将宜农土地出租给汉族农民来收取租银，汉族农民也通过缴纳少量租银来获取土地的长期使用权，即"汉租蒙地，蒙得汉租，祖孙递传，相安无事，终岁所获，照纳少数蒙租，再无其他负担"③。不过，一旦晋陕移民在土地垦殖中触及蒙古游牧经济的利益，蒙民通过呈请官方驱逐④和蒙旗私相驱逐⑤的方式来解决蒙汉矛盾。在驱逐过程中，蒙族多"把畜群赶到了契丹人（汉人）的耕田中，庄稼尚未收割，当太阳出来时，那里的庄稼便一无所剩了，全部被牲畜们啃吃掉或被其蹄子践踏了"⑥。而汉族农民则以"砍烧蒙地沙蒿"达到破坏牧场、报复蒙族牧民的目的，这种现象延续了很长时间，甚至到新中国成立后一段时间内仍然存在⑦。这两种最极端的方式的确能够达到驱逐与对抗的效果，但是其负面影响也颇为深远，许多宜于垦殖或牧放的草场遭到突发性的破坏，一时之间难以恢复，继而影响到土地退化、沙化⑧。

---

① 民国《续修陕西省志稿》卷一二七《荒政一·赈恤》，宋伯鲁等编纂，民国二十三年（1934）刊本；吴坚主编：《中国西北文献丛书》（第1辑）《西北稀见方志文献》（第9卷），兰州古籍出版社1990年版，第153页。

② 金海等编译：《准格尔旗札萨克衙门档案译编》第1、2、3辑，内蒙古人民出版社2010年版。另，民国《陕绥划界纪要》的调查资料显示，自乾隆七年（1742）至同治初年期间所建伙盘地村庄共有223处，占到民国初年统计伙盘村庄总额的12.3%。

③ 民国《绥远通志稿》卷二〇《农业》，第3册，绥远通志馆编纂，内蒙古人民出版社2007年版，第160—169页。

④ 道光《神木县志》卷三《建置上·附牌界》，《中国地方志集成·陕西府县志辑》第37册，凤凰出版社2007年版，第491页。

⑤ 金海等编译：《准格尔旗札萨克衙门档案译编》第1、2、3辑，内蒙古人民出版社2010年版。

⑥ 该事件发生在法国传教士古伯察途经鄂尔多斯的二十多年前，即嘉庆末年至道光初年（19世纪20年代）。

⑦ 榆林市榆阳区档案馆藏：《1958年孟家湾区党委、区委关于蒙地放牧问题解决的报告》，019/062/011。

⑧ 法国传教士古伯察在路经此地时误认为"某些汉族家庭曾来到过该地区以试图开垦某些土地，后来无疑是对贫瘠的土地感到失望，他们可能放弃了其事业"。可见经过此次突发事件后，土地状况经历二十余年的抛荒后并未恢复，反而引起土地的退化。

### 四　贻谷放垦与土地权属

清代末年，尤其是自 19 世纪下半叶始，沙俄势力不断向我国蒙古地区渗透，不少蒙古上层贵族离心倾向日益明显。鉴于内蒙古辽阔的地域和满蒙之间的传统关系、边患的严重，清政府希望通过垦务促进该地区的发展，以达到巩固边疆安全、增加国家财政的目的①。而毛乌素沙地南缘伙盘地的土地权属则伴随着国家时局日蹙、财政入不敷出、西北边疆危机渐重，以清政府开放蒙禁、贻谷放垦为转折点发生了显著变化。

蒙禁开放政策的实施是清政府内部就对蒙政策长期争议、酝酿的结果，同时也标志着对沿袭了 200 余年的禁垦政策的改变。早在光绪六年（1880），内阁学士张之洞针对俄、日等帝国主义对蒙古地区的势力渗透，提出充实塞上以御俄、日的方略②。光绪二十三年（1897），山西省巡抚刚毅、胡聘之等先后奏请在蒙古兴办屯垦③。光绪二十七年（1901），山西巡抚岑春煊综合张廷岳、张之洞、胡聘之、刚毅等人开垦西北边疆的奏议，提出开放蒙禁可实边、强兵、秘防、靖盗等建议④。清政府迫于当时内外交困的形势，遂于光绪二十八年（1902）同意开放蒙禁，并任命贻谷为督办蒙旗垦务大臣，督办内蒙古西部的垦务⑤。此次垦务重点放在伊克昭盟

---

①　贻谷：《垦务奏议》，《奏为会筹勘办蒙旗垦务大概情形恭折》，沈云龙编：《近代中国史料丛刊续编》第 11 辑，文海出版社 1974 年版，第 17—22 页。

②　《边防实效全在得人折》，光绪六年（1880）正月二十一日；《俄事机可乘善筹抵制折》，光绪六年（1880）；（清）张之洞：《张文襄公全集》之《奏议》，沈云龙主编：《近代中国史料丛刊》第 46 辑，文海出版社 1974 年版，第 384—388 页。

③　沈桐生辑：《光绪政要》卷二三，沈云龙主编：《近代中国史料丛刊》第 35 辑，文海出版社 1974 年版，第 1237—1240 页。

④　《朱批岑春煊奏议开垦蒙地折》，光绪二十七年（1901）九月，第一历史档案馆档案，《光绪谕折汇存》，光绪二十九年（1903）上海慎记书庄石印本。其内容为，"臣惟现在时局艰难，度支竭撅，兵费赔款之巨，实为历来所未有……查晋边西北乌兰察布、伊克昭二盟蒙古十三旗，地方旷衍，甲于朔陲。伊克昭之鄂尔多斯各旗，环阻大河，灌溉便利……以各旗幅员计之，广袤不下三四千里，若垦十之三四，当可得田数十万顷"。

⑤　贻谷至绥远后，设立垦务总局和乌、伊两盟垦务局，另于准噶尔、鄂托克、郡王 3 旗内各设分局，乌审、札萨克两旗则为合设一分局。令其各自分别组织和管理这一带的拓荒事务，共同执行和完成强行放垦之任务（民国《绥远通志稿》卷三八上《垦务》，第 5 册，绥远通志馆编纂，内蒙古人民出版社 2007 年版，第 189—315 页）。

等处牧地，毛乌素沙地南缘伙盘地自然也包括在内。经统计，自光绪二十八年（1902）贻谷奉旨开办西盟垦务总局始至宣统三年（1911）清政府结束止，伊克昭盟共报垦22989余顷，其具体情况如表3.1所示。

表3.1 伊盟各旗报垦地亩统计

| 旗属 | 地名 | 报垦年份 | 报垦地数 | 丈放情形 | 垦地类别 | 押荒地价（两） |
|---|---|---|---|---|---|---|
| 杭锦旗 | 东、中、西巴葛地 | 光绪二十九年（1903） | 4024顷余 | 本年设局丈放，计放出地如上数，应收荒价银305113两余 | 渠、旱地均有 | 首次放上等渠地1两/亩，下等0.8两/亩。第二次上等渠地0.9两/亩，下等0.8两/亩。旱地上等0.5两/亩，下等0.1两/亩 |
| 准格尔旗 | 黑界地 | 光绪三十一年（1905） | 1588.25顷 | 本年丈放，计放出地如上数，应收荒价银60340两 | 旱地 | 上等旱地0.6两/亩，中等0.4两/亩，中下等0.3两/亩，下等0.3两/亩 |
| 郡王旗 | 社火盐道等地 | 光绪二十九年（1903） | 9839顷 | 本年丈出，计放出地如上数，应收荒价银108220两 | 旱地 | 上等旱地0.3两/亩，中等0.2两/亩，下等0.1两/亩 |
| 扎萨克旗 | 黑牌子地 | 光绪三十一年（1905） | 1608顷 | 本年丈放，计放出地如上数，应收荒价银20407两 | 旱地 | 同上 |
| 乌审旗 | 祝嘏地 | 光绪三十年（1904） | 575.35顷 | 本年丈放，计放出地如上数，应收荒价银6016两 | 旱地 | 同上 |
| 达拉特旗 | 旧牌子地 | 光绪三十一年（1905） | 1400顷 | | 旱地 | 不详 |
| | 祝嘏地 | 光绪三十四年（1908） | 535.779顷 | 本年丈放，计放出地如上数，应收荒价银5540两 | 旱地 | 上等旱地0.3两/亩，下等0.1两/亩 |

续表

| 旗属 | 地名 | 报垦年份 | 报垦地数 | 丈放情形 | 垦地类别 | 押荒地价（两） |
|---|---|---|---|---|---|---|
| | 永租地 | 光绪二十九年（1903） | 无定额 | 每年渠水灌溉若干顷，以若干顷计 | 渠地 | 上上等渠地40两/亩，上次等30两/亩，中等25两/亩，下等20两/亩 |
| | 四成地 | 光绪三十年（1904） | 2000顷 | 原垦生熟荒地2000顷，抵银14万两，除不堪耕种地外，净放出地1225.24顷，应收押荒银100446.99两 | 旱地 | 上等旱地1.1两/亩，上次等0.9两/亩，中等0.8两/亩，中次等0.7两/亩，下下等0.6两/亩 |
| | 四成补地 | 光绪三十年（1904） | 1420顷 | 本年设局丈放，计放出地如上数，应收荒价银135234两 | 渠地 | 上等渠地1两/亩，上次等0.95两/亩，中等0.9两/亩，中次等0.85两/亩 |

资料来源：民国《绥远通志稿》卷三八（下）《垦务》，第5册，绥远通志馆编纂，内蒙古人民出版社2007年版，第438—469页。

伊盟此次土地报垦数额庞大，来源复杂，而且有相当一部分是早已开垦的熟地。其中，属于伙盘地范围的熟地有准噶尔旗黑界地、札萨克旗黑牌子地和乌审旗旧牌子地①，共计4596.25顷，占到伙盘地开垦土地总额的34.73%②。此外，另有许多伙盘地虽已呈报，但未垦放，属于已报未垦

---

① 东、中、西巴葛地从属于杭锦旗，永租地，四成地和四成补地从属于达拉特旗，社火、盐道地从属于郡王旗，这些土地皆系伊盟王公的食封地或蒙民的口分田。祝嘏地有两块：乌审旗祝嘏地在黄河以西，五道河东北，为陕西榆林县辖境。据《蒙垦奏议》载，伊克昭盟长札萨克贝勒衔贝子察克都尔色楞（乌审旗札萨克）、副盟长札萨克辅国公衔头等台吉沙克都尔札布（前末旗札萨克）等呈以世受国恩，毫无报称，近复累承宠眷，相与统率全盟，闻命自天感惭无地。本年恭逢皇太后七旬万寿，覃恩锡福欢徹环区率土倾心欣呈方物，奴才等拟将两旗公中之地，北起阿拜素，南至巴盖补拉克，长七八十里，东起图林阿鄂博，西至达古图补图，宽十里二三十里四五十里地方，归官放垦，应得押荒银两，尽数报效等情代奏前来云云（此与札旗祝嘏地系属一事）。这些土地和伙盘地相接。
② 据民国《陕绥划界纪要》统计，毛乌素沙地南缘伙盘地开垦滩地、沙地、山地总额约1323366亩。

地，这些土地至民国初年也陆续得到放垦①。

伙盘地及伊盟王公食封地的放垦在一定程度上加强了清政府对边疆的管理，减轻了内地日益加重的人地矛盾，为前来谋生的移民提供一定的生产资料。但是，伴随着放垦政策实施的深化、放垦范围的扩展，遂导致蒙汉各阶层的反感逐步加深，蒙汉民众的抗垦事件层出不穷，边疆的安全潜伏着危机。究其原因，一方面，伊盟王公久已将禁留地在内的伙盘土地视为收入的重要来源，而早期前来垦殖的晋陕边民亦因边外"地多宽平，租更轻减，民间乐彼厌此"②，逐渐由春出冬归的"雁行人"过渡为常住居民。而至贻谷放垦时，原本由清政府默许的归伊盟王公所有的土地收归国有，私垦改为官垦，土地由垦务公司进行再分配。这样一来，伊盟王公便失去了部分可观的收入③，更为重要的是丧失了对这些土地的所有权。另一方面，长期依赖租种蒙地而维持生活的汉族民众因失去土地的使用权而需要按照垦务公司的章程重新认购土地④。他们不仅要缴纳押荒银和地租，还要承担其他的负担，原先私垦时已缴纳押荒银的民户还需再缴。如准噶尔旗放垦章程规定"先尽原耕地户认领，如原户无力领种，或逾限不来挂号，即将地另放他人"⑤。由此可见，贻谷放垦从根本上改变了伙盘地的土地权属问题，并为促进晋陕边民大规模的边外垦殖活动提供了前提条件。此次伙盘地放垦从光绪二十八年至光绪三十三年（1902—1907）近 5 年的

---

① 民国《河套新编》之《记·河套垦务调查记·前套》，金天翮，冯际隆编，内蒙古自治区图书馆藏，民国十年（1921）石印本，第 16—18、19—21 页。

② 光绪《靖边县志稿》卷四《艺文志·偕同委员大挑知县朱锺浚查办垦荒内》，《中国地方志集成·陕西府县志辑》第 37 册，凤凰出版社 2007 年版，第 356—357 页上。

③ 此处所言损失是相对而言。在放垦过程中，各旗所放土地的押荒银、岁租的分配不一。如札萨克旗，"札旗报垦地凡二段，一为黑牌子地，一为报效地，黑牌子地系光绪三十二年所报，经贻大臣派员设立乌、札垦务分局……所收押荒，除提三成经费外，其余一半归公，一半归旗……所有黑牌子地上中下三则，应征岁租一千三百七十二两八钱八分，所征岁租二成归公，二成存储，其余六成拨归该旗"。民众抗垦较严重的乌审旗，"所收押荒除提三成经费外，其余一半归公，一半……应征岁租一千五百四十六两四钱，所收岁租先提经费一成，其余分作十成，二成存储，八成拨归该旗"［民国《河套新编》之《记·河套垦务调查记·前套》，金天翮，冯际隆编，内蒙古自治区图书馆藏，民国十年（1921）石印本，第 16—18、19—21 页］。

④ 张仲臻：《东胜县垦务放垦概况》，中国人民政治协商会议内蒙古东胜市委员会文史资料研究委员会：《东胜文史资料》（第三辑），1986 年，第 63—71 页。

⑤ 民国《绥远通志稿》卷三八上《垦务》，第 5 册，绥远通志馆编纂，内蒙古人民出版社 2007 年版，第 189—315 页。

时间，而移民规模和土地垦殖量相对以前都存有明显变化，而这种变化实质上和伙盘地土地权属问题的变更有直接关系。

在贻谷放垦之后，伙盘地蒙人均当外迁，但仍有"盘踞不去，居牧如故者"①。而在此次垦务中获得土地所有权的汉族移民，也多因借贷购地而无法稳定、持续地控制土地。一旦长期拖欠债务而无法偿还，亦会因此而失去土地。此外，汉族移民很少积储，往往以逃荒应对自然灾害和地方官员的增加赋税，使得土地荒芜。如在和林格尔厅、托克托城厅：

> 客民既无室家庐墓之恋，去后即不思归。而土著农民，因收成荒歉，无计谋生，亦皆挈家他适。且有丁亡户绝，有地无人者。遂至黄沙白草，一望弥漫。使其地果有可耕，小民虽愚，岂有弃此百年之旧业，置之不顾。良以终岁勤力，一年收入，不足以上完国课，并不足资仰而俯畜。而地方有司，因经征处分畸重，专顾考成，追呼益严，则逃亡益甚，势所必然②。

这不仅减弱了小农抵御灾害的能力，也使得社会生产处于不稳定状态，许多多年耕垦的土地反而因为失去有效的劳作和田地维护，加快土地沙化和退化的进程，加重对环境的破坏力度。此外，原本拥有土地使用权的民众出于经济效益的考虑，对于土地多有维护，无论民众的生产方式是精耕细作，还是原始撂荒，在毛乌素沙地，拥有土地的民众会有规律地整治土地，是轮作而非"弃地"。一旦农民弃地而去，院落经年失修而成为丘墟，农田荒废时久而为荒漠，这种破坏力度和等待地力恢复相比，更难以估算损失的总量。

### 五　土地权属更迭与地理环境变迁

历史时期地理环境的变迁过程是一个反复交替、错综复杂的过程，各地理要素之间存在相互影响、相互制约的关系，同时还掺杂着各种人为因

---

① 民国《续修陕西通志稿》卷二八《田赋三·屯垦·鄂尔多斯蒙部述略》，宋伯鲁等编纂，民国二十三年（1934）刊本；吴坚主编：《中国西北文献丛书》（第1辑）《西北稀见方志文献》（第7卷），兰州古籍出版社1990年版，第45页上。

② 《查明和、托两厅遗粮无法招佃请于豁除疏》，光绪四年（1878）九月十九日，（清）曾国荃，《曾忠襄公全集》卷十《奏议》，沈云龙编：《近代中国史料丛刊续编》第44辑，文海出版社1974年版，第959—967页。

素。而在众多的人为因素之中，土地权属的变化通过区域人群的行为与地理环境之间发生的关系可以视为最为直接和重要的因素之一。区域人群的行为因为新的社会因素的介入而往往出现变化和调适。自康熙三十六年（1697）以降，禁留地在国家政策的调适下，地方政府、蒙旗贵族、地方士绅和基层蒙汉民众纷纷介入其中，逐步构成了特定区域社会的四元社会结构，从而导致了区域内社会权力结构进行重组，来自官、绅、民等方面的隶属关系发生了微妙的变化，而且在地方事务的决策中各阶层所扮演角色亦在发生变化。

毛乌素沙地南缘社会经济环境的变化，对自然环境也起到或直接或间接的影响。从自然地理区划的分布上来看，毛乌素沙地位处游牧经济和农耕经济的分界线上，农耕、放牧长期迭为交替。① 而清代毛乌素沙地南缘伙盘地土地权属问题的变更是蒙边垦殖出现、深化的契机，亦是影响当地自然环境变化的深层原因。在土地权属明确时，无论是招租的蒙古贵族，还是承租耕垦的农民，都不会对土地进行掠夺式的开发。相反，农牧民会尽量来提高地力，农民会注意施肥、深耕秋翻，在耕种前进行耙耱保墒等，牧民会注意牧场的承载能力。

## 第二节　民、教之争：晚清民国时期毛乌素沙地南缘"赔教地"问题分析

### 一　问题的提出

清代末年，伊克昭盟之"鄂托克、札萨克、乌审"三旗因庚子教案需赔偿圣母圣心会②堆子梁天主教堂白银十四万两，其中鄂托克旗需赔款六

---

① 如光绪《定边县乡土志》第一编《历史》第二章《政绩录》载，同治十二年（1873），时任定边知县的李世瑛于光绪元年（1875），根据"各塘路兵燹后，久无人迹……此地瘠民贫种广薄收，若不济以牧养，势难赡其身家"等实际情况，曾和蜀军营务处贵州道张刘文"公商借饷项购牛羊数千散给贫民"，试图在定边县因地制宜推行牧业生产，以保证民众生计［吴命新修、贺廷瑞纂，光绪三十二年（1906）抄本，不分页］。

② 圣母圣心会，拉丁文名称为 Congregation Immaculate Cordis Mariae，英文名称为 Congregation of the Immaculate Heart of Mary，缩写为 CICM。清同治三年（1864），罗马教廷正式指定中国长城以北蒙古地区为比利时、荷兰两国的圣母圣心会传教区，以接替法国遣使会在内蒙古传教。该教会在内蒙古地区的传教时间颇长，效果也很明显，拥有的土地面积较多，入教信民规模较大，对于地方社会的公共事务和自然环境都具有明显的影响。

万四千两，[1] 但因难以筹措巨款，遂将安边堡属补兔滩、草山梁及红柳河以东三处"生地""东西长二百余里，南北宽七十余里"[2] 抵押给圣母圣心会，这些土地称为"赔教地"。如图 3.1 所示。

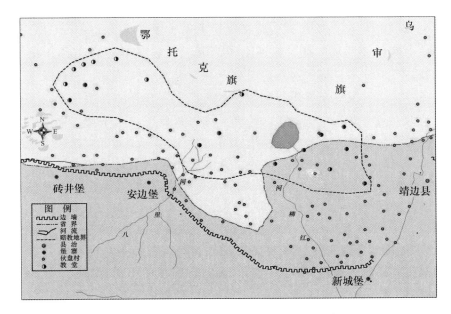

**图 3.1　晚清民国时期三边"赔教地"示意图**

由于"赔教地"位处毛乌素沙地南缘，常年受大陆性季风气候的影响，农事活动对降水的季节性变化非常敏感。因此，在这一区域内从事"开垦荒野，兴办水利，移民屯垦，组织农村"[3] 等社会经济活动，流经"赔教地"的八里河便被视为最为宝贵的自然资源。这样一来，八里河沿岸民众、圣母圣心会都希冀通过这条河流定期泛滥的洪水淤灌土地，以达到保证和扩大农业生产的目的。也正是因为此，民、教之间时有争执，而且愈演愈烈，至民国二十一年（1932）最终以"三七惨案"的发生而凸

---

① 陕西省档案馆藏：《三边教区土地问题》之《鄂旗卖地原约全文》，时间不详，006/021/1766。

② 陕西省档案馆藏：《无标题》，光绪二十七年（1901）六月初四日，004/001/077。

③ ［比］王守礼：《边疆公教社会事业》，傅明渊译，上智编译馆 1950 年版，第 9 页。

显出来①。

> （民国二十一年）三月七日早晨，堆子梁教堂教士梅济昆等派遣本堂教侣等众及临时招募庄勇、雇工共计四百余人，其率领头目为邵文蔚、张太平、郭五义、冯辅德、乔树忠等，各执铁锹、镢、棒等件，越境行凶，齐赴八里河上游河坝之处，意欲掘坝放水。逢人便打，不由分说，惊天动地，叫喊声闻，民众每被摧残，一时麇集，以备防护。而教侣、雇工均受金钱指使，异常奋勇，格拒不及，卒伤十二人，内有五人命在旦夕。又一面遣人报告安边公安局、保卫团，请即派人至河弹压。公安局派来三名，团丁二名。无此该教等众不服制止，为财舍命，事前早有风闻。盖自去年该教士至县恳求执行第二高级法院之判定，经定边县郭县长牌示，许以本年阴历二月间再行办法，盖以案未确定之故也。②

　　"三七惨案"表面上看来是圣母圣心会梅济昆教士趁榆林第二高级法院和定边县政府出现意见分歧之际，纠集教众至八里河上游决坝放水，并和前来阻止的当地民众发生械斗。但是从整件事的过程中，无论是直接参与械斗的定边县民众、圣母圣心会势力，还是对事件给予高度关注的地方政府和地方士绅都纷纷介入其中，而且迅速做出反应。由此可见，这起事件不仅仅反映的是长期争执不下的八里河水纠纷问题。那么，其更深层次地反映这一系列事件背后的问题是什么？这些问题对于毛乌素沙地南缘及其周边地区的经济社会的变迁存有怎样的影响？甚至对于研究区内的自然环境存有怎样的影响？

　　本节结合来自清政府、蒙旗贵族、圣母圣心会、地方士绅、基层民众等不同阶层的地方认知，进而探讨晚清民国时期毛乌素沙地南缘的土地权属问题。

---

　　① 陕西省档案馆藏：《陕西省定边县挽回大会致南秘书长关于庚子赔款及失地之说明书》，民国二十年（1931），008/0311。
　　② 陕西省档案馆藏：《快邮代电》，民国二十一年（1932）三月二十一日，008/312。

## 二　西南蒙古教区的发展和"赔教地"的出现

毛乌素沙地南缘在清至民国近两百余年的开发过程中，中央、地方政府针对农民承租蒙地，从事农业生产这一环节在不同时期制定了不同的垦殖政策①。从清中叶起，清政府在移民较集中的内蒙古南部边缘地带陆续建立了一些厅、县治所，实行蒙汉分治。毛乌素沙地南缘虽未设县，但先后受宁夏理事厅、神木理事厅等机构管理②。其中，神木理事厅"系乾隆八年新设，驻扎县治，专管蒙古鄂尔多斯六旗伙盘租种事务"③。该机构官员不过问蒙古王公的旗内事务，同时要承受来自旗内贵族方面的种种压力④。多头管理机构并存导致政令混淆不明，加之出边垦种、定居汉民的不断增多，至清中期，该区内"伙盘地"形式的村庄化进程逐步加快。其范围从清初的"边墙以北，牌界以南"⑤逐渐向北推移。蒙汉杂居局面的出现，促成错综复杂的管辖问题与边界纠纷⑥，从而出现较大的管理盲区，为民间组织的发展提供了可能性⑦。圣母圣心会在该区内的传播和发展便是以此为契机推展开来的。

18 世纪初，天主教曾遭到清政府的严厉禁止⑧。但在第一次鸦片战争结束后，天主教重新攫得发展的机遇，传教士逐步深入中国腹地⑨。同治三年（1864），罗马教廷正式指定中国长城以北蒙古地区为比利时、荷兰两国的"圣母圣心会"传教区，以接替法国遣使会在内蒙古

① 王晗、郭平若：《清代垦殖政策的调整与陕北长城外的生态环境变化》，《史学月刊》2007 年第 2 期。

② 嘉庆《钦定大清会典事例》卷七三九《理藩院·设官·内蒙古部落官制》，《近代中国史料丛刊三编》（第 70 辑），托律等纂修，中国藏学出版社 2006 年版，第 392、397—398 页。

③ 道光《秦疆治略》之《榆林府神木理事厅》，卢坤辑：《中国方志丛书·华北地方》第 288 号，成文出版社 1970 年版，第 175—176 页。

④ 金海等编译：《准格尔旗札萨克衙门档案译编》第 1、2、3 辑，内蒙古人民出版社 2010 年版。

⑤ 道光《神木县志》卷三《建置上·附牌界》，《中国地方志集成·陕西府县志辑》第 37 册，凤凰出版社 2007 年版，第 491 页上。

⑥ 张淑利：《"禁留地"初探》，《阴山学刊》2004 年第 1 期。

⑦ N. 哈斯巴根：《鄂尔多斯地区农耕的开端和地域社会变动》，《清史研究》2006 年第 4 期。

⑧ ［法］卫青心：《法国对华传教政策》（上册），黄庆华译，中国社会科学出版社 1991 年版，第 5 页。

⑨ ［意］德礼贤：《中国天主教传教史》，商务印书馆 1933 年版，第 87 页。

传教①。同治十三年（1874）四月，圣母圣心会士德玉明（Fr. Alfons
Devos）和费尔林敦（Remi Verlinden）来到鄂尔多斯南部的城川开教，
随后又有司福音（Jan-Bapitst Steenickers）、桂德贞（Edward Cuissart）前
来相助②。这些传教士在传教之时，正值同治回民战争和光绪丁戊奇荒
等危机的交替出现，加之清政府面临边疆危机此起彼伏和财政收支入不
敷出等诸多压力③，传教士们利用蒙古地区地价低廉、土地权属不明确
的特点，从蒙旗大量租、买土地，然后转租给急于得到土地的晋陕汉族
移民，以此吸引他们入教④。经过传教士的经营，陕西三边一带遂成为
西南蒙古教区⑤重要的传教区域之一。

　　这种以土地吸引农民入教的方式，最初对教会与农民都有利，教堂方
面通常采取蒙旗习惯之分成方法，即视耕地优劣，待耕作物成熟之后，即
与耕者按三七或二八分享农作物，此种分成比例，取决于领地之时的约定
参照了中等年成的收获，对于饱受苛捐杂税的农民而言，租种教堂土地
"颇少其他临时变动，教堂亦不再立其他租税名目，耕者舍此之外，亦无
其他负担"⑥，教会在中国享有的特权，入教即意味着可以有一个相对安定
的生活。这些本来是当时"中国社会制度中的命运最不能经受波折"⑦ 的

---

　　① 晚清、民国时期比利时圣母圣心会在中国华北、西北地区广袤的土地上进行了80多年的
传教活动，对当地产生了深远的影响。其中在内蒙古地区的传教时间最长，效果也最明显，且独
具特色，教会拥有土地之广，教民比例之高，传教士所扮演的角色之多样，新旧教发展之悬殊，
教会在地方社会近代化历程中所起的作用，都是别的地区难以比拟的。

　　② 顾卫民：《中国天主教编年史》，上海书店出版社2003年版，第399页。

　　③ 翁独健：《中国少数民族关系史纲要》，中国社会科学出版社2001年版，第191页。

　　④ 张彧：《晚清时期圣母圣心会在内蒙古地区传教活动研究（1865—1911）》，博士学位论
文，暨南大学，2006年。张彧通过对晚清时期圣母圣心会在内蒙古地区传教活动的细致研究，认
为，圣母圣心会教士以汉族农民为主要传教目标，把乡村作为传教重点，通过购买、租赁蒙古人
的土地组建新的农村（天主教村），以入教就可以耕种教会土地为手段，吸引当地或者外省来的穷
苦汉族农民、灾民入教，向他们提供必要的救济和医疗，组织进行生产和生活。

　　⑤ "1883年，罗马教廷将内蒙古地区划为三个代牧区：东蒙古代牧区（卓索图盟、昭乌达盟
和热河，后改称热河教区，主教堂在松树嘴子）、中蒙古代牧区（察哈尔，后改称察哈尔教区，主
教堂在西湾子）和西南蒙古代牧区（土默特旗、包头、巴彦淖尔盟、伊克昭盟、宁夏、陕北三边
地区，主教堂在今磴口县三盛公，1900年迁于萨拉齐二十四顷地村）。三代牧区内共有教民约
14000人。"［比］王守礼：《边疆公教社会事业》，傅明渊译，上智编译馆1950年版，第3页。

　　⑥ 一寰：《绥宁边区教堂问题》，《边疆通讯》1943年第1期。

　　⑦ ［美］费正清：《剑桥中国晚清史》上卷，中国社会科学院历史研究所编译室译，中国社
会科学出版社1983年版，第599页。

下层百姓，一经入教，土地、耕牛、住所、农具等皆由教会供给，生活便有了保障①。尤其是在贫困的边疆地区，教会提供的优惠条件无疑具有巨大的吸引力。而对教会本身而言，土地不仅使教民数量增加，地租也为各个教堂带来了稳定的收入。因此，教会占有的土地数量越大，其拥有的教民也就会越多②。

　　据统计，义和团运动发生前，圣母圣心会以购买、租种等形式获取的土地为一百五十余顷③，发展的教民渐成规模④。在此期间，突发事件对于教民数量和教会土地的增加有着不可低估的作用。就教民情况来看，光绪丁戊奇荒时，陕北、关中等地自光绪二年（1876）立夏之后，数月干旱无雨，致使秋季颗粒无收，"粮价腾涌，饥民嗷嗷待哺"，"渭北各州县苦旱尤甚，树皮草根掘食殆尽，卖妻鬻子，时有所闻"⑤。光绪三年（1877），夏粮只收一成，到六七月份更出现了"赤野千里，几不知禾稼为何物"的

①　一寰《绥宁边区教堂问题》载，"教民凡种教堂方面之包租地者，其领地手续一般相同，即先请各该堂司铎允准后，再向各该堂会长领取耕地，通常各该堂会长等对于教民之个性及其家庭状况、经济情形、生活能力等均有一番考察，故能按实际情况，酌拨耕地，藉以安定其生活"[《边疆通讯》1943年第1期（6），第1—4页]。

②　圣母圣心会最初招纳的教民并不稳定，"只有那些没饭吃的人才肯领洗进教，有钱人多不愿奉教"（Daniel Verhelst：《向中国传教的比利时》，《塞外传教史》，光启出版社2002年版，第208页），圣母圣心会招收的这些"吃教"的"糜子教友"普遍素质不高，对天主教谈不上真的信仰。正如一个饥民在答应信教后，对教士所言，"神父你看，你也懂得，如果我还有些口粮的话，我绝不来奉教"。所以有教民用顺口溜来形容进教的原因："你为什么进教？我为铜钱两吊。为什么念经？为了黄米三升。"（宿心慰：《天主教传入碛口地区述略》，《碛口县文史资料》第6辑，《三盛公天主教史料辑》，中国人民政治协商会议碛口县文史资料委员会，1989年版，第16页。）

③　刘映元《天主教在河套地区》载，传教士购得当地一个叫冯世耀的五十亩地，后因巴主教鉴于土房实在不利于传教事业的发展，让司神父在土房附近又购置蒙地几十亩用于小堂口的建造。王守礼《边疆公教社会事业》载，光绪十六年（1890），教士在小桥畔购买蒙地五十顷，作为扩大传教之用。光绪二十一年（1895），传教士又在宁条梁附近的大羊湾购买蒙地一百顷，初步开展起这个小堂口的传教活动。

④　刘映元《天主教在河套地区》载，鉴于光绪初年左宗棠平定了天山南北，稳定了西北局势，宁条梁的商业逐步得到恢复，附近的人们不再像战乱初定期间那样需要教堂的救济；附近民众相信民间流传的外国人到中国挖眼割肺的荒谬传说而不敢入教。因此，小桥畔初建堂口而传教效果并不很理想。为了改变这一局面，司神父将宁条梁镇上在山西入了教的几户买卖人家迁到小桥畔居住，当地人亲眼看到教堂里的中国人并未被挖眼割肺，很多人才加入天主教。

⑤　民国《续修陕西省志稿》卷一二七《荒政一·赈恤》，宋伯鲁等编纂，民国二十三年（1934）刊本；吴坚主编：《中国西北文献丛书》（第1辑）《西北稀见方志文献》（第9卷），兰州古籍出版社1990年版，第153页。

情况①。秋季无收，继而出现的是"饿殍枕藉"。而此时的陕北地区"北山旱灾以榆林之怀远、葭州、府谷，绥德之米脂、清涧、吴堡为重。神木、靖边本望有秋，又为严霜所侵……此凶灾情殊可悯已"②。定边县虽然自"光绪年来，蒙给牛种，渐得休息"，然而光绪三年"又逢岁歉，赖设平粜局尚无大创"③，但民众多有逃亡，教会通过赈济贫困民众，发展了一些教众④。但是这些教民并不稳定，他们一遇好年景，便纷纷脱教，自寻出路。如城川苏坝海子"光绪三年遇荒年，有很多人去入教，依靠教堂的施舍度荒年。以后年景好转了，教徒也逐渐减少，只剩三十来户"⑤。就教会土地情况来看，如光绪二十一年（1895），小桥畔当地谣传甘肃回族叛乱，并正移向宁条梁一带。恰在此时一疯子大肆破坏圣堂，更使教民惊恐不安。闵玉清神父以小桥畔教堂遭毁坏为由迫使鄂托克旗王公赔偿大量土地⑥。然而，传教士占有大量地势必构成对蒙古王公的经济利益的威胁⑦。光绪二十六年（1900），蒙族王公极力支持反教显然缘于经济利益的冲突⑧。

源起于山东的义和团运动，于光绪二十六年（1900）春夏之交相继进入蒙古东部和西南部⑨。他们和清朝官军、蒙古军队相联合，沉重打击了

---

① 《秦饥》，《申报》光绪三年八月二十七日，第 3 版。

② 民国《续修陕西省志稿》卷一二七《荒政一·赈恤》，宋伯鲁等编纂，民国二十三年（1934）刊本；吴坚主编：《中国西北文献丛书》（第 1 辑）《西北稀见方志文献》（第 9 卷），兰州古籍出版社 1990 年版，第 153 页。

③ 光绪《定边县乡土志》第一编《历史》第六章《户口》，吴命新修、贺廷瑞纂，光绪三十二年（1906）抄本，不分页。

④ ［比］王守礼：《闵玉清传》，高培贤译，内蒙古天主教爱国会油印本 1964 年版，第 79 页。

⑤ 天主教会长波都勒口述，曹德巴整理：《天主教传入鄂托克旗的情况》，《鄂托克前旗文史资料》第 1 辑，第 111 页，中国人民政治协商会议鄂托克前旗委员会文史资料委员会，1989 年，第 111 页。

⑥ ［比］王守礼：《闵玉清传》，高培贤译，内蒙古天主教爱国会油印本 1964 年版，第 108 页。刘映元认为此事是发生在 1885 年。而 Daniel. verhelst 认为此事是发生在 1895 年。《向中国传教的比利时》，第 200 页。因此此事应是发生在 1895 年，估计是刘映元将年代搞错了。

⑦ 马占军：《晚清时期圣母圣心会在西北的传教（1873—1911）》，博士学位论文，暨南大学，2005 年。

⑧ 在内蒙古西部，鄂托克、乌审和达尔察克联合旗就参加到对汉族天主教徒的攻击之中。［德］狄德满（Rolf Gerhard Tiedemann）：《义和团民与天主教徒在华北的武装冲突》，《历史研究》2002 年第 5 期。

⑨ 进入内蒙古的"义和团"掺杂了蒙族的"独贵龙"、汉族的"红灯军"以及其他的民间组织。

长城以北的教会。其中，约 2000 名教民和包括西南蒙古代牧区主教费迪南德·哈默（Ferdinand Hamer）在内的 8 名比利时传教士被杀[1]。位处毛乌素沙地南缘的小桥畔教堂因先后接纳城川、堆子梁等处教堂的教士和教民，从而成为遭受围攻的重点[2]。李杕在其著《拳祸记》中对随后义和团攻打小桥畔教堂的情况有较为详细的记载：

> 南段闵大司铎即今闵主教总理教务，以九大司铎佐之。至是群集小桥畔地方，离宁条梁不远，堂周有土垣。堂中有洋枪二十五，铜帽四千枚，本处及山西来之意国教士共六人，综计十五教士，外有教民若干。七月十五日夜十一下钟，拳匪土匪初次来攻，以二百人近攻，以三百人站后，匪纵火于东边屋，立兆如焚，继烧偏屋，亦即发焰。教民拥出，向匪丛放枪，毙十余人，匪乃奔散。十八日，兵匪又至，连攻二日，自远发枪，无大害，堂中人未应。卒有若干匪，直到垣下，堂中发枪，毙其六人。二十日，又战，叶司铎，比国人，登垣观望，一弹飞来中于首，瞬息即毙。旋有二华人，夜间来穴垣足，堂中知之，开枪毙其命。蒙古兵以大炮攻堂，弹重四斤，猛不可遏。一弹直穿堂顶，坠地作大声。堂中乏草料，牲口多饿死。炊灶之薪，亦将不继。爰于八月初九日决计出攻，以四教民当先锋，启大门而出，冲散在村之匪。既而开枪击兵，兵应之，然渐退。至是教士与教民亦出战。向兵开枪，弹飞空际，发发之声，不绝于耳。兵乱，呼号如狂，开枪不知所向，教民追一下钟始返。是役，兵伤十二人，教民伤一人，自是兵不敢犯。教民毁四邻之屋以便守卫，炊灶之柴亦从此不乏矣。附近田禾均为匪所割，教民乃远出割之，以备死守之用。俄而马兵百余名，自远驰来。时教民仅有六枪，其余在堂未带。行近半里许，教民为先夺人之声计，一放排枪，一兵倒下，二马亦倒，其余皆驻足。转瞬间，返师而回。厥后，兵匪不复来。计小桥畔教堂被围四十八日，教民出战三次。第一次拆一敌垣，匪党近在百丈之地，未敢

---

[1] ［德］狄德满、［中国］刘天路：《义和团民与天主教徒在华北的武装冲突》，《历史研究》2002 年第 5 期。

[2] 泰亦赤兀惕·满昌主编：《蒙古族通史》，民族出版社 1991 年版，第 1023 页。

出战，教民能放枪者仅百人。后闻教外人言，是日堂上有神兵无算，故匪不敢犯。堂中向有三井，平时足给堂中之用，被围时，顿增二百五十人，羊二百头，牛一百头，加以砌墙之用，然未乏水，亦一奇事。第二、第三次出战，教友共死三人，拳匪死六十人，伤亦如之。榆林府镇台龙镇军奉端中丞方扎，力阻蒙兵仇教，乃不复至。初，中丞命蒙官力救教堂，供教民薪米，将官刘某恨教情深，置之不理，并扮作蒙兵同攻堂寨。后龙镇军到地，刘乃敛迹。①

这一危机前后共持续四十八天，义和团、蒙族王公、清政府、圣母圣心会势力都或直接或间接地参与其中，都在此役中蒙受不同程度的损失。虽然此次危机以义和团与蒙古骑兵进攻小桥畔教堂的失败而结束，但这其中，清政府对义和团运动由支持到镇压的转变起到了决定性的作用。因此，圣母圣心会和蒙汉民各阶层的矛盾非但未能因此而解决，反而愈演愈烈②。

伴随着义和团运动的结束，接踵而至的即是赔教活动的展开。光绪二十七年（1901）四月，由陕西巡抚、绥远城将军、归化副都统委派的官员，与鄂托克旗、乌审旗、札萨克旗的蒙官在宁条梁镇会集后，到小桥畔教堂与传教士杨光被、巴士英（Braam Jan-Theo）进行赔教谈判。谈判各方首先确认了教会的损失：鄂托克、乌审旗、札萨克旗"三旗烧折城川口、硬地梁、小石砭、科巴尔大教堂四处，祭器、什物，教民器用等件概归乌有，并毁乡村教民房屋六百三十一间，是为一宗。掠取教堂及教民牲畜大小约三千头，是为一宗。粮米约一千三百数十石，是为一宗。伤毙教士一人，教民十人，应赔命价是为一宗"③。传教士提出"连乌审旧案，

① 李杕：《拳祸记》之《西南蒙古部分》，山湾印书馆，民国十二年（1923）版，第324—326页。
② 宝玉《赔教地始末》载，光绪二十九年（1903）正月，定边客民任天绪组织小桥畔闹教风波，这起反教事件虽然未给教会造成实际损失，清政府仍向教会赔偿五千两白银。（《内蒙古垦务研究》，内蒙古人民出版社1990年版，第30页）另据马占军统计，庚子拳变，西南蒙古教区，共有六十八个教民村、十七个堂口和圣堂以及五个育婴堂和三十个学校被焚毁，韩主教以及两个传教老师和数以千计的教徒被杀。[《晚清时期圣母圣心会在西北的传教（1873—1911）》，博士学位论文，暨南大学，2005年。]
③ 陕西省档案馆藏：《无标题》，光绪二十七年（1901）五月二十八日，008/313。另据光绪二十七年（1901）八月初十日，"绥远将军信恪为照抄鄂托克等旗办结教案折单等事咨军机处文"，《清末教案》第3册，第105页，档案号1423。

共索赔银十七万八千五百两有奇"。经过谈判，鄂托克等三旗认赔银十四万三千五百两①，其中，鄂托克旗、札萨克旗认赔九万八千两，乌审旗认赔四万五千五百两。传教士同时对于"蒙旗首祸党、恶人汉民、汉民助围攻寨诸事，均亦概不追究"②。

协议达成后，鄂托克旗在赔付的同时，又代札萨克旗赔付了一部分，即"认交八万两，以牲畜贱价抵付一部，并指牌界地以北，东西二百里，南北二十里至五十里地一段以偿之，谓之赔教地。乌、札二旗赔数未详，其赔款由三旗除自行筹付者外，不敷之数，则由陕抚筹垫交清"③。而关于"赔教地"，光绪《定边乡土志》和鄂托克旗旧档都对该区域的具体情况进行了记录，其中，鄂托克旗旧档录有《鄂旗卖地原约全文》（蒙文汉译），详文如下：

> 鄂尔多斯正盟长鄂套克贝勒喇什札□苏及其司官奇莫特多尔、什拉什、满勒克尔等，情因本旗公项急需银两，故凭中说含将本旗生地三块：一乃红柳河东生地，东至乌审界高家垣，西至熟地，北至明沙，南至大路，四至分明；一乃草山坡地，东至真拉五堆干沟子、西至忽鲁克尔堆臭水坑，南至雅尔窊坡高家圈，北至大路，四至分明；一乃安边堡补杜滩，东至圪坨堆伯喀尼巴喀才当，西至马家寨、郭家寨、三十里井等处熟地，南至吕家寨、蒋家寨熟地界，北至明沙、臭水窊、玛尼图等处，又西北外连至马家寨熟地界，四至分明，情愿出据于小桥畔天主堂名下永远管业耕种，毫无差事租课。价银六万四千两，即日交足，毫不短欠。地内树株、金石一切在内，不与原主干

---

① 陕西省档案馆藏：《无标题》，光绪二十七年（1901）五月二十八日，008/313。另据光绪二十七年（1901）八月初十日，"绥远将军信恪为照抄鄂托克等旗办结教案折单等事咨军机处文"，中国第一历史档案馆、福建师范大学历史系编：《清末教案》第3册，中华书局1998年版，第105页，档案号1423。

② 陕西省档案馆藏：《无标题》，光绪二十七年（1901）五月二十八日，008/313。另据光绪二十七年（1901）八月初十日，"绥远将军信恪为照抄鄂托克等旗办结教案折单等事咨军机处文"，中国第一历史档案馆、福建师范大学历史系编：《清末教案》第3册，中华书局1998年版，第105页，档案号1423。

③ 民国《绥远通志稿》卷六〇《教案篇·蒙旗教案赔款》，绥远通志馆编《绥远通志稿》，绥远通志馆编纂，内蒙古人民出版社2007年版，第595—599页。另外，光绪二十八年（1902）二月二十一日，"绥远将军信恪为办理蒙旗教案及呈缮清单事咨呈外务部文"（中国第一历史档案馆、福建师范大学历史系编：《清末教案》第3册，档案号1498，中华书局1998年版，第238页）。

涉，又若地内如有居民旧日地土、庙宇、房屋，原主当另行置，不许
存于原地。此系两厢情愿，并无他人勒逼等情。今恐口言无凭，故立
约画押盖印永远存之，以为证用。①

　　从上述文献分析可得，鄂托克旗为偿付赔款共将旗内的三块"生地"由
天主教"永远管业耕种"，而且在这三块"生地"内的"地内如有居民旧日
地土、庙宇、房屋，原主当另行置，不许存于原地"②。此次赔付直接导致区
域社会严重分化，社会矛盾层出不穷。而这些社会矛盾集中体现为以下几
点：其一，圣母圣心会由一开始从蒙古王公处大量地租、购土地转而接收赔
付的土地，其传教区域由小桥畔以及城川附近的几个孤立传教点逐步"伸展
到补杜尔滩和白泥井滩，连成一片"③，这就成为圣母圣心会在西南蒙古教区
扩大传教势力、发展教民的重要基础和经济来源；其二，伊盟各旗王公贵族
也逐渐从过去欢迎和支持教会转向反对圣母圣心会在蒙古的传教活动；其
三，影响民众的生计。原在"生地"内从事农牧业生产的蒙汉民众被迫迁离
他们农田和牧地，成为区域社会的不稳定因素；其四，圣母圣心会利用赔付
的土地大量招纳口外汉族贫民前来耕地，从而引发了原住民和新移民之间的
矛盾和冲突。

　　光绪二十六年（1900）以后，圣母圣心会在西南蒙古教区，尤其是鄂托
克"赔教地"得到长足发展。传教士大量招纳前往口外谋生的民众，在移民
初到时，供给移民必需的物资，如耕牛、农具、籽种，甚至代新到农户筹备

---

① 陕西省档案馆藏：《三边教区土地问题》《鄂旗卖地原约全文》，时间不详，006/021/
1766。此文献是时任定边县县长郭维藩于1931年为解决定边县民众和天主教区的土地争议而遣员
薛凌云专赴鄂托克蒙王府抄录的旧卷，"去后旋据梁廷瑞呈称法教会原□确系蒙汉文对照，谨照抄
回一份"（《为赍送抄法教会得据及搜集到县志请鉴核□考由》，时间不详，陕西省档案馆藏，
008/312）。因此，该文献应当真实可靠，能够作为考察当时鄂托克旗"赔教"情况的重要依据。
另，光绪《定边县乡土志》第一编《历史》第八章《宗教》［吴命新修、贺廷瑞纂，光绪三十二
年（1906）抄本，不分页］载，"光绪庚子教案内偿天主堂地在定边偏东边墙外鄂尔多斯新堆界
南，东至黑圪塔，西至黑头梁，约八十里，北至古界堆，内南亦新筑界堆，约七八里不等，奉教
耕牧者，五方杂处，良莠不齐，不皆定人焉"。
② 另，《教堂之土地纠纷卷》载，"附近六十里以内新居住之汉民，顿失其地，无可奈何只得
仍入内地，让外国人及入教之徒侵占其地"。
③ 《天主教在西南蒙古、三边教史》（稿本），转引自戴学稷《西方殖民者在河套鄂尔多斯等
地的罪恶活动帝国主义利用天主教侵略中国的一个实例》，《历史研究》1964年第5—6期。

住宅和食粮。在移民生活稳定下来从事农牧业生产时，通过收取地租来维持教会的日常开支和改进教民村的基础设施①。通过多年经营，至民国三十一年（1942），圣母圣心会在鄂托克小桥畔分教区的势力已遍及当地②。如表3.2、表3.3所示。

表3.2　　　　　　　　　　小桥畔分教区教产种类数目统计

| 教堂名 | 教产种类 | 数量（亩） | 教堂名 | 教产种类 | 数量（亩） |
|---|---|---|---|---|---|
| 城川区主教 | 平滩地 | 6000 余 | 小桥畔本堂 | 平滩地 | 10000 余 |
| 毛团库伦分堂 | 平滩地 | 10000 余 | 沙梁公所 | 山梁地 | 9000 余 |
| 大阳湾公所 | 山梁地 | 8000 余 | 硬地梁公所 | 山梁地 | 7000 余 |
| 依当湾公所 | 沙地 | 3000 余 | 毛家窑子公所 | 平滩地 | 9000 余 |
| 沙路峁子公所 | 沙地 | 3000 余 | 堆子梁本堂 | 平滩地 | 10000 余 |
| 念坊梁公所 | 沙地 | 7000 余 | 红沙石梁公所 | 沙地 | 8000 余 |
| 白土岗子公所 | 平滩地 | 10000 余 | 白泥井本堂 | 平滩地 | 10000 余 |
| 东堂分堂 | 平滩地 | 10000 余 | 黑梁头公所 | 平滩地 | 10000 余 |
| 小圪塔公所 | 沙地 | 7000 余 | 圪丑公所 | 沙地 | 8000 余 |
| 场子濠公所 | 沙地 | 9000 余 | | | |

注：碱地不能耕种，未列入本表之内。

资料来源：陕西省档案馆藏，《伪陕西省政府与有关机关和群众关于处理帝国主义教会侵占陕西"三边"等地土地一案的来往文书》，时间不详，008/315。

表3.3　　　　　　　　小桥畔分教区教民（含望道友）数目统计　　　　（单位：人）

| 教堂名 | 教民 | 望道友 | 教堂名 | 教民 | 望道友 |
|---|---|---|---|---|---|
| 城川区主教 | 689 | 197 | 小桥畔本堂 | 997 | 330 |
| 毛团库伦分堂 | 589 | 280 | 沙梁公所 | 256 | 220 |

① 《农情汇志》之《绥陕边境教堂势力弥漫》载，"小桥畔、框子梁、白泥井、大阳湾、新伙场、毛团楞图各教堂，多置有土地分租于教民，秋收后与教民或对半或三七或四六分股"（《中国农村》1935年第1卷第8期）。

② 据《伪陕西省政府与有关机关和群众关于处理帝国主义教会侵占陕西"三边"等地土地一案的来往文书》（陕西省档案馆藏，008/315）载，从光绪二十六年（1900）赔教地产生开始，截至民国三十一年（1942），圣母圣心会先后共五次获得来自鄂托克旗、乌审旗和定边县等处的土地，而且"每次皆有契约，载明永租，石主教曾以契约照片相示"。

续表

| 教堂名 | 教民 | 望道友 | 教堂名 | 教民 | 望道友 |
|---|---|---|---|---|---|
| 大阳湾公所 | 397 | 320 | 硬地梁公所 | 575 | 280 |
| 依当湾公所 | 358 | 320 | 毛家窑子公所 | 290 | 490 |
| 沙路峁子公所 | 248 | 170 | 堆子梁本堂 | 814 | 350 |
| 念坊梁公所 | 354 | 410 | 红沙石梁公所 | 259 | 220 |
| 白土岗子公所 | 346 | 150 | 白泥井本堂 | 899 | 300 |
| 东堂分堂 | 478 | 150 | 黑梁头公所 | 397 | 210 |
| 小圪塔公所 | 259 | 110 | 圪丑公所 | 395 | 210 |
| 场子濠公所 | 393 | 100 | 合计 | 8993 | 4857 |

资料来源：陕西省档案馆藏，《伪陕西省政府与有关机关和群众关于处理帝国主义教会侵占陕西"三边"等地土地一案的来往文书》，时间不详，008/315。

　　从表3.2和表3.3的统计情况来看，小桥畔分教区各教堂分属各类土地（不含碱地）共154000余亩，这其中不包括城川和堆子梁两处大量尚未开垦的土地①。与此同时，各教堂所属教民和预备教民人数已达到13850人，其中教民人数达到8993人，是光绪二十九年（1903）小桥畔分教区教民数量的8倍有余，是1911年小桥畔分教区教民数量的近3倍②。圣母圣心会通过赔教对大量土地的占有和利用使得教务呈现出前所未有的快速发展。小桥畔分教区在当时社会动荡，政出多门，民不聊生，能保持一个特殊的安定区域，保障教民的生命安全和生活水平，使得这里的社会经济呈现出有别于其他区域的畸形发展。

---

　　① 周颂尧在其所撰《鄂托克富源调查记》中记录了1923年前后城川"东西长六七十里，南北宽七八里至十余里不等，共地二千余顷，开垦之地已有十分之四"，堆子梁"东西斜长四十里，南北宽二十余里，土质黄沙，地在三千顷左右，为鄂旗中等地亩。开种之地已有十分之三"。而在1946年的调查资料所显示的数据表明，上述两处的开垦量尚有较大余地（绥远垦务总局1928年，内蒙古图书馆编《内蒙古历史文献丛书》之六，远方出版社2007年版，第74—75页）。

　　② 从整个小桥畔分教区来看，教徒数量从1903年的1183人增长到1911年的3014人。参见Patrick Taveirne, *Han-Mongol Encounters and Missionary Endeavors：A History of Scheut in Ordos*（*Hetao*），*1874 - 1911*. Leuven Chinese Studies 15, Leuven：Ferdinand Verbiest Foundation, Leuven University Press, 2004.

### 三　"赔教地"问题的争议和解决

圣母圣心会在地方政府、士绅、蒙古贵族和基层蒙汉民众的"关注"下招纳教民，兴修水利，组织移民从事农牧业生产，逐步构成相对稳定的经济社会局面。在非教民看来，自然是羡慕不已。实际上，仅从粮食产量来看，天主教区除八里河灌区外，与教区外相差不多，只是少了苛捐杂税的束缚[①]。但从教民的衣食住行，尤其是在精神面貌上仍能够体现教民生产生活的"优越性"。如《中国农村》曾于民国二十四年（1935）对小桥畔分教区的社会经济状况进行报道，"绥陕边境地多不毛，沙迹遍野，一望无际，居民生活，艰苦万分，掘穴藏身，米草以果腹，夏衣棉败絮，冬着破羊皮。然有一特殊现象，居则雕梁画栋，食即面包西餐，出则车马，闲即喃喃，是桃源耶？实乃外人在是地设立之教堂建筑与外国牧师之快乐生活也……各大教堂，建有城堡，置有枪械，遇有匪警，以资防御。所有教民皆居堡中，且设有男女小学校，校中教职各员皆为教民，学生食宿各费，由教堂中供给"[②]。这些报道内容虽不无夸张，但也在某种程度上反映出当时外界民众对于赔教地"优越生活"的基本认识。这种认识充满了外界民众对教区生活的想象、对教区土地的无限渴望和失去这些土地的懊丧、痛恨。普通民众对教区土地的看法尚且如此，其他阶层，如地方政府、地方士绅、蒙古贵族等更是复杂。因此，赔教地的经营虽然在圣母圣心会拓展小桥畔分教区教务中发挥重要作用，但同时也成为引发当地民、教冲突最直接、最重要的原因。其中，八里河灌区"水权"的争夺成为民教冲突的导火索。

八里河上游位处黄土丘陵沟壑区，主要由羊山峒、孤山峒、鹰窝峒等峒地组成，沟宽300—400米，深20—30米到50—60米不等，沟内地下水出露，汇成八里河。河道下游为平原滩地，河床曲折宽坦，水流左右摆荡。安边附近河床宽20米左右，两岸漫滩狭窄。在长期引洪漫灌的过程中，地面形成3.0‰的坡降，而水面比降仅2.5‰—2.0‰[③]。由于地面坡

---

① 周颂尧：《鄂托克富源调查记》之《教堂地状况》，绥远垦务总局1928年，内蒙古图书馆编《内蒙古历史文献丛书》之六，远方出版社2007年版，第74—75页。

② 《农情汇志》之《绥陕边境教堂势力弥漫》，《中国农村》1935年第1卷第8期。

③ 黄委会规划设计处中游组：《八里河引洪淤灌调查》，《人民黄河》1964年第11期。

降大于水面比降，因此河床愈向下游愈高出地面，成为地上悬河。① 根据地形图和卫星影像图比较分析，今八里河石洞沟河段为人工渠道，位于洼地北端，南端沿着洼地为呈线装分布的较为密集的居民点或沼泽，古代的主河道或在这一洼地南端。此外，八里河周边地区由低缓的内陆小盆地和滩地组成，地面开阔平坦，滩地和盆地中部低洼，有的积水成湖。如表3.4、表3.5所示。

表3.4　　　　　　　　　　1987年定边县内陆海子群统计　　　　　（单位：平方千米）

| 名称 | 位置 | 面积 | 备注 | 名称 | 位置 | 面积 | 备注 |
|------|------|------|------|------|------|------|------|
| 凹凹池 | 朱咀正南 | 0.027 | 盐湖 | 大甜池 | 大甜村西 | 0.0125 | 淡水 |
| 红崖池 | 朱咀正南 | 0.087 | 盐湖 | 马杜海子 | 马杜村 | 0.004 | 淡水 |
| 湾湾池 | 朱咀正北 | 0.21 | 盐湖 | 小滩子 | 械树梁南 | 0.025 | 淡水 |
| 莲花池 | 波罗池南 | 0.04 | 盐湖 | 臭海子池 | 仓房梁北 | 0.05 | 淡水 |
| 波罗池 | 朱咀北 | 1.37 | 盐湖 | 盂海子 | 盂海子村 | 0.125 | 咸水 |
| 烂泥池 | 烂泥村 | 0.51 | 盐湖 | 三十里井海子 | 三十里井东北 | 0.025 | 咸水 |
| 花麻池 | 盐场堡北 | 1.64 | 盐湖 | 海子畔池 | 海子畔村 | 0.005 | 咸水 |
| 苟池 | 羊粪渠子西北 | 4.43 | 盐湖 | 四柏树滩 | 四柏树村北 | 0.75 | 咸水 |
| 鄂包池 | 周台子西北 | 0.98 | 盐湖 | 近滩西水池 | 近滩西 | 0.005 | 咸水 |
| 公布井池 | 公布井村北偏西 | 1.36 | 盐湖 | 黄蒿梁西南海子 | 黄蒿梁西南 | 0.5 | |
| 明水湖 | 白泥井西北 | 1.75 | 盐湖 | 海子梁南海子 | 海子梁西南700米 | 0.3 | |
| 旱滩池 | 红崖池南 | 0.075 | | 海子梁西南海子 | 海子梁西南2.5千米 | 0.025 | |
| 大海子 | 耳林川 | 0.04 | 淡水 | 海子梁西南池 | 海子梁南500米 | 0.04 | |
| 明水海子 | 耳林川西南 | 0.05 | 淡水 | 海子梁西北海子 | 西梁湾西北 | 0.05 | |

资料来源：陕西师范大学地理系《陕西省榆林地区地理志》编写组：《陕西省榆林地区地理志》，陕西人民出版社1987年版，第95页。

---

　　① 　赵永复根据中国科学院地理研究所《陆地卫星假彩色影像图》（1:50万）之"137—34靖边幅"和"138—34定边幅"认为这显然是一条河流的上游，河谷切割一般深达数十米。在卫星影像图上可以清楚地看出，今八里河三源深深切割在白于山北坡，下游汇注入一洼地，这一洼地呈东北—西南走向，长约25千米，宽约7千米，东、北两端为沙所隔绝，东距红柳河（无定河）不足10千米，北距城川约5千米（《再论历史上毛乌素沙地的变迁问题》，《历史地理》第7辑，上海人民出版社1990年版，第171—180页）。

表3.5 赔教地土地状况统计

| 地名 | 土地权属 | 土质 | 土地价格 | 水源情况 |
|---|---|---|---|---|
| 草山梁 | 教堂地 | 红土地 | 10—20两/顷 | 井水缺乏 |
| 硬地梁、沙路茆子、毛头圐圙 | 教堂地 | 黄沙土 | 10—20两/顷 | 井深3—4丈，甜水 |
| 小桥畔、胡家窑子、沙滩地 | 教堂地 | 沙滩地 | 10—20两/顷 | 井深5—6丈，甜水 |
| 布夺滩（堆子梁） | 教堂地 | 红土好地、荆条成林、芨芨草滩 | 40两/顷 | 井深2—3丈，甜水 |
| 城川 | 教堂地 | 黄沙土草滩 | 30两/顷 | 井深0.8丈，甜水 |
| 圪丑滩 | 教堂地 | 黄沙土 | 30两/顷 | 井深0.9丈，甜水 |

资料来源：周颂尧《鄂托克富源调查记》，绥远垦务总局1928年，内蒙古图书馆编《内蒙古历史文献丛书》之六，远方出版社2007年版，第74—75页。

　　由表3.4、表3.5所列内容不难看出，尽管八里河及其周边地区盆地或滩地中心低洼，有的积水成湖，但是由于气候干旱，长期盐分积累，多形成盐湖、盐碱地。表3.3中所列定边县境内大小湖泊共28处，但大部分为盐碱湖泊，只有6处为淡水湖。此外，研究区内地下水丰富且埋藏较浅，[1]，地下水含盐量相对较高，一旦当地民众缺乏基本的灌排调蓄技术[2]，盲目地进行不合理的耕作灌溉，那就容易促使地下水位抬升，引发土地的盐渍化。为了扩大农业生产，当地民众基于对八里河洪涝的不断认知，逐渐创造了一整套拥有总干渠、支渠、支濠、田间工程和生产解危濠的淤灌体系[3]。这样的

---

　　① 周颂尧《鄂托克富源调查记》统计，赔教地内教民村庄土地的地下水位埋藏深度由东而西、自北及南逐步从20余米过渡到3米左右。

　　② 绥德水土保持科学实验站靖边分站《靖、定山涧地区的引洪漫地措施》载，灌排调蓄技术的原理是"以漫为主，引、漫、蓄、排相结合"。"漫"是引洪漫地的主体，只有以漫为主，才能最有效地兴利除害；蓄、排是对特大洪水的对策，漫用不完的洪水才蓄，蓄不完的洪水才排；"蓄"把洪水的有害作用的范围限于局部，有害的影响限于暂时；"排"把洪水有害的部位，从涧地移至坡脚，不是通过洪水的自然通道，而是在人的控制下，在洪水破坏作用影响最小的地方排入沟中；"引"是达到漫、蓄、排必不可少的一个环节。（《人民黄河》1964年第6期）

　　③ 李令福：《论淤灌是中国农田水利发展史上的第一个重要阶段》，《中国农史》2006年第2期。

做法既可以利用总干渠、支渠、支濠和田间工程将每年的径流、泥沙全部有计划地输送到耕地，得到均匀分布，不断增加淤灌土层的厚度。同时，又可以利用生产解危濠分泄洪水，引洪水至淤灌区的边缘，淤灌新的荒地，使全部土壤不断得到改进①。因此，八里河定期泛滥的洪水则成为这一淤灌体系的重要一环。

庚子赔款后，鄂托克旗所偿付的赔教地和八里河灌区相交错，圣母圣心会开始和灌区民众接触，并于光绪二十八年（1902）在堆子梁一带放租土地时向沿河民众请商一二日水期，为教堂浇灌菜园地及泥水工程所用②。随后，传教士通过对八里河水文状况的了解和利用，组织教民填封上段水口，迫水下流，广漫教区碱地。这一行为虽然在很大程度上有助于教区内盐碱滩地的整治和耕地面积的扩大，但同时引发教区外民众的不满，以致此后相当长的一段时间内争讼不休。

光绪三十二年（1906），定边县知县吴命新为解决当地民众和圣母圣心会方就八里河灌区水源的使用问题，对八里河进行踏勘，重新勘验河身，丈量地亩，厘定水章③，随后又和教堂订有合同，以三分之一水让给教堂，使民教两方各遵水章，以息争端④。随后圣母圣心会于民国四年（1915）将河身较上游加宽 2 倍，横开沟渠 10 余里，漫草滩地两百余顷为上好水地。另挖支河南、北两道，并在仓房梁新开长渠一道⑤。自此，灌溉面积得以初步固定。至民国十二年（1923）前后，曾有在鄂托克调查矿产的学者对八里河灌区进行详细记录，"八里河……流入鄂旗堆子梁教堂地东南十余里。河身宽有一丈二尺，深约八尺，水色与黄河相同，环绕境

---

① 周鸿石：《利用洪水泥沙，改良土壤，发展农业生产——陕西省定边县八里河淤灌区介绍》，《人民黄河》1964 年第 3 期；绥德水土保持科学实验站靖边分站：《靖、定山涧地区的引洪漫地措施》，《人民黄河》1964 年第 6 期；黄委会规划设计处中游组：《八里河引洪淤灌调查》，《人民黄河》1964 年第 11 期；贾恒义：《引浑淤灌改良土壤》，《中国水土保持》1982 年第 1 期。

② 陕西省档案馆藏：《三边收回教区失地运动大事年表》，民国三十五年（1946）九月二十七日，006/021/1766。

③ 该水章"定八条，以防争执，后续九条，以扩水利"（陕西省档案馆藏：《三边调查材料》，时间不详，005/185）。

④ 陕西省档案馆藏：《三边调查材料》，时间不详，005/185。

⑤ 陕西省档案馆藏：《三边收回教区失地运动大事年表》，民国三十五年（1946）九月二十七日，006/021/1766。

内长四十余里，可以浇灌地亩一千余顷"①。可见，经过八年的整治，八里河灌区在洪汛期间可灌溉面积得以进一步扩大。不过，由于洪水时有不足，加之"遇天旱水缺"，八里河灌区上下游民教争水纠纷不断，并引发归还全部赔教地的争议②。在这次为时甚久的争议中，上自国民政府外交部、法国驻华使馆，下至地方政府、乡绅、基层民众和小桥畔分教区传教士，纷纷介入其中③。

定边县民众于民国二十年（1931）八月九日向陕西省政府主席杨虎城请愿，其请愿内容如下：

> 窃查定边县北界蒙疆，昔以长城为界，清初蒙人内附已久，蒙汉相安，沿边汉民，早已越界耕种。乾隆七年，川陕总督马尔泰，奉准钦差尚书班第、总督庆复，会同盟专议定，于汉民耕种之地六十里外，设立堆界，永为蒙汉交界，于安边该县同知管理蒙民事务。载在志乘，可考而获。据此，则边墙以外六十里内，汉民居住耕种之地，久已归属汉民。乃至光绪二十六年庚子之变，拳匪肇祸，蒙人失启。当是时，法国教士初在边地传教，并无土地财产之权利。嗣因教案交涉，向法赔款，欠洋不敷者仅余数千元。而该教□其侵略手段，向蒙人索地，蒙人希图取悦外人，不得已以失堆界内汉民居住之地。有补兔儿滩、白泥井等处，东西二百余里，南北七十余里，均指为蒙地，用作数千元之抵押品，限期十五年归还。彼时汉民明书其故，欲出而争执，乃惩我国外交失败，授鼠忌器，缄默忍受，以待期满归还。乃至期满，该教昧偿爽约，久经不还，蒙人赔出地本属汉……致将此地久沦于该教。现在国际

---

① 周颂尧：《鄂托克富源调查记》，绥远垦务总局1928年，内蒙古图书馆编《内蒙古历史文献丛书》之六，远方出版社2007年版，第74—75页。

② 民国十六年（1927），八里河沿岸民众成立"安边八里河公民挽水会"与教方抗衡，公推田宝箴、薛凌云为代表。后随着事态的发展，定边县和沿边其他各县先后成立"定边县挽回领土大会"和"陕西三边挽回领土总会"等以应对时局。

③ 陕西省档案馆藏：《教堂之土地纠纷卷》之"西安杨主席鉴"，民国二十年（1931）八月九日，008/311；陕西省档案馆藏：《教堂之土地纠纷卷》附《定边丧失领土史·无标题》，民国二十年（1931）十一月九日，008/311；陕西省档案馆藏：《教堂之土地纠纷卷》之《定边县政府呈陕西省政府事由》，民国二十年（1931）十一月十日，008/311；陕西省档案馆藏：《教堂之土地纠纷卷》之《陕西省政府指令第10471号令定边县县长郭维藩》，民国二十年（1931）十一月二十八日，008/311。

平等，不尚侵略，法国对于我国庚子所得赔款，一概归还，则此地因系我国领土，迄今尚未退还。委因此地抵押该教时，系由归化将军、陕西巡抚委员会同定、靖两县地方官调停交割后，未曾上奉，中法条约内未曾载款之故。盖蒙人以地属汉地，实为肉上之瘿，而大员委吏又以事属蒙事，权作调解之人。不□从此，失利者汉民，受害者汉民，彼时□而不敢害，后则畏而仍不敢害。今幸得观天日，会同电恳钧府转呈中央，向法交涉，俾将领土归还，则边民幸甚，国土幸甚。再者此地抵押时，由阿套旗蒙王于该教出立契据，实系有限期条约，请令该教呈验契据，则其伪自见，是否有当，谨专电陈。①

圣母圣心会得知定边县民众请愿行为后，也于民国二十年（1931）十一月九日由安边堆子梁堂呈文，其内容如下：

夫补杜滩、白泥井、堆子梁等处，当蒙人未售与本堂之前，原本蒙人游牧之地，其中虽有八里河水灌溉之处，严禁汉民耕种。况于前清道光末年，因汉民偷种蒙地河水浇灌之地，致起重大冲突，后经部院派委解决，出谕严禁，嗣后再无敢偷种者。此皆载在国家管理蒙汉事务部院衙门之案卷内，不难获悉。是以自出售本堂之前荒芜为今日蒙人居住之地，是为人所共悉，无可讳饰。亦为伊等前二年因水利讼诉，当榆林法庭所经承认者，则产额数量是为虚词伪造，实属显然易见。至于本堂传教置地，是为国法所准许，且本堂置地之契约由蒙王及其执事官员所书写、盖印，并有前清外交委员之印章，确是永远契约，并无年限之谓，亦为南京政府法院所案验。而伊等所置之地与本堂田地同一性质。但伊等置地契约并无蒙王印章，即蒙人边官印章亦属绝无仅有，而侵占者居其多数。且本堂系中华天主堂之田地，为中华信民应有之权利，耕种者纯属中华国民，并未变作外国人之土地。一切政治事务悉由中华政府管理，与外国人毫无干涉。较之租界地土，不啻天壤之别。斯为哲人、君子除所洞悉，而一般愚民所谓此地与租界相同，实误之甚矣。①

定边县政府亦做出反应，向陕西省政府提交呈文：

> 外交部咨第1391号内开案据定边县商会代表王子须等代电呈请"向法交涉索还补兔儿滩、白泥井两地以重领土"一案，除文有卷……确系为有关于此案文件，悉数照缓……并索还该教堂□□得据，亦请照缓……奉此，县长□即与县档并无阿套旗……向法教会抵押赔款卷宗。询之本地绅耆者，云庚子反教案件发生后，原系绥远将军及陕西巡抚专员会同蒙旗王、法教士相商办理，地方官吏不过送往迎来，供支一切，故未存有案卷。纵有关于此案文件，当然在蒙王府备案存档……该教堂复函内称，地方前因安边八里河水利诉讼，早经榆林法院索案存档……不知其详等语。显系措词隐匿，原教会契约，不出复据。一般绅耆会称：该教会所执约据载有"自抵押后限期十五年归还"字样……但案关外交，县长限制权力，不许强制执行。兹奉前因，现会抄录县属区公所新编"定边丧失领土史"，具文呈赍……②

陕西省政府针对上述三方的陈述意见，做出批示：

> 呈件均悉，□为此案，该县岂能无有卷宗，仅赍送丧，一不署名之著作，为此窑洞，何足以资凭证，只来呈内称关于约据一层，据法教堂函复，前因安边八里河水利诉讼，早经榆林法院索□存□云云。该县并未询明虚实，即行呈复，虚语搪塞，殊属虎时外交。详查"丧失领土史"内载，乾隆七年，以总督马尔泰奉准钦差尚书班第、总督庆复，会同盟长议定，于汉民耕种之田地六十里外设立界堆，永为蒙汉交界；于安边设立同知，管理蒙汉事务，载在县志，可考而知等语。又未将该县之志抄送二份，关系无法参考。仰速递照驳为节，分引办理，克日具复

---

① 陕西省档案馆藏：《教堂之土地纠纷卷》附《定边丧失领土史·无标题》，民国二十年（1931）十一月九日，008/311。

② 陕西省档案馆藏：《教堂之土地纠纷卷》之《定边县政府呈陕西省政府事由》，民国二十年（1931）十一月十日，008/311。

核转。为仍玩延，至于重德，切切，附件存，此令。①

上述文献分别反映了定边县民众、圣母圣心会、陕西省政府和定边县政府对于"赔教地"的态度。其中，定边县民众针对"鄂旗卖地契约"中"地内如有居民旧日地土、庙宇、房屋，原主当另行置，不许存于原地"的规定表示强烈不满。他们认为早在清代乾隆初年，由川陕总督马尔泰、钦差尚书班第和总督庆复组织的第二次勘界，"会同盟专议定，于汉民耕种之地六十里外，设立堆界，永为蒙汉交界"②。因此，得出从乾隆七年（1742）开始，定边县"边墙以外六十里内，汉民居住耕种之地，久已归属汉民"的结论。而自庚子年鄂托克旗将补杜滩、白泥井、堆子梁等处土地赔付圣母圣心会时，"汉民明书其故，欲出而争执，乃惩我国外交失败，授鼠忌器，缄默忍受"。同时提出赔教地的赔付期限为十五年③，且强调"阿套旗（鄂托克旗）蒙王于该教出立契据，实系有限期条约"，而"法国对于我国庚子所得赔款，一概归还，则此地因系我国领土，迄今尚未退还"④。而圣母圣心会亦以"鄂旗卖地契约"为依据，认为"补杜滩、白泥井、堆子梁等处，当蒙人未售与本堂之前，原本蒙人游牧之地，其中虽有八里河水灌溉之处，严禁汉民耕种"，而且"自出售本堂之前荒芜为今日蒙人居住之地"。同时，圣母圣心会认为定边县和鄂托克旗民众之所以要求"赔教地"的返还，原因是八里河灌区的地理优越性日渐突出，当地民众因水利诉讼未能成功而要求返还全部"赔教地"的"无理要求"。定边县政府在提交陕西省政府的呈文中提到在"庚子反教案件发生后，原系绥远将军及陕西巡抚专员会同蒙旗王、法教士相商办理，地方官吏不过送

---

① 陕西省档案馆藏：《教堂之土地纠纷卷》之《陕西省政府指令第 10471 号令》，民国二十年（1931）十一月二十八日，008/311。

② 道光《增修怀远县志》卷四下《边外》，《中国地方志集成·陕西府县志辑》第 36 册，凤凰出版社 2007 年版，第 698 页。

③ 定边县民众呈文中对于赔付期限没有准确的认识，在民国十六年（1927）时曾认为"定拟以十八年或二十年为期"，后在民国二十年（1931）又认为"限期十五年归还"。参见陕西省档案馆藏《教堂之土地纠纷卷》之《无标题》，民国十六年（1927）十一月，008/311；陕西省档案馆藏《教堂之土地纠纷卷》之"西安杨主席鉴"，民国二十年（1931）八月九日，008/311。

④ 陕西省档案馆藏：《教堂之土地纠纷卷》之"西安杨主席鉴"，民国二十年（1931）八月九日，008/311。

往迎来，供支一切，故未存有案卷"，而相关文件应"在蒙王府备案存档"。同时，定边县政府认为双方争执的原因在于榆林法院关于"安边八里河水利诉讼"一案并未处理妥当，以至于会出现定边县民众和圣母圣心会同时向陕西省政府提交呈文要求公正处理的情况。陕西省政府根据定边县属区公所新编"定边丧失领土史"，认为解决问题的关键在于需要对相关的卷宗进行查找和比对，以求作为判断的依据。

陕西定边县政府根据陕西省政府的批示，委派李伯义、胡栋臣、郭景山等于次年（1932）一月五日前往鄂托克旗抄录鄂旗卖地契约卷宗：

> （李）伯义等奉委之后，遂即于一月五日同亲赴蒙地，晤本旗事官达什，交付咨文讫，并面询当日一切情形。据该官云，此案教堂交涉，系光绪二十七年九月内事。当押地赔款时节，该事官亦曾亲随王爷去向该教堂交涉，亲事了结。此案一切情形莫不洞悉。□该旗下，共欠该教堂赔款洋六万四千余两，准将各教堂所占之地，为堆子梁、白泥井等处出押于该教堂，定期三十年归还。其所欠赔款六万余两即由押地出产准为数收讫。此当日交涉，两造认可实在情形也。至于一切文牍卷案均存王府可靠而知。唯时□旧历年关，伊迩照例封印，王府各事宜均暂归家过年，即往王府，亦无尚人□□卷宗。□□过年以后旧历正月十九日前王府开印时，得十五日后各抵事等官均□齐到王府，此时定可知□卷宗……请俟正月开印时再往该旗……①

正在定边县政府积极筹措再次赴鄂托克旗抄录鄂旗卖地契约卷宗之时，定边县民众和圣母圣心会之间连续发生了两起械斗事件，而且这两起事件前后仅隔一个月②。第一次械斗之后，定边县代理县长郭维藩"即动

---

① 陕西省档案馆藏：《委任李伯义、胡栋臣、郭景山等前往鄂托旗抄录卷宗一案》，民国二十一年（1932）二月十四日，008／312。

② 第一起械斗事件为"二八械斗"，"这场从来未有之血战内博，经三小时后始告结束。我方计伤有七，其中三人得伤过重；恶徒计伤有三，其一亦重"。（陕西省档案馆藏：《据定边县收回领土代表陈俊山呈报该县因收领土交涉，民教发生械斗，请办理等情》）民国二十一年（1932）二月二十五日，008／312。第二起械斗即为"三七惨案"。[陕西省档案馆藏：《快邮代电》，民国二十一年（1932）三月二十一日，008／312]。

驾赴榆林"寻求解决方案①，圣母圣心会借机募集教众四百余人，持械赴上游抢水，遂发生"三七惨案"②。这一连续事件促成陕西省政府委派新任定边县县长刘开和靖边县县长张志立联合地方士绅和鄂托克旗王公改组原陕西省定边县挽回领土大会③，并扩大为陕西三边挽回领土总会④，"以恢复失地，挽回拯救人民为宗旨"向圣母圣心会及蒙旗往返办理交涉⑤。同时，该系列事件的发生逐步引起了国民中央政府和宁夏主教区的关注，并在随后的几年中陆续就"赔教地"问题做出阶段性处理⑥。

民国二十三年（1934）年底，陕西省教育厅长周学昌会同外交部专员靳志在北平与石扬休磋商定约，法国驻华使馆代办常德礼借法国有保护在华天主教之特权，参与其事⑦。民国二十四年（1935）一月九日，双方"始在平北京饭店正式签字，于是八里河讼案至此方才得以解决，周氏随即由平返陕，向省府报告，并于日前（十四日）下午四时在教厅接见各报记者，谈述该案经过情形"⑧。其签订条约内容如下：

> 第一条：所有划分汉蒙界线以南可耕之地，由天主堂□买与当地汉族农民，其非可耕地与可耕地之无人承买者，均无偿移交多县政府作为官荒，人民领买□□向县政府登记税契，附近非教产农民习惯上向不税契，则税契□□可允暂缓，俟将来办理附近非教产一般农民税契之时间同时举办。

---

① 陕西省档案馆藏：《陕西省政府拟办》，民国二十一年（1932）三月二十一日，008/312。

② 陕西省档案馆藏：《快邮代电》，民国二十一年（1932）三月二十一日，008/312。

③ 陕西省档案馆藏：《陕西省定边县挽回大会致南秘书长关于庚子赔款及失地之说明书》，民国二十年（1931）□月□日，008/311。

④ 陕西省档案馆藏：《转呈挽回领土总会简章及职员表请鉴核立案由》，民国二十一年（1932）七月十一日，008/313。

⑤ 陕西省档案馆藏：《陕西省政府批字第392号》，民国二十一年（1932）四月十八日，008/313；陕西省档案馆藏：《转呈挽回领土总会简章及职员表请鉴核立案由》，民国二十一年（1932）七月十一日，008/313。

⑥ 陕西省档案馆藏：《整理陕西三边天主堂教产协定》，民国二十四年（1935）一月九日，008/320。

⑦ 陕西省档案馆藏：《三边收回教区失地运动大事年表》，民国三十五年（1946）九月二十七日，006/021/1766。

⑧ 陕西省档案馆藏：《三边领土收回十余年悬案圆满解决陕教长报告交涉过程》，民国二十四年（1935）一月十六日，008/0318。

第二条：汉族界线以北地（该界线之地□系一方面遵沿伊克克毛尔与白泥井两平原间大沙山南面之斜坡；另一方面沿黑拉什利西界再与岗罕托拉盖脑包相接，直抵大海子湖南岸；又一方面沿堆子梁平原北方之沙山南界再自东□方向直趋石底子渡口）应由天主堂直接与蒙旗官厅接洽，经商定，该处教堂之居留及近设连同蒙古教民之居留及□定确有办法保障，该教堂情愿将所有权无偿移归蒙古居民□所有权利之□□，天主堂应将办理经还情形函报县政府□呈省政府备案。

第三条：此项让卖自民国二十四年五月一日，即西历一千九百三十五年五月一日起卖，□期于最短期间完成之。

第四条：让卖完成及天主堂所□契约之有效部分只限于天主堂本身建筑及其慈善机关连同一切附属，例如院落花园等所占之地皮，天主堂应先将此项有效部分绘具详图，加以说明，呈陕西省政府备案以备考。□于原有契约中已经让卖及无偿移交之部分，根据此项协定之签订完全失效，不因将来办法而受任何影响。

第五条：让卖地形之标准，旱地无论其现为耕种或否、或已经建筑及圈用与否，每亩自一角至二角，即每顷自十元至二十元；水地每亩自一元至四元，即每顷自一百元至二百元。

第六条：农民领买登记□□遵照中华民国人民完补纳税定章办理，但县政府仍当□□当地特殊情形既有凶歉减免办法，对于教民、非教民同等□迁（为附近非教产农民习惯上向不升科，则不允暂缓开科，应俟将来办理附近非教徒一般农民升科之时同时举办）。

第七条：为境多农民人数起见，应限制每家领买亩数，以防兼并，水田每家不过一顷，旱田每家不过五顷，宗旨在于化整为零。

第八条：天主堂郑重声明赖将收入之□□全数继续用之，当地天主教会所立之公益及教育事业三分之一成归公益，三分之二成归教育，一切遵照中华民国所颁教育宗旨及社会文业□则办理，由各县政府或主管机关监督之。

第九条：在天主堂产业让卖实行期内，陕西省政府得派负责专员赴当地查核并协助之。

第十条：关于八里河水利事项，经此次商定及所有业经□得灌溉之地亩应允其照向例为期放水。①

从上述签约内容不难看出，协议签订双方对"赔教地"的接管和分配细节多有研究，并根据实际情形制定出较为合理的让买程序和细则。不过，此次协议在具体的实施过程中因抗日战争爆发而暂时搁置。

民国三十五年（1946）三月，安边新民主政府召开临时参议会，原陕西三边挽回领土总会成员刘文卿、陈俊山等二十二人联名提出"三边教产整理意见书"，主张以收回之教区土地。陕甘宁边区第二届参议会第一次大会于同年四月通过了《收回三边教区土地案》，并立即着手组成由三边专署会同靖、安二县政府暨地方人士与边区政府少数民族事务委员会驻城川办事处组成委员会进行交涉，并最终收回"赔教地"，收归国有②。

从光绪二十六年（1900）鄂托克旗为偿付圣母圣心会赔款而划拨"赔教地"开始，伴随着"赔教地"问题的争议过程和最终解决，区域社会中的不同阶层对于圣母圣心会"传播教义，发展教众"的反应呈现一个逐步加深的过程。在这一过程中，无论是基层民众，还是地方政府和士绅，都在围绕"赔教地"的土地所有权属展开斗争。这在某种程度上也促进了陕西三边地区区域社会经济的发展和深化。

### 四 "赔教地"问题的实质与区域地理环境变化

以晚清民国时期蒙陕交界带"赔教地"土地权属问题为切入点，来探讨土地权属、人和地理环境三者之间的关系是本节的研究主旨所在。我们希冀通过对这样一个短时间尺度和小区域范围内的关键环节进行分析、考证和总结，并得出有关认识：土地权属、人和地理环境之间是否存在关系？如果存在，那是怎样的关系？这种关系应该如何表达？

晚清民国时期，毛乌素沙地南缘"赔教地"的土地权属问题是影响和推动区域经济社会演进过程的关键问题。土地权属的变化牵动着中央和地方政府、蒙旗贵族、圣母圣心会、地方士绅、基层民众等不同阶层的利

---

① 陕西省档案馆藏：《整理陕西三边天主堂教产协定》，民国二十四年（1935）一月九日，008/320。

② 陕西省档案馆藏：《三边收回教区失地运动大事年表》，民国三十五年（1946）九月二十七日，006/021/1766。

益。而这种变化不仅仅是土地权属变化的结果，更涵盖土地权属变化的过程。从土地权属变化的结果来看，需要关注的是光绪二十六年（1900）鄂托克旗赔付圣母圣心会"赔教地"前后的变化和民国三十五年（1946）陕甘宁边区政府收回"赔教地"前后的变化。而从土地权属变化的过程来看，则需要将关注的视野放宽，不能仅仅关注到两个时间节点的变化，应该将关注的重点放在三个发展过程中。其一，自圣母圣心会势力由同治十三年（1874）四月，圣母圣心会士德玉明（Fr. Alfons Devos）和费尔林敦（Remi Verlinden）来到城川开教为始，到光绪二十六年（1900）"赔教地"的形成。其二，自"赔教地"出现后，到民国三十五年（1946）陕甘宁边区政府收回"赔教地"前，尤其是对圣母圣心会组织教民从事农牧业生产的过程以及抗战期间"赔教地"的土地管理和使用过程进行细致考察。其三，陕甘宁边区政府收回"赔教地"后，这些"赔教地"的土地是否按照"陕西三边天主堂教产协定"的签约内容进行严格处置？这些土地的所有权属和管理、使用情况又是怎样的？此外，更应该引起较大关注的是，在光绪二十六年（1900）前，鄂托克旗蒙古王公对于后来用于赔教的这些土地有着绝对的所有权和支配权，基层民众只能迁出原居土地，其"坐此破产者，受害者不一而足"①，即便是地方官员在"赔教地"协议签订时也"不过送往迎来，供支一切"，甚至连存放案卷的权力都没有②。而在民国二十四年（1935）"陕西三边天主堂教产协定"时，沿边地方政府和基层民众获得了所有划分蒙汉界线以南可耕之地的土地权属。③ 前后对比，"赔教地"虽然由圣母圣心会划归国有，而具体的使用权则发生了明显的变化。因此，对于上述两个时间节点、三个发展过程和相关细节进行细致的考察，才可能对"赔教地"的土地权属问题有一个全面而翔实的了解。

此外，西方传教士的强势介入，打破了原有的地方政府、蒙旗贵族、地方士绅和基层蒙汉民众的四元社会结构，导致区域内社会权力结构进行重组，原先官、绅、民之间的隶属关系发生了微妙的变化，而且在地方事

---

① 陕西省档案馆藏：《教堂之土地纠纷卷》，民国十六年（1927）十一月，008/311。

② 陕西省档案馆藏：《教堂之土地纠纷卷》之《定边县政府呈陕西省政府事由》，民国二十年（1931）十一月十日，008/311。

③ 陕西省档案馆藏：《整理陕西三边天主堂教产协定》，民国二十四年（1935）一月九日，008/320。

务的决策中各阶层所扮演角色亦在发生变化。圣母圣心会的特殊社会地位
促使原有的不同阶层采取不同的应对措施，这种应对措施可以视为地方阶
层对于西方力量的应激反应，是一种地方社区自身语境之内发生的变化①。
而不同阶层的应对措施促成区域经济社会的变迁，圣母圣心会通过赔教占
有大量土地使得教务呈现出前所未有的快速发展。小桥畔分教区在当时社
会紊乱，政出多门，民不聊生之际，能够保持一个特殊的安定区域，保障
教民的生命安全和生活。同时，他们兴修水利，组织移民从事农牧业生
产，使得这里的社会经济呈现出有别于其他区域的畸形发展，但也成为引
发当地民、教冲突最直接、最重要的原因。

伴随着社会经济环境的变化，自然环境也在承受着因土地权属变化而
带来的或直接或间接的影响，并随之而进行调适。从自然地理区划的分布
上来看，"赔教地"处于干旱、半干旱区，基本上处在游牧经济形式和农
耕经济形式的分界线上。在清代，畜牧业在蒙陕交界带举足轻重，而农垦
所占比重相对较低。圣母圣心会要在这里构建农业社会的"世外桃源"，
投入大量人力、物力，尽可能地利用自然资源，同时，重申"严禁樵采，
违者即责其赔偿"②，以至多年以后林木渐有规模③，从而在尽可能地保护
自然环境的基础上逐步改变当地的农牧业比重。其中，八里河灌区由于农
业技术的提高、水利技术的推广，至民国三十一年（1942），"赔教地"
内的水漫地已达到3万余亩④，成为蒙陕交界带重要的粮食生产基地。

然而，土地的权属问题对于自然环境的影响不能仅仅停留在圣母圣心
会对于"赔教地"常态经营上，而更应该考察可能成为隐患的细节上。特
别是光绪二十六年（1900）鄂托克旗赔付圣母圣心会"赔教地"前后的

---

① 朱迪思·怀曼指出，以往的历史著作往往把地方民众对基督教的攻击视为在宗教、社会、经济和政治互动的背景之下对帝国主义的憎恨，这种知识框架基本上把中国与西方置于截然相反的两个对立面加以认识，而没有考虑到地方民众对西方渗透的反应，必须被看作地方社区自身语境之内发生的变化。[Judith Wyman, "The Ambiguities of Chinese Antiforeignism：Chongqing, 1870 - 1900", *Late Imperial China*, Vol. 18, No. 2（December, 1997）]

② 陕西省档案馆藏：《教堂之土地纠纷卷》，民国十六年（1927）十一月，008/311。

③ 民国《绥远通志稿》卷二三《林业》载，"本旗南境有牌子地、教堂地，汉人村庄较多，尚植有榆、柳、杨各树株，各召庙亦有少数榆树。此外居民既不植树，又无天然森林，故无林业可言"（第3册，绥远通志馆编纂，内蒙古人民出版社2007年版，第370—380页）。

④ 陕西省档案馆：《三边教区土地问题》，民国三十一年（1942）九月二十七日，002/021/1766。

变化、民国二十六年（1937）到民国三十四年（1945）和民国三十五年（1946）陕甘宁边区政府收回"赔教地"前后的变化三个较短的时段内。因为在此期间，土地权属尚未明确或正在发生变更，因此而出现的原有土地拥有者在这次变更中是否会对即将失去的土地进行破坏？这种对环境的破坏力度又是怎样的？是否会超过蒙汉双方生产者同归对土地的牧放或耕垦而导致的环境破坏？这些问题的提出和研究应该成为进一步研究的重点所在。

# 第四章　制度政策与地方治理

## 第一节　清代垦殖政策的调整与毛乌素沙地南缘的自然环境变化

政策是国家政权在特定时期里为实现一定目标而采取或规定的行为准则，它是国家发展社会、经济、文化等诸方面意志的体现，同时也是社会中存在的某种问题的具体表征，对它们进行深入研究，是现今我们认识某种事物发展过程的重要途径之一。就本节而言，细致分析垦殖政策调整在清代毛乌素沙地南缘伙盘地所引起的自然环境变化的可能后果，对开展清代或过去数百年从制度、政策因素探讨其对区域自然环境影响是非常重要的。本节依据清代文献中记载的相关资料，以政策—人—环境相互作用的全程考察为主线，通过客观揭示制度、政策因素作用于毛乌素沙地南缘伙盘地的途径和方式，深化该种驱动力对区域环境影响程度的认识，并在此基础上，重新审视自然环境演替的真实情况，希冀该文对复原历史时期毛乌素沙地南缘地区的自然环境有所裨益。

### 一　封禁期：自然环境的逐步恢复

如前文所述（第三章第一节），清政府在入关之初，出于休养生息、隔离蒙汉、维护自身统治的需要，于顺治年间在毛乌素沙地南缘沿长城外侧划定出一条南北宽五十里，东西延伸两千多里的禁留地①，同时又在顺

---

① 清朝初期沿袭了传统的长城—黄河一线作为鄂尔多斯与内地的农牧分界，但该界线仅是习惯线而已，并不具备法定特征。随着农牧区域的相互扩张，农牧界线在政府的规划下，精确性和法定属性得到强化。

治十二年（1655）规定"各边口内旷土，听兵垦种，不得往口外开垦牧地"①。上述两条法令只是禁止官方组织士兵出边垦种，并未对边民出口种地加以限制。不过，在此期间，内地农民多从事对抛荒土地的复垦，因此虽有一些无地、少地农民违反禁令，进入毛乌素沙地南缘进行私垦，但为数有限，并未对当地的自然环境造成明显的影响。而此时期的地方政府多是遵行中央政府的命令实行封禁政策。因此，这一地区经过长时段的人为封禁，自然环境得以逐步恢复。

### 二　招垦期：牧区农业景观的凸现

经过清初的农业发展，内地传统农业区的多数地方都已开垦。而此时的全国人口数量也大幅度增加，特别是自康熙五十一年（1712）"滋生人丁，永不加赋"的政策颁布后，人口增长更加迅速，至嘉庆二十五年（1820），全国人口达到38310万人。耕地虽有增加，但已相对稳定，远落后于人口增长的速度。在此时期，陕北地区人口增长虽然相对全国其他地区为缓，但至乾隆后期，传统农业区所剩的"山头地角，水滨河尾"的"边缘土地"也被大量开垦，许多民众开始进入边远山区进行开发。那些原本属于少数民族的游牧地区则受到了来自清政府和民间的双重关注，严令禁止开垦的禁留地则成为内地农民——尤其是晋陕边民广泛关注的对象。

与内地人多地狭的普遍现象相比，边外禁留地由于长期封禁，"多年不耕，稸草腐朽地面色黑"②，堪称从事垦殖活动的最佳场所，故而引起沿边民众的广泛关注。他们越过边墙租种蒙古人的土地，时间长了，汉族移民从事农牧业活动的场所成为伙盘地，而汉族移民则成为伙盘地居民。他们每年春出冬归，将辛苦一年的劳动所得带回原籍，以供家中妻儿的生活所需，这从客观上为振兴当地经济带来实效。此外，由于他们所生产的农产品往往得到蒙古牧民的欢迎，以至蒙古贵族和陕北沿边六县的地方政府都希望开垦这片土地。因此，伊盟王公在协助清政府征讨准噶尔取得胜利

---

① 嘉庆《钦定大清会典事例》卷一四一《户部·田赋·开垦》，《近代中国史料丛刊三编》（第63辑），托律等纂修，中国藏学出版社2006年版，第6306页。

② 民国《府谷县志》卷一《地理志》，陕西师范大学图书馆藏〔王九皋、王俊让等纂修，民国三十三年（1944）石印本，不分页〕。

的同时，获得了康熙帝对边垦的首肯①。时任榆林道官员的佟沛年也向中央政府提议，"以榆、神、府、怀各边墙外地土饶广，可令百姓开垦耕种，以补内地之不足"②。清政府权衡利弊，做出决定，凡是"有百姓愿出口种田，准其出口种田，勿令争斗"③。新诏令的颁布，在某种程度上允许了移民垦殖的存在。

地方官员针对中央政府诏令，做出调整。可以说，此时期的地方政府在调整的过程中既要限制移民的数量，又要划出垦殖的范围，还要在保证地方受益的同时，保障蒙古贵族一部分利益，尽可能地使清政府、蒙古贵族和汉族移民实现利益共享。然而康熙初年的毛乌素沙地南缘地区正处于"屯兵渐减，百姓逐末者益多，无以自给"的转型期，如果要实现最终的收益，就急需干练的地方官员从中斡旋，以保证当地社会经济的复苏。佟沛年于康熙三十六年（1697）秋"星驰至榆会勘于各边墙外，展界石五十里，得沙、滩田数千顷"。为了限定移民垦殖的地域范围，他"亲为划地正限"，同时为保证蒙古贵族的收益，又"为套人定庸租，征地课焉"。此外，佟沛年还组织人力、物力在榆林"城北十里雄石峡，凿石开渠，引榆溪水溉田"④。这样一来，在以佟沛年为代表的沿边六县地方官员的直接组织和参与下，毛乌素沙地南缘伙盘地开始出现大规模的移民垦殖现象。如表4.1所示。

表4.1　　　　　　　清代毛乌素沙地南缘伙盘地村庄分布情况

| 时期 | 榆林县 | | 横山县 | | 府谷县 | | 神木县 | | 靖边县 | | 定边县 | | 总计（处） |
|---|---|---|---|---|---|---|---|---|---|---|---|---|---|
| | 处 | % | 处 | % | 处 | % | 处 | % | 处 | % | 处 | % | |
| 康熙三十六年（1697） | 95 | 46.6 | 108 | 49.0 | 234 | 49.0 | 134 | 42.3 | 245 | 90.7 | 180 | 56.8 | 996 |
| 雍正八年（1730） | | | | | | | 21 | 6.6 | 25 | 9.3 | | | 46 |
| 乾隆八年（1743） | 42 | 20.6 | 45 | 20.5 | 165 | 34.5 | 111 | 35.0 | | | 100 | 31.5 | 463 |

---

① 《清圣祖实录》卷一八一，"康熙三十六年三月乙亥"，《清实录》第5册，中华书局1985年版，第939页上。

② 民国《榆林县乡土志》之《政绩录·兴利》［张立德等编，民国六年（1917）抄本，不分页］。

③ 《清圣祖实录》卷一八一，"康熙三十六年三月乙亥"，《清实录》第5册，中华书局1985年版，第939页上。

④ 民国《榆林县乡土志》之《政绩录·兴利》［张立德等编，民国六年（1917）抄本，不分页］。

续表

| 时期 | 榆林县 | | 横山县 | | 府谷县 | | 神木县 | | 靖边县 | | 定边县 | | 总计（处） |
|---|---|---|---|---|---|---|---|---|---|---|---|---|---|
| | 处 | % | 处 | % | 处 | % | 处 | % | 处 | % | 处 | % | |
| 道光十八年（1838） | | | 49 | 22.3 | | | | | | | | | 49 |
| 光绪末年 | 67 | 32.8 | 18 | 8.2 | 79 | 16.5 | 51 | 16.1 | | | 37 | 11.7 | 252 |
| 总计（处） | 204 | | 220 | | 478 | | 317 | | 270 | | 317 | | 1806 |

资料来源：民国《陕绥划界纪要》卷三至卷八［樊士杰等编，静修斋民国二十二年（1933）印刷，榆林市星元图书馆藏］。

据民国《陕绥划界纪要》统计可知，康熙年间，晋陕边民在陕北沿边六县长城外所建村庄达到了 996 处，占清代晋陕边民在毛乌素沙地南缘所建村庄数的 55.1%，其数量之多，发展速度之快可以一窥端倪。此外，在这 996 处伙盘村庄中，晋陕边民在靖边县长城外所建村庄数最多，即 245 处伙盘村落，占当地在清代所建村庄的 90.7%。与靖边县边外伙盘村建设相比，康熙年间，晋陕边民在神木县边外建成了 134 处伙盘村庄，占当地在清代所建村庄的 42.3%，其余四县维持在 46.6%—56.8%。可以说，由于中央政府的默许、地方政府的积极运作以及蒙古贵族的招垦，使得汉族移民在这一阶段的垦殖速度加快。

随着农民的增多，伙盘地范围逐步扩大，开垦很快失去了控制。相应地，牧民的游牧场所日益缩小，从而触及了牧民的利益，以至贝勒达锡卜坦上书清政府，请定地界。为了缓和矛盾，中央政府于康熙五十八年（1719）进行了第一次界线勘定，并对承租蒙地的农民所缴地租进行了规定。然而从相关的文献中，我们可以得到一个基本认识，即这条地界的划定是不完善的。这种不完善性，反映了清政府并未对该地区引起足够重视，这就为地方政府提供了较大的个体施展空间。汉族移民利用实际管理上的漏洞，推动界石不断北扩，农牧界线逐渐北移，移民人数逐步攀升。据光绪《靖边县志稿》载，乾隆元年（1736），"总兵朱国正奏准，民人有越界租种蒙地者、随蒙人便出口种地之民遂倍畴昔"，而这些进入蒙地的汉族移民遂"以口外种地为恒产"①。

---

① 光绪《靖边县志稿》卷四《杂志·中外和耕》，《中国地方志集成·陕西府县志辑》第 37 册，凤凰出版社 2007 年版，第 337 页。

在招垦期，由于清政府的默许和蒙古王公为得地租之利，大量口外移民越边垦殖。这些移民进入毛乌素沙地南缘时，有的在同一地方长期佃种，有的则为获取更多的收益而不停地改变佃种地点，又由于工具简陋，降水普遍不足原有生产技术难以运用，以至"雁行人"多采用与游牧制相似的"游农制"。这种生产方式对自然环境颇为不利，游耕时烧荒种田叫"畲田"不施肥料，收获时还有将庄稼连根拔起的习惯①，而这些地块多分布在半流动和固定沙丘之上，即常见于文献的"沙漠田"。

随着移民人数的增加，"游农制"赖以存在的大量无主土地逐渐消失，这种生产制度逐步被原始撂荒制所取代。农民勤劳耕种，开春即播足七八十亩以至百亩土地，而后又要抢收秋禾，中间往往顾不得锄草，无从讲求精耕细作。每当农忙之时，伙盘地居民便以"伙种""搭庄稼"等民间互助形式组合起来，利用尽可能多的人力、畜力、农具共同劳动，以达到与天抢食的目的②。这样做的效果是明显的，即很可能导致伙盘地居民大部分的时间忙于种田而不治田。

可以说，在"游农制"和原始撂荒制的交替影响下，经过多年耕垦，毛乌素沙地南缘的土地得以开发，同时，该地区蒙族的畜牧业经济对农产品的需求得到初步解决，因此，该阶段的开垦对各方都是有利的。更重要的是，此时的开垦尚未与畜牧业经济形成矛盾。然而这些土地本身由于自然条件恶劣、贫瘠，也不利于汉族移民从事农业生产，这样的土地一旦被开垦，那带来的后果还是不利于当地的自然环境。

### 三 禁垦期：从有限性经营到违禁私垦

这一时期始于乾隆七年（1742），止于光绪二十八年（1902），前后历时近 160 年。该时期又可分为两个阶段，即乾隆七年至嘉庆二十五年（1742—1820）和道光元年至光绪二十八年（1821—1902）。

---

① 曾雄镇：《绥远农垦调查记》，《西北汇刊》1925 年第 8 期。
② 所谓伙种，是指两家有至亲密友关系的农户，人力、畜力、农具、土地等条件都差不多或恰好互补，为了便于生产，他们把人力、畜力、农具、土地全部合作起来，全年共同耕作，不记工还工，土地收获平均分配。所谓搭庄稼，是指两家有至亲密友关系的农户，人力、畜力、农具、土地等条件都差不多或恰好互补，为了便于生产，他们把人力、畜力、农具、土地全部合作起来，至少在一个农作季节共同耕作，不记工还工，土地收获物归各自主人私有，不平均分配。

（一）农业经济的有限经营

首先，早期开垦的土地分为两类，一类是蒙古贵族招徕的民众前去栽种蔬菜和细粮，他们用的土地是适合农业的。但适合农业的土地并不意味着适合游牧。二类是大量农民出现，佃种蒙古牧民的土地，这些土地均为不宜牧放的土地，这种土地也可以分为不宜农业的土地和适合农业的土地。因此总的来说不能把农耕地和游牧地的条件放在一起！

地方官员面对中央政令的调整，除了颁布地方性的政策、法规严格禁止民人出口外，还从抚恤民众、组织民力兴修公共设施等方面转移民众的注意力。如乾隆三十六年（1771），时任榆林知府的舒其绅组织人力、物力修复康熙年间的渠道；又如嘉庆十三年（1808），榆溪河田半没于水，时以郴州知州属榆林府事的雒昂带领士民筑堤聚坝，以修水利。① 这些政府行为保障了当地民众从事农牧业生产的基本需要，同时也保证了当地社会的稳定。因此，该阶段虽有一些汉族移民违抗禁令，继续向乾隆年间所勘定的界线外进行垦殖，但数量有限，难以与招垦期相比。

禁垦令的严格执行势必触及陕北沿边地方政府和蒙古贵族的切身利益，一旦政令有所松动，他们往往会利用远离政治中心、中央政府鞭长莫及的地理优势，达成某种默契，招民垦殖，这样一来，仍会出现汉族移民北徙的行为。而粗放型农作方式的存在和重新使用，土地的单位产量自然会受到影响，加之当地自然环境恶劣，伙盘地居民辛苦一岁，仍然难以维持生计。

（二）利益驱动下的违禁私垦

这一阶段，中央政府依然在贯彻禁垦令，而且政策制定的严格程度与前期相比，有过之而无不及。而此时期的陕北沿边六县地方政府或出于为民造福的想法，或出于中饱私囊的目的，和蒙古贵族达成默契，默认民众越边垦殖行为。②

当然这种现象只是发生在局部地区，对于其余几县则存有较大的差异。在道光二十一年（1841）前后，毛乌素沙地南缘伙盘地均未出现大规模越出乾隆年间所勘定的界线进行垦殖的现象，而汉族移民把重点主要放

---

① 道光《榆林府志》卷二六《名宦志·近代政绩分编》，《中国地方志集成·陕西府县志辑》第38册，凤凰出版社2007年版，第375页下—376页上。

② 道光《增修怀远县志》卷四下《边外》，《中国地方志集成·陕西府县志辑》第36册，凤凰出版社2007年版，第699页；民国《横山县志》卷二《纪事志》，《中国地方志集成·陕西府县志辑》第39册，凤凰出版社2007年版，第312页。

在对已放垦土地的复垦上。①

总的来看，在这一阶段，由于地方政府和蒙古贵族的违禁私垦，汉族移民开始向草原腹地延伸。沙地草场被大规模开垦，沙地植被遭到破坏，草场面积缩小，质量也相对下降。尽管脆弱的自然环境仍可以维持负荷的人口，但代价是由不稳定所带来的生态灾难，而陕西北部的府谷县正处于这种不稳定的生境之中。如图4.1所示。

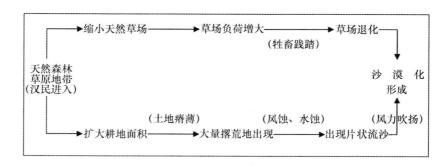

图4.1 府谷县口外沙漠形成过程示意图

此外，由于毛乌素沙地南缘盘地经过战乱的洗礼，许多伙盘地居民离开原有的居所，躲避战乱，以致许多伙盘村落荒废，土地荒芜，表层肥力高的土层不断流失和植被的破坏，自然环境进一步变化。

## 四 拓垦期：从"草原"到"田园"

光绪二十一年（1895），清政府以贻谷为垦务大臣，在伊克昭盟和乌兰察布盟推行垦务②，而毛乌素沙地南缘伙盘地亦在放垦之列。针对毛乌素沙地南缘伙盘地的实际情况，当时管理放垦事务的督垦局在对当地作了局部调整后，坚持放垦，而且操办该项事务的同时对各地的实有荒地进行严格核查。如督垦局官员朱钟浚于光绪二十三年（1897）会同靖边知县丁锡奎，"亲赴四乡，履亩挨查，某里某甲实有未垦民屯、更荒地各若干亩，

---

① 王晗：《"界"的动与静：清至民国时期蒙陕边界的形成过程研究》，《历史地理》第25辑，上海人民出版社2011年版，第149—163页。

② 《清德宗实录》卷四〇四，"光绪二十三年戊辰"，《清实录》第57册，中华书局1985年版，第274页下。

并传籍乡保、里书人等，严讯有无隐匿及以熟作荒、耕多报少情弊"[1]，并在此基础上，选派具有公众威望的乡绅帮助放垦政策的具体实施。由此可见，中央政府为保证垦殖政策的实施效果，严格限定地方政府的施展空间，甚至置地方政府的中间环节作用于不顾，越过地方政府，和当地的乡保、里长直接联系，以确保中央政府政令的实施力度。

当毛乌素沙地南缘伙盘地的放垦取得初步成效后，中央政府于光绪二十七年（1901）批准了山西巡抚岑春煊建议开放山西沿边一带包括乌兰察布盟、伊克昭盟、归化城土默特、察哈尔蒙古的蒙荒的方案。随后接踵而至的是清政府对上述地区的大规模放垦，当然，在放垦过程中，来自蒙古贵族、地方政府和民间力量的反抗运动不断涌现，但是，随着清政府政策实施的力度不断加深，蒙荒的放垦得以最终完成。这在某种程度上也标志着清政府改变了沿袭 200 年的禁垦政策。

毛乌素沙地南缘地区由地方私垦转为官方招垦，这样做的直接后果便是大量的土地被算入放垦之列。据统计，在此期间，毛乌素沙地南缘共开垦各种滩地、沙地为 37.6678 万亩，其中，据《陕绥划界纪要》载，宣统元年（1909）放垦后，定边县口外距边墙 20 里的新地坑村，有 12 户人家，滩地 2 万亩；距边墙 40 里的车轮沟村，有 18 户人家，滩地 4.6 万亩；距边墙 60 里的五虎洞村，有 20 户人家，滩地 4.354 万亩。滩地如此之多，且距边墙不远（无沙者 25 里以内），使人难以从信。此外，该调查指出当地开地甚广，远者已距离边墙 200 里。这些土地的实际利用率，我们无从考证，但是我们仅就户均占有量而言，可以说是内地的几十倍甚至是上百倍。

在这些放垦土地中，除了适宜于农业生产的草场被陆续开垦外，许多沙地和盐碱滩地也被列入放开范围内。如此盲目的划定，外加农民粗放的生产方式，以至于掠夺式经营给地表造成不同程度的破坏。

### 五 区位认知与政策调整中的伙盘地开发

毛乌素沙地南缘伙盘地被陆续开发的近 200 年间，清中央和地方两级政府针对农民承租蒙民土地从事农牧业生产这一环节在不同时期制定了不

---

[1] 光绪《靖边县志稿》卷四《艺文志·偕同委员大挑知县朱锺浚查办垦荒内》，《中国地方志集成·陕西府县志辑》第 37 册，凤凰出版社 2007 年版，第 356 页—357 页上。

同的垦殖政策，而垦殖政策的调整在清代毛乌素沙地南缘引发了较大的自然环境变化。总的来看，清政府对毛乌素沙地南缘伙盘地垦殖政策的调整经历了封禁期、招垦期、禁垦期和拓垦期四个重要的阶段。从现有的史料分析，这四个时期也是清政府对毛乌素沙地南缘伙盘地逐步认识的过程，垦殖政策由一开始的不稳定到清中期的时禁时弛，直到光绪末年的彻底放垦，经历了一个由量变向质变的转化。不过，伴随着清政府认识的逐渐提升，其负面影响也随之而来。一方面，地方政府在执行中央政令的同时，还要根据当地的实有情况进行调查、取证、判别、研究、拟定、试行、修正和实施等具体的运作过程，而且在中央政府和地方政府相互协调的过程中，也可能存有很大的变率。如果清政府在放垦蒙地的政策、方针上摇摆不定，导致地方政府未能及时做出调整，从而使得地方官员根据自身的利益采取虚报或是瞒报的手段来藏匿真实的信息。另一方面，大批流民、移民充分利用这种清政府和地方政府协调过程中的漏洞，在毛乌素沙地南缘伙盘地进行开垦，影响了当地的自然环境。

## 第二节　清代陕北长城沿线地方官员的环境感知和地方治理

### 一　问题的提出与学术史回顾

乾隆三年（1738），"岭右名士"苏其炤调任陕西怀远县知县，开始了其为官怀远长达 13 年的从政经历。在此期间，苏其炤于乾隆十二年（1747）组织纂修了《怀远县志》。在纂修过程中，多年在陕北从政的经历促使苏其炤对当地民生逐渐形成了独到的见解，并希望在任期内，改变当地几百年来固有的尚武习气，革除一切不利于社会经济发展的因素。自然，当地传统的生产方式势必成为苏其炤长期以来难以教改的诟病之一：

> 边民之病莫甚于广种薄收之说，动日不种百垧不收百石。然不壅不锄，止知一耕一种，已无余事。其收成厚薄，则听之天矣。讵知深耕勤锄，则十数亩之田未尝不可收成百石者。盖广种则粪不足，力不至而苗根不深，枝干不茂，微旱已成灾伤，即丰收亦属有限。何若积粪勤锄，以少胜多之为愈乎。

　　从上述文献中，我们不难看出，苏其炤认为，当地民众应当摒弃"广
种薄收"的传统农业生产方式，并代之以"深耕勤锄"的细致劳作。这一
论断和同时代陕北其他县份知县的从政经验颇有类似之处，而且在后世方
志编修者的修志过程中也多有相似的记述。① 这一系列志书的不约而同的
观点导致自民国以来很多学者在细致调查、研究黄土高原北部，尤其是陕
北地区的农业生产的过程中，将自身田野工作时的环境感知和历史文献相
结合，从而对当地民众的农业生产方式颇有微词，继而将这种生产方式和
历史时期黄土高原整体的环境变迁过程相联系。② 也有学者以农学的视角，
从黄土高原区北部的农业条件出发，分析了当地的积温、气候、降水分配
情况和人少地多的社会状况，认为，当地土地资源虽然较为丰富，但是可
耕地多为坡地，地面极不平整，且由于黄土成分的特殊性，土壤侵蚀严
重。从社会经济条件来看，由于历史原因，这些地方的农民极为贫困，对
技术的投入能力严重不足。在这样的环境条件下，人们极易选择坡地上的
广种薄收的粗放耕作方式。③

---

　　① 　如雍正《安定县志》之《风俗》载，"欲多收必须广种，农夫辛苦终岁，无暇日"（陕西
省图书馆编：《陕西省图书馆藏稀见方志丛刊》第 10 册，北京图书馆出版社 2006 年版，第 514
页）；道光《清涧县志》卷一《地理志·风俗》载，"农勤于稼事，顾土性瘠薄，非浓粪深耕不沃
也。俗用耕具名为镂，地以三亩为一垧，下种时驱驴驮溷秽。无负担者，计一垧不能受一亩之粪。
旱盼雨而即近水亦无可浇灌，故岁收常歉"（《中国地方志集成·陕西府县志辑》第 42 册，凤凰
出版社 2007 年版，第 41 页下）；乾隆《宜川县志》卷一《方舆志·风俗》载，"田家全恃天时，
鲜施人力，翻耕布种，便属勤农。过此即坐，待雨泽，不事壅耘，每有下种后，觅食他乡，至收
获始回者"（《中国地方志集成·陕西府县志辑》第 45 册，凤凰出版社 2007 年版，第 230 页下）；
嘉庆《葭州志》卷九《风俗志·习尚》载，"农夫牛一头，约耕二三百亩，陇畔为苦，妇女偕之，
地固硗峭，力亦卤莽，所收亩三斗辄称丰岁"（《中国地方志集成·陕西府县志辑》第 40 册，凤
凰出版社 2007 年版，第 179 页）；咸丰《保安县志》卷七《纪事志·习俗》载，"县地皆山，砂
石戴土，崎岖硗薄；人口稀少，则粪不多，故收亦薄。旱则盼雨，即近水可浇灌不事事，逢歉年
多不聊生，或丰稔，户有余粮难于出售，缘山径仄险，驮运维艰也"（彭瑞麟修、清武东旭纂，咸
丰六年刻本，陕西师范大学图书馆藏，不分页）；民国《保安县乡土志》之《农产》载，"按保安
耕种田地鲁莽草率，只图省工贪多，一夫约种二十垧（又名塪，每垧计三亩），不知择种，不讲粪
壅，苗生以后，锄不过二遍，丰年每寻可收京斗谷二石"（陕西省图书馆编：《陕西省图书馆藏稀
见方志丛刊》第 10 册，北京图书馆出版社 2006 年版，第 389 页）。

　　② 　韩茂莉：《历史时期黄土高原人类活动与环境关系研究的总体回顾》，《中国史研究动态》
2000 年第 10 期。

　　③ 　萧正洪：《环境与技术选择——清代中国西部地区农业技术地理研究》，中国社会科学出
版社 1998 年版，第 39 页。

上述研究成功地将历史时期黄土高原环境变迁的频繁多样和人类活动之间构建起必然的关系表达，而且在此基础之上，学术界将该项研究进一步细化，逐渐从历史时期黄土高原的植被变迁、历史时期黄土高原的土壤侵蚀和历史时期黄土高原北部沙漠化等相关角度进行了更为深入而科学的探讨。①

然而，在这些研究中，研究者对人（人群）的"自然化"研究倾向明显，对人（人群）的社会属性（Human essence）研究乏善可陈。② 实际

---

① 谭其骧：《何以黄河在东汉以后会出现一个长期安流的局面——从历史上论证黄河中游的土地合理利用是消弭下游水害的决定性因素》，《学术月刊》1962 年第 2 期。侯仁之：《乌兰布和沙漠北部的汉代垦区》，《治沙研究》7 号，科学出版社 1965 年版；侯仁之：《从红柳河上的古城废墟看毛乌素沙漠的变迁》，《文物》1973 年第 1 期。史念海：《两千三百年来鄂尔多斯高原和河套平原农林牧地区的分布及其变迁》，《北京师范大学学报》（社会科学版）1980 年第 6 期；史念海：《黄土高原及其农林牧分布地区的变迁》，《历史地理》创刊号，上海人民出版社 1981 年版，第 21—33 页。鲜肖威、陈莉君：《历史时期黄土高原地区的经济开发与环境演变》，《西北史地》1986 年第 2 期。陈育宁：《鄂尔多斯地区沙漠化的形成和发展述论》，《中国社会科学》1986 年第 2 期。陈育宁：《宁夏地区沙漠化的历史演进考略》，《宁夏社会科学》1993 年第 3 期。王守春：《历史时期黄土高原植被变迁、人文要素变化与黄河水沙关系研究进展》，吴祥定、钮仲勋、王守春：《历史时期黄河流域环境变迁与水沙变化》（第五集），气象出版社 1994 年版，第 1—9 页。邹逸麟：《明清时期北部农牧过渡带的推移和气候寒暖变化》，《复旦学报》1995 年第 1 期。朱士光：《黄土高原地区环境变迁及其治理》，黄河水利出版社 1999 年版。牛俊杰、赵淑贞：《关于历史时期鄂尔多斯高原沙漠化问题》，《中国沙漠》2000 年第 1 期。侯甬坚：《北魏（AD386—534）鄂尔多斯高原的自然—人文景观》，《中国沙漠》2001 年第 2 期。刘东生：《黄土与全球变化》，《科技和产业》2002 年第 11 期。桑广书、甘枝茂、岳大鹏：《历史时期周原地貌演变与土壤侵蚀》，《山地学报》2002 年第 6 期。赵文武、傅伯杰、陈利顶：《陕北黄土丘陵沟壑区地形因子与水土流失的相关性分析》，《水土保持学报》2003 年第 3 期。盛海洋：《黄土高原的黄土成因、自然环境与水土保持》，《黄河水利职业技术学院学报》2003 年第 3 期。桑广书、甘枝茂、岳大鹏：《元代以来黄土塬区沟谷发育与土壤侵蚀》，《干旱区地理》2003 年第 4 期。桑广书、甘枝茂：《洛川塬区晚中更新世以来沟谷发育与土壤侵蚀量变化初探》，《水土保持学报》2005 年第 1 期。魏建兵、肖笃宁、解伏菊：《人类活动对生态环境的影响评价与调控原则》，《地理科学进展》2006 年第 2 期。

② 第四届《哲学分析》论坛针对俞吾金教授发表于《中国哲学年鉴 2010》的《中国传统人性理论的去魅与重建》一文涉及的"人性"与"人的本质"之关系、对中国传统人性论的重新分析与评估以及如何用马克思主义重建儒家人性论等关键问题，陈卫平教授、杨国荣教授、张曙光教授先后发言，提出不同看法，俞吾金教授做出回应。这次深入研讨实际上是围绕对人性论这一古老而常新话题而展开。本节采用俞吾金教授的观点，即人的本质（社会属性）指涉的是人在后天的、共同的社会生活中形成并发展起来的"一切社会关系的总和"，比如，在一定的社会结构中人所拥有的地位和相应的社会政治伦理观念，等等（俞吾金：《中国传统人性理论的去魅与重建》，《中国哲学年鉴 2010》，哲学研究杂志社 2010 年版；张曙光：《聚焦"人性"论》，《哲学分析》2013 年第 1 期；杨国荣：《中国哲学中的人性问题》，《哲学分析》2013 年第 1 期；陈卫平：《如何用马克思主义重建儒家的人性论——评俞吾金〈中国传统人性理论的去魅与重建〉》，《哲学分析》2013 年第 1 期；俞吾金：《再论中国传统人性理论的去魅与重建》，《哲学分析》2013 年第 1 期）。

上，我们除了要将"自己置身于所研究时代和所研究文化集团的立场"外，还应该对文献记载者本身进行重新的考量。换言之，我们应该尽可能地考察文献记载者的籍贯、成长背景、求学经历、为政经验和社会理想诸方面，这样一来，我们就可以更加灵活地把握文献记载者的言行意图和背后的思想，从而还原历史地理学研究中"人（人群）"本来就有的社会属性。[①]

为了更好地对生存在地理环境中"人（人群）"的社会属性进行重新考量，我们的做法是：以苏其炤等人为代表的清代陕北长城沿线官员为考察对象，梳理这些官员的籍贯、成长背景、求学经历、为政经验和社会理想诸方面要素，来分析其对施展抱负的地方的环境感知，并深究地方官员为政期间一系列地方治理的过程中，对地理环境所提供资源如何利用，怎样适应资源本身的波动，并以此引导其他群体，尤其是农牧民在具体生产实践环节如何在环境变化过程中进行调适。

## 二　"亲民之官"：地方官员施政过程中的环境感知

自清代以降，随着满蒙关系的日益巩固，蒙古地区由传统的边防要区、境外之地转而成为中央政府可以直接施加影响的管辖之区。[②] 长期处于对峙和融合状态的陕北长城沿线地区则在这种大一统的趋势下，在清康熙中期边禁开放至清光绪末年贻谷放垦的 200 余年间，经过相互摩擦、融合，得以重新定位。中央政府的政治控制能力虽在此期间有所增强，但来自清政府、蒙旗贵族、圣母圣心会、地方士绅、基层民众等不同阶层由于所处社会地位、土地占有情况等方面的不同，都会对区域社会施加不同程度上的影响。[③] 因此，中央政府为达到控制该区域之目的，多采取因地制

---

①　张建民、鲁西奇曾提出"欲真正科学地认识人地关系的演进及其特点，不仅需要站在今人的角度以今人的科学知识与对人地关系的忧患意识来看待历史时期的人地关系及其演变，还要站在'时人'的立场上，以'时人'的眼光——他的知识水平、生存需求、文化态度等——来看待'当时'的地理环境，以'了解之同情'的态度去体察'时人'对环境的感知，设身处地去理解他们的'行为环境'以及这种行为环境对'时人'行为的影响，进而分析由此而产生的'时人'的人地关系观念；在此基础上，再站在今人的角度，以今人的科学认知水平，对这些'行为环境'及人地关系观念加以理解、评判"（《"了解之同情"与人地关系演变研究》，《历史时期长江中游地区人类活动与环境变迁专题研究》，武汉大学出版社 2011 年版）。该项观点的提出是历史地理学专家学者长期深入研究的总结，也是本篇论文的思考基础。

②　张萍：《谁主沉浮：农牧交错带城址与环境的解读》，《中国社会科学》2009 年第 5 期。

③　王晗：《清代毛乌素沙地南缘伙盘地土地权属问题研究》，《清史研究》2013 年第 3 期。

宜的变通方法，充分利用地方各种势力，遂形成了政治控制方式的多元化。① 而地方官员在执行中央政令的同时，或出于为民造福的想法，或出于谋求私利的目的，在这种本来就很难定量、定性的地区，更是根据自身的利益和当地的实际情况进行相应调适。而进行调适的依据则来自自身的成长背景、求学经历、为政经验和社会理想等诸多方面。

（一）"亲民之官"的籍贯考察

道光年间，时任陕西巡抚卢坤在编纂《秦疆治略》时曾经针对"南山开垦日广，游民聚集日多，治理情形较当时尤为紧要"的情况，对陕西基层地方官员的为官之道提出认识和看法：

> 朝廷之设官为民，而地方官之于民尤切也。保障期土，父母斯民，举凡风俗之淳漓，山川之险易以及天时地利、士习民情，何一不关于治理，岂惟簿书期会即为毕乃事乎。顾簿书则有定程，可稽而治理，则无额课可考。苟非出以诚意，鲜不托诸空谈。夫地方总以得人为要，必使民安、物阜、俗美、风淳，襄大化之流，行召太和之详洽，是岂专在上司督责，而实贵于地方官之能尽其职。夫地方官之尽职亦难言矣。必公正其心，廉洁其守，洞明事理，权衡重轻，庶几措施咸宜，兴除当既非卤莽所能为，更非粉饰所可冒。②

在卢坤看来，从中央到地方的各级官员中，唯有"地方官之于民尤切也"，地方官员需要掌握辖境内"风俗之淳漓，山川之险易以及天时地利、士习民情"。而州、县一级的基层官员在地方官系列中虽然品秩较低，但在地方行政事务中扮演着极其重要的角色，地方"兴除利弊，不特藩、臬、道、府能说不能行，即督抚亦仅托空言，惟州县则实见诸行事，故造福莫如州县"③。作为一州一县的行政首脑，州县官必须对当地的各方面情况了如指掌，即"知县掌一县治理，决讼断辟，劝农赈

---

① 鲁西奇：《内地的边缘：传统中国内部的"化外之区"》，《学术月刊》2010 年第 5 期。

② 道光《秦疆治略》之《序言》，卢坤辑《中国方志丛书·华北地方》第 288 号，成文出版社 1970 年版，第 1—3 页。

③ 《平平言》卷一《造福莫如州县》［（清）方大湜，光绪十三年（1887）常德府署刻本，福建省图书馆藏，不分页］。

贫，讨猾除奸，兴养立教。凡贡士、读法、养老、祀神，靡所不综"①。在繁杂的地方事务中，州县官员的精力主要放在维持辖区内的社会秩序、征收赋税和听理诉讼。为了能够顺利完成这些日常事务，尤其是在中央政府权力相对缺失，政治控制相对较弱的"边陲之地"，州县官还需要对辖境内的山川形胜、户口田赋、民风习尚等情况有所了解。然后结合自身的成长背景、求学经历、为政经验和社会理想，施展地方治理的才华，以应对常规地方治理和突发性事件的影响。

由于清代官员的任职需要遵从《吏部铨选则例》，尤其是"官员回避"制度，因此，州县官如无特殊原因，既不允许在本省任职，也不允许在距离家乡 500 里以内的邻省任职②。甚至多"有云贵、川广之人，仕于直隶、山西，抑或江浙、福广之人，仕于川陕，其路途相去，远或万余里，近亦在五六千里之外"③。这样一来，当"亲民之官"履职之时，其所面临的地理环境便有可能和其在本籍的成长环境、求学经历迥然有异。为了达到维持社会秩序、征收赋税和听理诉讼等工作目的，州县官就需要尽快地熟悉周边环境。拥有一定社会理想的"亲民之官"还需要尽可能地做出一系列举措来推动地方社会经济的发展。而这些举措的最初来源往往来自自身的成长背景、求学经历、为政经验等方面。我们对清代陕北沿边六县 339 位县令的籍贯进行统计、分析，如图 4.2 所示。

由图 4.2 所示，陕北沿边六县知县的籍贯分布比重共分为 7 个等级，其中，就分布比重多少统计，湖北、直隶的比重最高，各有 31 位知县；而云南的比重最低，为 4 位知县。就地理环境的相似而言（以邻近两省甘肃、山西多与陕西相似），两地比重分别是第 3 级和第 4 级，分别有 15 位和 19 位知县，其余 273 位知县常年生活的地理环境多与陕北沿边六县迥然有异。如道光十八年（1838）出任怀远县知县的何炳勋，何氏系浙江山阴人，为人"刚介不阿，恺悌爱人，勤于政事"，他在怀远县"莅任既久，

---

① 《清史稿》卷一二三《志九八·职官三》，台湾商务印书馆 1999 年版，第 3329 页。
② 嘉庆《钦定大清会典事例》卷六六《吏部》载，"康熙三年题准，外任官员，现在上司中有系宗族者，皆令回避……四十二年议定，选补官员所得之缺，在五百里以内，均行回避"[《近代中国史料丛刊三编》（第 65 辑），托律等纂修，中国藏学出版社 2006 年版，第 3055 页]。
③ 杨椿：《途次见闻入告疏》，《皇朝经世文编》卷一二《治体六·知法下》，贺长龄、魏源等编，中华书局 1992 年版，第 467—470 页。

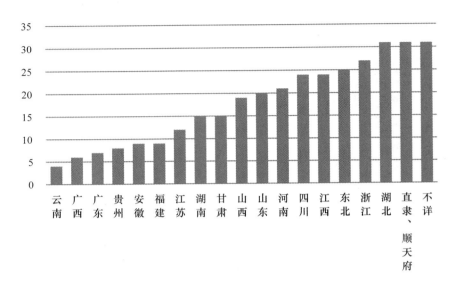

**图 4.2  清代陕北长城沿线六县知县籍贯分布比重图**

资料来源：雍正《陕西通志》卷二十三《职官四》；民国《续修陕西通志稿》卷二十二《职官十二》；道光《榆林府志》卷十四《职官志·近代文职》；嘉庆《定边县志》卷七《官师志》；光绪《靖边县志》卷九《职官志》；民国《横山县志》卷二《纪事志》。

洞悉民间疾苦，于地方利则必兴，弊则必革，实事求是"，民国《横山县志》誉为"立县以来，第一循吏也"①。又如嘉庆年间担任神木县知县的黄茂，他能够在神木县这样一个"蒙民交涉之区"，"以共直行之力砥中流，风施甚著"，也多源于黄氏在任期间对地方事务的"明作名治辨，功署少私人，案无留牍"。②

（二）"亲民之官"的视觉感受

陕北长城沿线地区位处黄土—沙漠的交接地带，典型的气候条件、突出的地貌类型构成独特的地理景观，而这样的地理景观对人类，尤其是其他地域人群的视觉冲击力度颇为明显。明代弘治年间，山东历城县李延寿奔赴陕

①  民国《横山县志》卷二《纪事志》，《中国地方志集成·陕西府县志辑》第 39 册，凤凰出版社 2007 年版，第 233 页。

②  光绪《神木乡县志》卷四《名宦志》，《中国方志丛书·华北地方》第 286 号，成文出版社 1970 年版，第 70 页。

西出任延安府知府，他由关中而至陕北的途中曾经有这样的写实性诗作：

初入郡境延绥道中

叠嶂重峦路转斜，人烟寥落重堪嗟。

峰头辟土耕成地，崖畔剜窑住作家。

濯濯万山无草木，萧萧千里少禽鸦。

吾民何日如中土，桃李春风处处花。①

从诗作内容上来看，李延寿对"郡境延绥道"千回路转的地貌景观、万山童赤的地表植被、了无生机的动物资源、人烟稀落的人口状况以及艰苦异常的人居环境都加以形象的描述。在诗作落笔时，李延寿感叹当地民生之多艰，很自然地将自己成长的环境和陕北地区进行对比，憧憬着"吾民何日如中土，桃李春风处处花"的美好景象。

无独有偶，光绪十一年（1885），赴陕西榆林府筹办开源事务的李嘉绩在其近三个月的旅程中对沿途陕北长城沿线各县的地理景观也多有记述。②

（三月）十七日丙辰，大风，夜雨，住榆林……风沙满城，几案寸积，池台庭院皆沙也。十八日丁巳，阴，住榆林……上东城，览全郡，野外沙与城齐，千里黄云，莽莽无际，郊外冢墓，累累皆在风沙中。二十日已未，晴，出南城，过永济桥、西沙河，出郡西薛家涧，至桥下，三十里沙峰子，极荒凉，居民土窑二三而已……尽日行深沙中，多蜥蜴，土人谓之沙虎。二十一日庚申，晴，立夏节，无定河岸东沙碛，岸西土山……度关上山，多沙碛，近望边城，历历如画。二

---

① 弘治《延安府志》卷一《延安府·肤施县·诗文》，陕西省图书馆、西安市古旧书店影印本1962年版，不分页。

② 光绪《榆塞纪行录》卷一《记上》[李云生撰，光绪十二年李氏代耕堂刻本，吴坚主编：《中国西北文献丛书》（第4辑）《西北民俗文献》（第3卷），兰州古籍出版社1990年版]。李云生奉陕西布政使之命于光绪十一年（1885）赴陕西榆林府筹办开源事务，其行程为光绪十一年（1885）二月二十六日至五月二十日近三月时间，而在榆林府及属县办理具体事务的时间为三月十三日至四月二十日。

十四日癸亥，晴，风与爽……寻别道过无定河，水渍浮沙，又陷入数
十张处，莫妄涉募善泅者助（儿）达岸……上沙碛十二里沙河，八里
宿十里梁。土窑数穴而已。二十五日甲子，晴，晚雨，竟日行黄沙
中，十里平夷堡，极荒凉，三十里界牌，领土窑二三穴地而入。[①]

　　上述内容是李云生对榆林府治及其周边各堡所处地理环境的真实书写，
如果说诗篇所记录的地理状况还有待商榷，那么李嘉绩日记的真实性则不容
忽视。我们需要对李嘉绩的成长背景、求学经历以及为政经验加以分析。

　　李嘉绩（1843—1907），清末藏书家、刻书家。字云生，一字凝叔，
号潞江渔者。祖籍直隶通州（今北京通县），其父官于四川，遂随父居于
华阳（今成都）。中进士第后，历知陕西保安、千阳、韩城、华州、扶风、
邠州、临潼、富平等县。李氏富藏书，著有《华州治水道记》《榆塞纪行
录》《代耕堂全集》等书。由此可见，李嘉绩虽祖籍在京师之地，但其成
长环境和求学经历都在四川。此外，李嘉绩的从政地点则主要是在陕西陕
北至关中一带，且所任之官多是直接和地方民众打交道的"亲民之官"。
因此，在他的记述中自然会对民瘼倍加关注。也正是通过近三个月的实地
调查，李嘉绩得出陕北沿边六县系"北山边苦之区，频年氛祲，人民流
匦，此行实有歉焉"的结论[②]，并将此看法呈报陕西布政使司，请求豁免
陕北地方"开源节流"之议。

　　上述诗作和日记多是李延寿、李嘉绩等人短时间内所感受到的陕北长
城沿线地区的地理环境状况，尚存"不实之虞"。而在该区域内为官多年
的"亲民之官"所记录下的内容更具有说服力。其中，以府谷县知县郑居
中颇具典型代表性，郑氏，安徽泾县人，乾隆三十三年至乾隆四十五年
（1768—1780）在府谷县知县任上共十二年之久。在此期间，郑居中主持

---

　　① 光绪《榆塞纪行录》卷一《记上》，李云生撰，光绪十二年李氏代耕堂刻本，吴坚主编：
《中国西北文献丛书》（第4辑）《西北民俗文献》（第3卷），兰州古籍出版社1990年版，第
361—368页。该书卷一《记上》又载，"道中多暇，凡山川、人物、风俗、闻见所及，记之简端
（1885），不负鸿爪所至而已，挂一漏万识者谅之"（第348页）。
　　② 光绪《榆塞纪行录》卷一《记上》，李云生撰，光绪十二年李氏代耕堂刻本，吴坚主编：
《中国西北文献丛书》（第4辑）《西北民俗文献》（第3卷），兰州古籍出版社1990年版，第
347—348页。

编纂四卷本的《府谷县志》，并在纂修过程中对该地的地理状况有更为直接和准确的感受，郑氏认为，"榆塞极边，地逼沙漠，寒早暑迟。三月而冰未泮，四月而花始发，九月地冻而冬无种植，土工不兴。麦成在六月之后，霜降常中秋之期。盛暑雨后，辄被羔裘，长夏夜间，不熄火烧，其大概也"。相应地，当地的地貌状况和人居环境多为"黄茅土山，高下相属，极目四顾，无十步平坦。廨舍庙宇，覆之以瓦，民居用土，止若棚焉。架险就中，重复不定，上引瓦为沟，遂大注亦不浸润。其梁柱榱题，颇甚华丽，下者方能细窥。城邑之外，穹庐窟室而已"①。而这些"穹庐窟室"常见于"峰峦、崖畔"之间，时有危险发生，对人居环境构成威胁。② 当地民众在习以为常的人居环境中，对附近的环境熟视无睹，而地方官员则往往会出于"为政一任、造福一方"的目的，加强行之有效的地方治理。

（三）"亲民之官"的深入调查

当地方官员在赴任路途中和为官初期直接接触当地的地理环境后，为了履行"亲民之官"的职责，振兴、维持当地的社会秩序，估算征收赋税的难易程度，还需要对当地的民生状况进行深入调查，以便对未来一段时间（惯例为三年一任）的行政事务做出规划或预期。

"亲民之官"在考察地方社会经济的基本状况时，往往会先从已有的县志入手，"求阅邑志，欲广闻见"，然而定边县知县黄沛于嘉庆十九年秋（1814）就任定边县知县之时，并不知早在乾隆三十六年（1771），县志已然"粗成"，并由"邑诸生刘君希周录其稿而珍藏之"，以至到嘉庆二十一年（1816）才从定边县典史宋谦处得阅是稿。其在阅读该志书时，结合自己于嘉庆二十年（1815）"承严查保甲之令，循行边鄙"，"目睹夫荒村断烟，户口萧条，盖缘岁比不登，民多失业"的所见所感③，对志书编修者徐观海

①　乾隆《府谷县志》卷四《风俗·气候》，《中国地方志集成·陕西府县志辑》第41册，凤凰出版社2007年版，第135页下—136页上。

②　乾隆《府谷县志》卷二《山川》载，"车家崖，即正子峁山，崖高数十仞，下孤山川水径焉，上有一村中，六月间初过见之，骇甚，唤居民至前，谕以门前筑一长堵墙，民言九月后农事毕，即筑。越三日，回过崖下，将至，果有一小孩坠崖下，村民号泣下救，随停葺饬夫役上崖相助，竟甦随饬筑堵墙无患，现今崖堵长列"（《中国地方志集成·陕西府县志辑》第41册，凤凰出版社2007年版，第43页上）。

③　嘉庆《定边县志》之《定边县知县东安黄沛增辑邑志序》，《中国地方志集成·陕西府县志辑》第39册，凤凰出版社2007年版，第4—6页。

和戴元夔的看法深表认同①。在原稿的基础之上，黄沛会同定边县典史宋谦、定边县丞江廷球对当地民众的生存状况进行详细记录，"定民苦况，凡四野产苦菜，咸采食之，边外沙蒿成米，曰登粟，岁歉辄以充饥，乡村水少而味甚卤，即凿井亦十无一甘。家各置窖贮夏雨冬雪，其中虽杂污秽，而舍此无可为水。冬月煨炕皆牛羊马粪，臭气亦所不计，该习俗然也"②，以便让"览是志者知今昔之有殊，亦足以广所闻见"。同时也可以促成后世为政者在地方治理过程中，关注民众疾苦，"心劳于抚字"。

与黄沛等人怀有同样治世思想的广西郁林州人士苏其炤在初任怀远县知县时，正值地方"己未、庚申两遭饥馑，赈贷之粮以币金代给，而米贵如珠，民仍艰食"。而苏其炤在任职怀远县之前并未有"亲民之官"的地方从政经验，因此，唯有借助其早年乡间"耕读侍家"的经验和为官之前长期接受儒学熏陶的士大夫报国情怀③，"欲移易夫奋武之俗，熏陶于揆文之化，抚恤经画修养生息"④，力图重新振兴怀远地方社会经济。经过苏其炤等人悉心调查，得出相关结论，怀远县，因"县境皆高山峻岭，河流悉出其下，虽遇大水而泻注甚捷，可以立待其涸，惟水性多碱，地皆有碱土，性坚硬而间石碛为下下瘠薄之壤。且干燥而多浮沙，遇风则飞沙泼面，扬尘蔽目，行路难之，农人布种之时，以及田禾吐穗之候，最以为患，空气中随风沙而去，苗为沙土所压也。然雨水频仍，土脉滋润，苗根

---

①　徐观海，乾隆三十二年（1767）任，浙江钱塘县人，举人；戴元夔，乾隆三十五年（1770）任，山东掖县籍，昆山县进士任事，甫三月，丁忧。（嘉庆《定边县志》卷七《官师志·文职》，中国地方志集成·陕西府县志辑》第39册，凤凰出版社2007年版，第57页下）。

②　嘉庆《定边县志》卷一三《艺文志·诗选》，《中国地方志集成·陕西府县志辑》第39册，凤凰出版社2007年版，第111页。

③　苏其炤本籍来自广西郁林州（今广西玉林市）江岸村，在雍正十年（1732）年中科举之前（时年二十八岁）的成长过程和求学经历多在广西境内。至雍正十一年（1733）时，赶赴北京参与癸丑科进士考试（会试五经联捷，殿试三甲第六十二名进士），从此开始了官宦生涯［光绪《广西通志辑要》之《郁林人物门》，苏宗经辑，16卷首1卷，光绪十六年（1890）刻本，重庆北碚图书馆藏，不分页］。在此之后，苏其炤曾于雍正十三年（1735）担任过乙卯科广东乡试同考官，直至乾隆三年（1738）才开始出任陕西榆林府怀远县知县（时年三十四岁），成为直接参与地方事务治理的"亲民之官"。苏其炤在怀远县任上前后长达14年，是清代陕北长城沿线六县400余位县令中，担任同一县知县时间最久的地方官员［民国《续修陕西通志稿》卷二一《职官一二·怀远县知县》，宋伯鲁等编纂，民国二十三年（1934）刊本；吴坚主编：《中国西北文献丛书》（第1辑）《西北稀见方志文献》（第6卷），兰州古籍出版社1990年版，第537页上］。

④　乾隆《怀远县志》《翰林院庶吉士张元龙序》，苏其炤纂，乾隆十二年（1747）刊本，第9—11页。

苗壮，则亦无妨，以沙漠不毛之区，山川荒远，幅员阔绝，地虽广袤二三百里，可耕之土百无一二。人皆辟土穴以居，数十里若比邻"①，且"怀之民人非招徕，则流移也。以招徕、流移之民而耕沙漠、石碛之地，旬月不雨则苦旱久，雨则又苦寒凉而忧冲溃。边隅之赋役尚可言哉，兹土者而欲聚繁衍以足额赋，未易事也"②。

### 三　"为政一任"：地方官员的地方治理经验

"亲民之官"在熟悉掌握地方自然环境和社会经济发展状况的基础上，开始在地方行政事务上有所作为，改进当地民众的生存条件，"开民智，兴民利"，以确保身处"边陲之地"的陕北长城沿线地区正常社会秩序维系和国家赋役的征收。

（一）兴水利、修河渠

陕北长城沿线地区是半干旱气候带向干旱气候带过渡的边界地带，常年受大陆性季风气候的影响，寒暑剧变，起风沙的频率高，农业生产对降水变化敏感，可称为典型脆弱生境地带。③ 由于研究区冬季为西伯利亚反气旋所控制，天气晴燥，多北风。春季天气很不稳定且有突变，空气干燥，风沙大，成为最干旱的季节。而夏季为东南季风最盛、空中水汽最多的季节，但降水量逐年变化大，且多暴雨④，这就导致降水情况呈现年际和季节的不均衡性。在这种情况下，夏季，尤其是7月，中雨、大雨的骤然而至，夏季降水量往往集中在几天之内，从而引发较为严重的水土流失。这样一来，水资源成为在陕北长城沿线地区从事农牧业生产的最为宝贵的自然资源。在当时农业生产技术缺乏的条件下，对于土地垦殖过程中水资源的利用对于"亲民之官"而言，"开渠灌田美政也"；对于民众而言，"今民开渠慧心也"⑤。因此，尽管受"水冲""水崩""水浸"等水

---

① 乾隆《怀远县志》卷一《地理》，苏其炤纂，乾隆十二年（1747）刊本，第6页。
② 乾隆《怀远县志》卷二《赋役》，苏其炤纂，乾隆十二年（1747）刊本，第13页。
③ 宋德明：《亚洲中部干旱区自然地理》，陕西师大出版社1989年版，第229—233页。
④ 周佩华、王占礼：《黄土高原侵蚀暴雨的研究》，《水土保持学报》1992年第3期；焦菊英等：《黄土高原不同类型暴雨的降水侵蚀特征》，《干旱区资源与环境》1999年第1期。
⑤ 民国《榆林县志》卷四一《艺文志·疏·议禁二响水开渠辩》，张立德等纂修，上海古籍出版社2015年版，第434—435页。

土流失现象的影响，山洪携带的泥沙会造成渠堰易于淤塞，地方官员仍本着"开渠以利民，民寔不能受其利，河必受其害，河坏而民田尽坏"的思路，尽可能地对辖区范围内的河流加以整治。

早在康熙年间，"延安府管理延绥各路城堡兼理屯田同知"谭吉璁对陕北长城沿线地区的水力资源进行细致考察，试图在时机成熟之时，"修渠兴利"。

> 榆溪之水，自塞外虎素兔河而来，入红石峡，向有渠，今废。而芹河之水，今碧浔桥以西，堤堰已成，可修而灌也。若城中之园圃，则龙王庙水溉之。镇城之南，为南渠，刘指挥河水溉之，多蛙、龟，土宜葵、菘矣。三岔川田，在镇城南二十里，骗马沟水之所溉也。又其南十里为夹寨园田，刘官儿寨水溉之。又其南为归德水、九股水、鱼河潴水、碎金驿水，皆溉旁近园田。种稻至禾款翠发时，有白鹭、黄鸭泛滥其间，类若江南矣。常乐堡之东园田，镇之东岔河水溉之。高家堡川中田，永利河水溉之。大柏油水溉堡南田，兔毛河水、石崒子分水皆神木河西田，昔（乔）将王效之所引也，寻废。镇之西，黑河水及寺子沟水溉响水堡田。波罗水溉堡西田，然波罗水即圁水之旁出者也，势微缓而堰实兴。清平沙水溉堡东田，致新安边、饶阳诸堡水，味苦色深黑，灌田苗为之枯，盖共地近盐池，古谓之渴水也，信矣。若清水营水、黄甫川水注田阔茂稻、粱，而平縣行水之法，未尽其利，不亦甚可惜哉。①

从上述文献中，不难看出，谭吉璁对研究区内的水力资源现状有着清晰的认识，同时也对尚未尽其利的河渠整饬工作充满期待。后世历任"亲民之官"多有"开河渠""兴民利"的思考。如道光年间出任榆林府知府的汉军镶黄旗人韦德成，韦氏"于道光七年冬来守兹土"，适逢榆溪河"之近前西门东坝方决溢"②。而榆溪河泥沙含量高，河床较软，致使河道下切快，山洪带来流水对河床的下切和侧蚀，对渠道两岸的滩地构成威

---

① 康熙《延绥镇志》卷一《地理志·水利附》，霍光平、张国华校注，上海古籍出版社 2012 年版，第 45 页。

② 民国《榆林县志》卷四一《艺文志·疏·议禁二响水开渠辩》，张立德等纂修，上海古籍出版社 2015 年版，第 434—435 页。

胁。韦德成于次年开始对此处开展调查，其率人"寻源至二响水，见峡口东接连有水磨三盘，其退水横冲，势甚汹涌，及秋末，见峡口西又添水磨一盘，与东水磨相垺，其退水作交冲之状。而东山下之沙梁全没矣。水渠下作'之'字流，而西至烂泥湾田地已刷矣"①。考察之余，韦德成将此前历任地方官员的整饬方案和事后成效加以分析，认为修渠行为耗费巨大，而成效甚浅，与其耗巨资而不得要领，不如养民力而待来者。

不过，也有地方官员在地理环境相对适宜的地方兴修水利，给当地民众带来实效。如怀远县内多有河渠整饬，"波罗堡堰，在县东北四十里，引无定河水，即圁水也，在县境流一百八十余里，威武、清平、波罗各堡及县治近河田亩皆可灌溉。惟波罗堡水势平缓，筑堰引流，灌田数百亩"②。这几处地方由于灌溉得利，土地相对肥腴，这就有可能使当地的耕作制度发生变化，即在广泛采取"粗放粗收"的轮闲耕作制的间隙中，采用精耕细作的耕作制度，选取优质作物，如麦、稻等，以谋求较高的经济效益。在乾隆《怀远县志》所载的当地农作物种类中，就存有麦、稻的记录。③ 如果这些作物占不到一定的比例，方志中也不会有相应的记载。可见，麦、稻在陕北长城沿线地区的种植是有典型代表性。而这种精耕细作与普遍存在的粗放耕作相比，其技术的应用是相对较少的，可谓是当地农业技术的"孤岛"④。

---

① 民国《榆林县志》卷四一《艺文志·疏·议禁二响水开渠辩》，张立德等纂修，上海古籍出版社 2015 年版，第 434—435 页。
② 雍正《陕西通志》卷四〇《水利二》，吴坚主编：《中国西北文献丛书》（第 1 辑）《西北稀见方志文献》（第 1 卷），兰州古籍出版社 1990 年版，第 13 页上；康熙《延绥镇志》亦载，"波罗水溉堡西田，势微缓，而堰实兴"（康熙《延绥镇志》卷一《地理志·水利附》，霍光平、张国华校注，上海古籍出版社 2012 年版，第 45 页）。
③ 乾隆《怀远县志》卷二《种植》，苏其炤纂，乾隆十二年（1747）刊本，第 21 页。
④ 此外，雍正《陕西通志》卷四〇《水利二》载，榆林县有多处堤堰在亲民之官的倡导下，修复利民，"龙王泉。在县城中，城中园圃龙王庙水溉之。南渠。在县城南门外，引刘指挥河水溉田数十亩，南渠刘指挥河水溉之，水多蛙、龟，土宜葵松。三岔川渠。在县南二十里，引骗马沟水灌溉三岔川田，今水微细，所灌无几。刘官寨渠。在县南三十里，引刘官寨水灌溉，寨旁园田。常乐堡渠。在县东三十里，引东岔河水灌田数十亩。归德堡渠。在县南四十里，引本堡东沟河水灌田数十亩。鱼河堡诸水。在县南八十里，鱼河地势稍下，居民随地掘水引流灌田。红石峡，在县东北四十里，张子立官延绥巡抚，开红石峡以通水利，榆溪之水自塞外虎素兔河而来，入红石峡，向有渠，今废。芹河在县南，芹河之水，今碧浔桥以西堤堰已成，可修而灌也。今无灌溉利。碎金驿水，溉旁近园田，今无水"。另，神木县也多兴水利。如"王堤，县城西有河，曰窟野，时有泛涨之患，本朝顺治十六年，神木道王延谏筑堤御之，名王堤。康熙二年，大水冲没，十二年，神木道杨三知重修，雍正元年，水复涨溢，旧堤咸溃，知县胡增煐帮筑石堤百十余丈，号胡公堤"[吴坚主编：《中国西北文献丛书》（第 1 辑）《西北稀见方志文献》（第 1 卷），兰州古籍出版社 1990 年版，第 12 页下—13 页上]。

（二）变通政令、便民谋生

"亲民之官"在地方行政事务的处理过程中，也会根据地方社会经济变动的需要而进行相应的调整。

同治年间，陕甘回民战争爆发，这次战争持续时间较长，涉及范围较广，对陕北、鄂尔多斯地区的经济破坏力较强。陕北长城沿线地区在战乱的影响下，人口急剧下降，许多商贸集散地、村落成为一片废墟①，农牧业生产陷于瘫痪，人民生活处于贫困的境地。战乱之后，地方官员的首要责任便是积聚人口，招抚流亡，恢复生产。如定边县知县李世瑛在其任职期间，正值陕甘回民战争结束后不久，当时的定边县"各塘路兵燹后，久无人迹"，李世瑛迅速采取措施，"详查情形，禀上宪减粮轻课，以招安之"，继而在民众渐渐回归乡土之时，深感"以此地瘠民贫种广薄收，若不济以牧养，势难赡其身家"，故而以四川同乡之谊②和蜀军营务处贵州道张刘文商议"借饷项购牛羊数千散给贫民，犹虑民难安处，重联保甲"③。这实际上是在农事活动难以为继的情况下，突破传统的农业生产模式，因地制宜，将牛羊数千分给百姓。以发展牧业生产。

清代末年，整个社会处于一种不稳定的状态之中，民族矛盾、阶级矛盾日益尖锐，需要偿付的不平等条约款项日益增多，国家财力消耗殆尽。此外，帝国主义长期虎视中国边疆地区，试图将蒙古据为己有。为了摆脱困境，清政府开始对边疆地区推行有计划的"移民实边"政策。毛乌素沙地南缘伙盘地也受到了影响，甚至该地区放垦政策的实施可以被视为清代末年绥远放垦的先声。故而在此时期针对毛乌素沙地南缘伙盘地的放垦政策，中央政府和地方政府势必出现分歧。"亲民之官"在该区域放垦政策实施过程中所发挥的作用就显得格外重要。

---

① 民国《续修陕西通志稿》卷七二《名宦九·乾隆以来死事官员附》载，宁条梁"百年雄镇一旦丘墟，良可痛也"［宋伯鲁等编纂，民国二十三年（1934）刊本；吴坚主编：《中国西北文献丛书》（第1辑）《西北稀见方志文献》（第8卷），兰州古籍出版社1990年版，第102页下—103页上］。
② 光绪《定边县乡土志》第一编《历史》第二章《政绩录》载，"同治十二年，李世瑛，四川举人，署定边知县"；"光绪元年，张刘文，四川重庆人，由廪生保贵州道蜀军营务处"［吴命新修、贺廷瑞纂，光绪三十二年（1906）抄本，不分页］。
③ 光绪《定边县乡土志》第一编《历史》第二章《政绩录》，［吴命新修、贺廷瑞纂，光绪三十二年（1906）抄本，不分页］。

光绪二十一年（1895），国子司业黄思永上书言事，请求设置垦务大臣，负责垦放伊克昭、乌兰察布二盟牧地①，清政府责令当地官员配合垦务大臣进行实地踏勘。当时的靖边县知县丁锡奎协同安边厅官员双林对毛乌素沙地南缘伙盘地的自然条件、土地状况及汉民垦殖情况等进行调查，并提出了与黄思永相左的看法。② 不过，丁锡奎在提出自己的看法后，仍然按照榆林知府的命令将需要开垦的地区开列清单，其范围大致"自晋边黄河畔起，由西南迤逦至东北，抵甘边横城止，约马路一千二百余里"③。

在整个事件的处理过程中，丁锡奎作为基层的"亲民之官"，并未一意逢迎中央政府的命令，甚而提出陕北蒙地不宜放垦的相反意见。该意见虽然代表了陕北长城沿线地区基层官员、地方士绅、当地民众的普遍想法，但能够在中央政府急于推行放垦政策之时，以基层官员的身份呈文相对，实属不易。这和丁锡奎本人的成长环境以及求学经历不无关联。

丁锡奎（1843—1912），字聚五，号黼臣，又号虎臣，清甘肃秦安县人，后住县城城关，早年师从牛树梅，中年后师从于任其昌④。此二人皆为甘肃名宿，牛树梅（1791—1875），字雪樵，号省斋，甘肃通渭人，道光二十一年（1841）进士。其从政期间"以不扰为治。决狱明慎，民隐无不达，咸爱戴之"⑤，后辞官主持成都锦江书院。而任其昌（1831—

① 《清德宗实录》卷四〇四，"光绪二十三年戊辰"，《清实录》第 57 册，中华书局 1985 年版，第 274 页下。

② 光绪《靖边县志稿》卷四《艺文志·同安边厅勘查蒙地会禀道宪》载，"卑职等悉心体察证以所见似皆实在情形，拟再驰往后草地亲勘，乃茫茫白沙无径可寻，蒙员等皆再四劝阻，适卑职锡奎前派专丁由东西两路探查转回录报各节，另开清折与蒙人所称大略相同。伏查陕北该旗蒙地沙多土少，地瘠天寒，山穷水稀，夏月飞霜兼之人民寥落招垦万难，遍为查访其附接卑县靖边一带，仅有小桥畔、城川口两处除法国洋人早年推种不计外，约可垦地百顷，尚数最上之区，然仅以糜、麻两种，丰不值钱，歉不敷，览其余中下之地，更可想已。似此情形，无论招垦无人，且有碍于蒙人游牧，即广为开辟，势必所得不偿所失，若仿照古人屯田法以兵作农给以口食津贴，恐人不敷出，反受赔累，若令自垦自种自食其力，以如今营武气习未必乐于负耒，且与蒙洋逼处诸多窒碍，卑职等再四筹酌未敢轻易屯垦，愚昧之见是否有当谨缮会禀恭候"（《中国地方志集成·陕西府县志辑》第 37 册，凤凰出版社 2007 年版，第 352 页下—354 页上）。

③ 光绪《靖边县志稿》卷四《艺文志·同安边厅勘查蒙地会禀道宪》，《中国地方志集成·陕西府县志辑》第 37 册，凤凰出版社 2007 年版，第 352 页下—354 页上。

④ 光绪《靖边县志稿》之《前延安府知府平乡景星耀序》，《中国地方志集成·陕西府县志辑》第 37 册，凤凰出版社 2007 年版，第 268 页。

⑤ 《清史稿》卷四八六《列传二六六·循吏四》，台湾商务印书馆 1999 年版，第 10947—10948 页。

1900），字士言，天水人。同治四年（1865）进士，授户部主事，留京供职。同治十二年（1873），辞官返乡，先后主讲天水书院和陇南书院。这两位博学鸿儒的为人、为学、为政都在很大程度上对丁锡奎有着默然的影响，以至于在为政靖边县时，这些影响都在丁氏处理地方事务的过程中表现得淋漓尽致。丁锡奎为了改善当地民生，曾有总结"劝民八条""禁民八条"和"劝民种树俚语"等①，在条文中，丁氏多以浅显易懂、诙谐幽默的文字让民众更快更好地理解"亲民之官"的良苦用心②。

在上述紧急性突发事件出现之时，我们可以看到许多"亲民之官"能够积极配合中央政府的重大举措，勇于担责、造福一方，积极适应资源本身的波动，进而调动现有的社会资源，并以此引导其他群体，尤其是引导基层民众在具体生产和生活实践环节进行最大程度的改善，这客观上起到了在生态环境变化过程中的调适作用。

## 四　结论

在以农为本的古代中国，民众食粮逐年逐季的丰歉，不仅直接影响到具体区域社会人群繁衍生息的基础，而且直接关系到王朝国家政治、经济、社会体系运转的根基所在。也正是基于此，封建王朝通过中央和地方各级政府开展"兴修水利、组织边垦、变通政令、便民谋生"等举措来确保民众的基本生计。

陕北地区，既是我国黄土高原的中心地带，又是中华文明的发祥地之一。它地处中纬度内陆，具有大陆季风气候特点，同时，区域内的地貌状况多表述为"丘陵起伏、沟壑纵横、地形破碎"。在这样的自然环境下，

---

①　光绪《靖边县志稿》卷四《艺文志》之《劝民八条》《禁民八条》《劝民种树俚语》，《中国地方志集成·陕西府县志辑》第 37 册，凤凰出版社 2007 年版，第 358 页下—359 页上、第 360 页。

②　光绪《靖边县志稿》卷四《艺文志·劝民种树俚语》载，"靖边人听我说，莫招贼莫赌博，少犯法安本业，多养牲勤耕作，把庄前庄后、山涧沟坡多栽些杨柳榆杏各样树科。这栽树有秘诀，入土八九分，外留少些头，年差根深，次年容易活。牛羊不能害，儿童不能折，立罚章严禁约，年年多种年年多活，将来绿成林遍山阿，能吸云雨能补地缺，能培风水能兴村落，又况那柴儿栱儿楝儿椽儿板儿，子子孙孙利益多，你看那肥美地土发旺时节，万树阴浓处处接，一片绿云世界，行人荫息，百鸟鸣和，山光掩映，日影婆娑，具可爱真可乐"（《中国地方志集成·陕西府县志辑》第 37 册，凤凰出版社 2007 年版，第 360 页）。

当地民众的传统生产方式，受地貌条件复杂、土质疏松、多季节性暴雨和地表植被相对稀少等自然条件的限制而存有显著的区域差异。此外，传统的生产方式并未因民众日常经验的积累而发生明显的改变，也没有引入任何新农业要素。通过长期的经验，他们熟悉了自己所依靠的生产要素，而且正是在这种意义上，传统的生产方式得以固化和延续。

自清代已降，由于清中央政府对研究区的治理相对薄弱，地方社会秩序的建立多有赖于地方各系势力。同时，研究区社会关系网络或以民族、血缘、地缘相类，或以利相聚，或以义相结，从而具有明显的"边缘性"。这种"边缘性"带来聚落、人口的变动和区域社会的重构。而在陕北区域社会的重构过程中，不同人群凸显出不同民族的地域传统和风俗习惯，以及民族间文化交融，从而带来区域文化多元性的呈现。此外，由于陕西北部地区的地理环境相对恶劣，动植物资源相对匮乏，土地退化处于一个逐步蔓延与暂时稳定相互交替的复杂过程中。

而陕北地方官员因在生长环境、求学经历和从政理念等诸方面都存有差异，他们在"守斯土、临斯民、莅其事、治其赋"的地方治理过程中，势必需要自身对周边地理环境逐步感知和把握。在此基础之上，这些官员结合陕北地理环境的特点和区域社会的特质，对这一地区进行行政治理和社会秩序的维系，组织基层民众对地理环境加以认知、适应和利用，进而引导基层民众在生产实践环节根据经验来选择和营建居住地、开辟和经营牧地或耕地，最终达到"为政一任，造福一方"的目的。

# 第五章　蒙边垦殖与环境变迁

## 第一节　清代怀远县土地垦殖过程研究

### 一　从"蒙边禁垦"到"中外和耕"：清代前中期土地垦殖分析

本节所考察的怀远县伙盘地位处毛乌素沙地南缘中段，该区域由北部毛乌素沙地向南，逐渐过渡为黄土高原丘陵沟壑区，正好处在中国北方生态过渡带的中段。作为毛乌素沙地南缘地区重要的一隅，怀远县经历了多次统一与分裂、政权相互更替的演变过程。至清雍正八年（1730），清政府"裁沿边卫堡，以怀、波、响、威、清五堡置怀远县，隶榆林府，废波罗州同威武巡检"，民国三年（1914）更名横山县[①]。该县因"县境皆高山峻岭，河流悉出其下。虽遇大水而濡注甚捷，可以立待其涸。惟水性多碱，地皆有碱土，性坚硬而间石碛，为下下瘠薄之壤"[②]，且"怀之民人非招徕，则流移也，以招徕、流移之民而耕沙漠、石碛之地"，故而"兹土者而欲聚繁衍以足额赋，未易事也"[③]。许多民众在康熙中期边禁开放后前往毛乌素沙地南缘租种蒙古贵族土地，从事农牧业生产。至康熙末年，怀远县口外伙盘村庄由于移民的增加而初具规模[④]。这些村庄距离边墙不远，而且多沿河流、淡水湖泊分布，呈现由南至北逐步深入的发展态势。如图5.1所示。

---

① 民国《横山县志》卷二《纪事志》，《中国地方志集成·陕西府县志辑》第39册，凤凰出版社2007年版，第320页。

② 乾隆《怀远县志》卷一《地理》，苏其炤纂，乾隆十二年（1747）刊本，第6页。

③ 乾隆《怀远县志》卷二《赋役》，苏其炤纂，乾隆十二年（1747）刊本，第13页。

④ 据民国《陕绥划界纪要》统计，康熙末年，陕北沿边六县口外所建村庄有996处。经过相关数据考订，能够定位的村庄共有268处，占到所有村庄的26.6%，具有一定代表性。

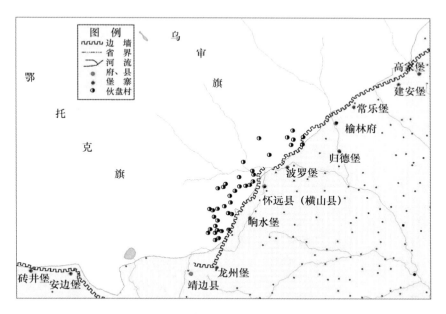

**图 5.1　康熙五十八年（1719）怀远县伙盘地分布图**

由图 5.1 可见，康熙末年，怀远县口外伙盘地的分布规模不大，而且多靠近边墙三五里不等，甚至有些村庄是紧挨城墙而设。由这样的分布特点不难分析，晋陕边民对于边外垦殖虽然已经习以为常，但由于"禁留地"的长期封禁，边民仍对深入蒙古腹地从事农牧业活动存有一定的顾虑。不过，当地蒙族人对这些移民一开始无疑是非常欢迎的，A. M. 波兹德涅耶夫记载："蒙古人……最初对大量涌到的汉人甚至感到高兴，因为他们可以把自己并无收益的荒地出租给他们，并且还可以便利地和他们进行物物交换。"[1] 另外，一些蒙古王公向官府呈请招垦也从侧面说明了这一点。[2] 而此时期，清政府虽然对内地民众进入蒙古游牧地从事农牧活动、商品贸易等采取了较为宽松的政策，但并不意味着完全放任不管、听之任

---

① ［俄］A. M. 波兹德涅耶夫：《蒙古及蒙古人》（卷二），张梦玲等译，内蒙古人民出版社1983 年版，第 57—58 页。

② 《清圣祖实录》卷一八一"康熙三十六年三月乙亥"载，康熙三十六年（1697），伊盟盟长松阿喇布奏请康熙帝"乞发边内汉人，与蒙古人一同耕种"。

之，而是尽量将之纳入政府的有效管辖之下。如晋陕边民到毛乌素沙地南缘蒙古界内垦种，要以五十里为定界①，不准逾越，且规定民众只能春去冬归，暂居塞外，"雁行""伙盘"之名亦由此而来②。至道光年间，怀远县伙盘地已颇具规模，如图5.2所示。

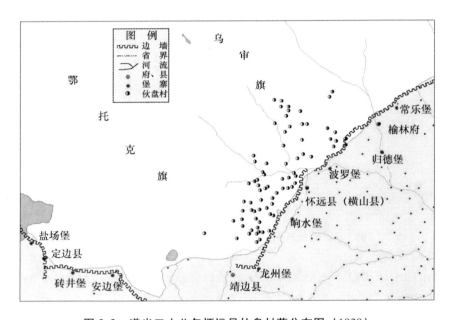

图5.2　道光二十八年怀远县伙盘村落分布图（1838）

通过图5.1和图5.2的比对，经过自康熙末年至道光末年长达一百余年的农牧业活动，晋陕边民对于蒙地的情况已经了然于胸，相应的村庄点也在不断地沿河道上溯，渐推渐远。聚落的增多预示着人口数量也有较大幅度的增长。道光二十一年（1841）前后，怀远县有89031人左右③，经初步估计，

①　道光《增修怀远县志》卷四下《边外》，《中国地方志集成·陕西府县志辑》第36册，凤凰出版社2007年版，第697—700页。

②　按，道光《增修怀远县志》卷四下《边外》载，"边外有所谓伙盘者，民人出口种地，定例春出冬归（先议秋归，后议冬归），暂时伙聚盘居，故名之，犹内地之村庄也"（《中国地方志集成·陕西府县志辑》第36册，凤凰出版社2007年版，第699—700页）。

③　民国《横山县志》卷二《建置志·村庄·户口附》，《中国地方志集成·陕西府县志辑》第36册，凤凰出版社2007年版，第282页。

五堡口外伙盘地的人口数至少应在 34600 人左右，甚至有可能更多。此外，清政府在道光十七年（1837）规定允许晋陕边民在牌界以内从事农牧业生产①，如此一来，怀远县等沿边六县口外人口和聚落的规模呈现欣欣向荣之势，遂成为当地重要的赋税来源。更为重要的是，随着怀远县等沿边六县口外大量牧地的开垦，北部农牧过渡带逐渐向北推移，相应地，周边环境在边外垦殖的过程中也在发生着较为明显的变化。

## 二　从"汉租蒙地"到"汉得蒙地"：清中后期土地垦殖分析

伴随着边外移民规模的扩大，清政府自康熙后期陆续建立了一些相关的管理机构，推行蒙汉分治政策。怀远县等沿边六县伙盘地当时虽未设县，但先后受宁夏理事厅、神木理事厅等机构管理。② 其中，康熙四十八年（1709），还在宁夏府设有典史六名，"每岁秋季出巡沿边地方，遇蒙古有命、盗重案，并会同蒙古札萨克、甘、凉、宁、榆、绥各道于事犯适中之地审勘"③。此外，康熙六十一年（1722），又从宁夏分出神木理事司员，管理神木、榆林沿边蒙民事务④，实际上主要负责管理那些到陕北长城外从事农牧业活动的汉族民众，以便查实"种地民人姓名、牛犋、租银、租糜数目"⑤。清朝相关官员的设置对于鄂尔多斯地区社会治安稳定有着积极作用，促进民族关系有着重要意义。不过，由于上述机构的官员和当地的蒙古王公相比，官微职卑，时常要承受来自旗主方面的种种压力⑥。多头管理机构并存导致政令混淆不明和行政能力低下，加之出边垦种、定

① 道光《增修怀远县志》卷四下《边外》，《中国地方志集成·陕西府县志辑》第 36 册，凤凰出版社 2007 年版，第 699 页。
② 嘉庆《钦定大清会典事例》卷七三九《理藩院·设官·内蒙古部落官制》，《近代中国史料丛刊三编》（第 70 辑），托律等纂修，中国藏学出版社 2006 年版，第 392、397—398 页。
③ 乾隆《宁夏府志》卷九《职官》，《中国地方志集成·宁夏府县志辑》第 1 册，凤凰出版社 2008 年版，第 195 页下。
④ 道光《秦疆治略》之《榆林府神木理事厅》，卢坤辑：《中国方志丛书·华北地方》第 288 号，成文出版社 1970 年版，第 175—176 页。
⑤ 乾隆《府谷县志》卷二《田赋·附民人租种（府谷县）五堡口外蒙古鄂尔多斯地土内》，《中国地方志集成·陕西府县志辑》第 41 册，凤凰出版社 2007 年版，第 60—61 页上。
⑥ 金海等编译《准格尔旗札萨克衙门档案译编》第 1、2、3 辑，内蒙古人民出版社 2010 年版；乌兰少布：《从宁夏与阿拉善纠纷看近代内蒙古的省旗矛盾》，《内蒙古大学学报》（哲学社会科学版）1987 年第 3 期。

居汉民不断增多。

清中期以来，随着移民规模的增强，神木理事厅的权势和重要性也与日俱增①，同时，陕北沿边六县也逐步对伙盘地进行有效管理②。从事开垦的农民和从事畜牧业生产的牧民在农牧业用地问题上矛盾重重，而"越界垦地"所引起农牧冲突比较常见，由于蒙族自身对于界线等缺乏一个明确的标识，因而很容易造成农业开垦过程出现界线纠纷。农牧冲突的频繁出现以及升级，严重影响到了蒙古社会的安定。然而笔者认为更为深层的原因是土地的权属关系。自从雍正十年（1732）蒙古贵族获得对"禁留地"的土地权属后③，汉族农民只有在承认蒙古贵族对土地所有权的前提下，承租蒙古人的土地从事农牧业生产，即伊盟王公最初通过将土地出租给汉族农民来收取租银，汉族农民也通过缴纳租银来获取土地的使用权，是为"汉租蒙地，蒙得汉租，祖孙递传，相安无事，终岁所获，照纳少数蒙租，再无其他负担"④。在这一农牧界限逐步北移的过程中，蒙、汉冲突事件时有发生⑤，一些蒙古民众对汉族移民的不信任感也与日俱增⑥。

---

① 道光《神木县志》卷三《建置上·附牌界》，《中国地方志集成·陕西府县志辑》第37册，凤凰出版社2007年版，第491页上。

② 道光《神木县志》卷二《舆地下·蒙地》，《中国地方志集成·陕西府县志辑》第37册，凤凰出版社2007年版，第484页。

③ 关于"禁留地"的土地权属问题，道光《神木县志》卷三《建置志上·附牌界》载，"国初旧制中外疆域不可混同，于各县边墙口外直北禁留地五十里作为中国之界"（《中国地方志集成·陕西府县志辑》第37册，凤凰出版社2007年版，第491页上）；又民国《续修陕西通志稿》卷二八《田赋三·屯垦·鄂尔多斯蒙部述略》载，"蒙旗、汉人皆不能占据"（宋伯鲁等编纂，民国二十三年（1934）刊本；吴坚主编：《中国西北文献丛书》（第1辑）《西北稀见方志文献》（第7卷），兰州古籍出版社1990年版，第45页上）。关于蒙古贵族对该区域的土地权属，道光《增修怀远县志》卷四下《边外》载，雍正八年（1730），经理藩院尚书特古忒奏，边墙外"五十里禁留之地，何得蒙古收租"，经过议处，决定让陕北沿边六县官吏征收粮草归地方官仓储备。时隔不到两年，伊克昭盟发生荒歉现象。鉴于禁留地所带来的经济效益足以应付，清政府又准许蒙古贵族收取禁留地租银，以减少灾荒所带来的经济损失（《中国地方志集成·陕西府县志辑》第36册，凤凰出版社2007年版，第697—698页）。

④ 民国《绥远通志稿》卷二〇《农业》，第3册，绥远通志馆编纂，内蒙古人民出版社2007年版，第160—169页。

⑤ 《山西河曲鲁睿佃种那木扎杜地亩每年交租银六两黍子两石》，中国第一历史档案馆、中国社会科学院历史研究所：《清代地租剥削形态》，中华书局1982年版，第124—126页。

⑥ 蒙民对汉民的不信任见黄奋生著《蒙藏新志》（民国二十七年铅印本，1938），第135页："蒙人虽秉性忠厚，而其心多疑，每与人共，不能披肝沥胆，辄恐受人之愚用，此或亦历史诸般事实所造成之心理，而至今未能完全洗净者也。"

　　一旦晋陕移民在土地垦殖时触及蒙古游牧经济的利益，蒙古贵族则通过呈请官方驱逐①和蒙旗私相驱逐②的方式来解决蒙汉矛盾。在驱逐过程中，蒙族多"把畜群赶到了契丹人（汉人）的耕田中，庄稼尚未收割，当太阳出来时，那里的庄稼便一无所剩了，全部被牲畜们啃吃掉或被其蹄子践踏了"，汉族民众只得迁移他处另谋生路③。延至后期，伴随着进入毛乌素沙地南缘的晋陕移民规模逐步加大，特别是由于"踩路效应"而产生的同一宗族、同一地域的人口大量的涌入，在毛乌素沙地南缘形成众多伙盘村庄。由于蒙古贵族对土地所有权的控制力处于日益下降的趋势，汉族民众也逐渐脱离相应的依附关系，凭借自身力量，拒不缴租。在遇到蒙族驱逐汉族农民、破坏庄稼时，离开原有土地，前往他处继续谋生④。同时，蒙古贵族缺乏对土地的有效经营，加之前来垦荒者的"游农"特性，其土地耕种权往往互相转让，几年之后，原来占有土地权的蒙族很容易丧失对土地权益的控制。这就引起蒙古贵族的不满，蒙汉之间的矛盾日益突出，并时常发展为械斗。如道光十四年（1834），达拉特旗台吉等招徕汉民私自开垦了驿站草地，由于垦种越界，"其游牧地方贝子亲往驱逐，民人恃众，砍伤二等台吉萨音吉雅等"⑤。由此，"垒相竞争，胶葛难清，边患亦往往因之而起"⑥。

　　在清代后期，国内阶级矛盾日渐尖锐，农民起义此起彼伏，统治者疲于应付，蒙陕农牧交错带也处于社会危机日益深化之中。而且频繁的民众抗争事件、自然灾害对蒙陕农牧交错带区域社会影响很大，使得区域内的经济生产也出现停滞和倒退。

　　陕甘回民战争爆发，清政府于鄂尔多斯西南边境部署蒙兵，以防止回

---

　　①　道光《神木县志》卷三《建置上·附牌界》，《中国地方志集成·陕西府县志辑》第37册，凤凰出版社2007年版，第491页上。

　　②　［法］古伯察：《鞑靼西藏旅行记》，耿昇译，中国藏学出版社1991年版，第221—222页。

　　③　该事件发生在法国传教士古伯察途经鄂尔多斯的二十多年前，即嘉庆末年至道光初年（19世纪20年代）。

　　④　［法］古伯察：《鞑靼西藏旅行记》，耿昇译，中国藏学出版社1991年版，第221—222页。

　　⑤　《清史稿》卷五二七《列传三○七·藩部三·鄂尔多斯》，台湾商务印书馆1999年版，第11912页。

　　⑥　民国《续修陕西通志稿》卷二八《田赋三·屯垦·鄂尔多斯蒙部述略》，宋伯鲁等编纂，民国二十三年（1934）刊本；吴坚主编：《中国西北文献丛书》（第1辑）《西北稀见方志文献》（第7卷），兰州古籍出版社1990年版，第45页上。

民军进入邻近的内蒙古地区。同治六年（1867），随着左宗棠率军进陕，回民军逐渐被击败，向北退却。同治七年（1868），陕北的回民军"马家拉拉等，率领马步万余，窜陷宁条梁之后"，又向伊克昭盟腹地发动进攻①，并对当地参战的蒙古军民进行报复性战争。夏秋间，有几支回军马队深入鄂尔多斯腹地，盘踞在准噶尔境内古城、十里长滩等地四出袭扰郡王、达拉特、杭锦、札萨克旗境②。至同治八年（1869），回民军已遍布鄂尔多斯，随着清军进剿军队增援和部署，伊克昭盟等内蒙古西部地区成为陕甘回民战争的主要战场。怀远县口外更成为军事征战的场所，同治七年（1868）三月十八日，"董福祥与马三营回匪开杀于怀远堡之邵家坬一带，死伤甚多，尸体蔽野，遮断行旅"③，其余各堡也多有战事。这就导致了怀远县伙盘地在战乱的影响下，人口急剧下降，农牧业生产陷于瘫痪，人民生活处于贫困的境地。

光绪初年，在北中国的晋、冀、鲁、豫、陕五省发生了特大旱灾，此次旱灾普遍起于光绪二年（1876），止于光绪五年（1879），以光绪三年、四年最为严重。在陕北地区，"北山旱灾以榆林之怀远、葭州、府谷，绥德之米脂、清涧、吴堡为重。神木、靖边本望有秋，又为严霜所侵，次则延安所属，又次则鄜州，既无存粮，又鲜富户粮，此凶灾情殊可悯已"④。饱经战争洗礼的怀远县"自春徂夏，旱无滴雨，赤野千里，斗米银二两，饥民僵毙者甚众"⑤。许多伙盘地居民纷纷离开原有的居所，逃荒在外，以至许多伙盘地村落暂时荒废。表5.1为自道光二十一年至民国七年前后（1841—1918）怀远县伙盘地的村庄记录。

---

① 《清史稿》卷五二七《列传三〇七·藩部三·鄂尔多斯》载，"南自依克沙巴尔、北至固尔本柴达木，焚掠殆遍。要地如古城、哈拉寨、十里长滩诸处皆不守。蒙兵不能战，屡请撤退"（台湾商务印书馆1999年版，第11912页）。

② 苏德：《陕甘回民起义期间的伊克昭盟》，《内蒙古师大学报》（哲学社会科学版）1998年第5期。

③ 民国《横山县志》卷二《纪事志》，《中国地方志集成·陕西府县志辑》第39册，凤凰出版社2007年版，第315页。

④ 民国《续修陕西省志稿》卷一二七《荒政一·赈恤》，宋伯鲁等编纂，民国二十三年（1934）刊本；吴坚主编：《中国西北文献丛书》（第1辑）《西北稀见方志文献》（第9卷），兰州古籍出版社1990年版，第153页。

⑤ 民国《横山县志》卷二《纪事志》，《中国地方志集成·陕西府县志辑》第39册，凤凰出版社2007年版，第316页。

表 5.1　　　　　　　晚清至民国时期怀远县伙盘地村庄统计

| 区名 | 年代 | 伙盘村落（村） | 怀远县村庄总数（村） | 伙盘村比例（%） |
|---|---|---|---|---|
| 怀远堡 | 道光二十一年（1841） | 131 | 259 | 50.6 |
|  | 民国七年（1918） | 62 |  |  |
| 波罗堡 | 道光二十一年（1841） | 96 | 181 | 53.0 |
|  | 民国七年（1918） | 35 |  |  |
| 响水堡 | 道光二十一年（1841） | 33 | 142 | 23.2 |
|  | 民国七年（1918） | 25 |  |  |
| 威武堡 | 道光二十一年（1841） | 136 | 288 | 47.2 |
|  | 民国七年（1918） | 55 |  |  |
| 清平堡 | 道光二十一年（1841） | 41 | 253 | 16.2 |
|  | 民国七年（1918） | 40 |  |  |
| 总计 | 道光二十一年（1841） | 437 | 1123 | 38.9 |
|  | 民国七年（1918） | 217 |  |  |

资料来源：道光《增修怀远县志》卷一《乡村·五堡口外牛犋伙盘地》，《中国地方志集成·陕西府县志辑》第 36 册，凤凰出版社 2007 年版，第 501—505 页；民国《陕绥划界纪要》卷四《横山县已垦地亩表册》［樊士杰等编，静修斋民国二十二年（1933）印刷，榆林市星元图书馆藏］。

　　战乱和灾荒之后，虽然大多民众会回至废弃的伙盘村庄重建家园，但是伙盘村庄的数量和规模都大打折扣。光绪十二年（1886），赴陕西榆林府筹办开源事务的李云生在对边外伙盘地进行调查时，看到怀远县城"井邑萧条，城中仅七八户，令廨而下，了无片瓦"，乡间的土地买卖"有以四十垧质六千钱无应者"，无定河沿岸"极荒凉，居民土窑二三而已"[1]。至民国七年（1918），怀远县口外伙盘村庄为 217 处，相对道光二十一年

---

　　[1] 光绪《榆塞纪行录》卷一《记上》［李云生撰，光绪十二年李氏代耕堂刻本，吴坚主编：《中国西北文献丛书》（第 4 辑）《西北民俗文献》（第 3 卷），兰州古籍出版社 1990 年版］。李云生奉陕西布政使之命于光绪十一年（1885）赴陕西榆林府筹办开源事务，其行程为光绪十一年二月二十六日至五月二十日近三月时间，而在榆林府及属县办理具体事务的时间为三月十三日至四月二十日。在此期间，李云生曾于四月初出边墙对伙盘地进行实地考察。

（1841）的 437 处村庄数而言已经相差较为悬殊。其中，波罗堡因在同治回民战争中多次遭受战火洗礼，并终被攻陷①，随后而来的"丁戊奇荒"也使得当地民众雪上加霜，一时之间，难以恢复，因而，该堡口外伙盘村庄数下降最巨，前后相差近 3 倍。

### 三　边外垦殖对环境的影响

清代毛乌素沙地南缘的环境变化过程为两方面原因叠加而成，一方面原因来自自然环境本身的变化，另一方面在气候发生转折的背景下，进入了伙盘地居民的边外垦殖时期，由此而产生的后果叠加在自然环境变迁的背景上，加速了环境变化过程，从而使得农牧交错带逐渐北移。至清代晚期，蒙禁彻底开放，汉族移民大量涌入边外，在草原腹地许多不宜垦殖的土地进行垦殖，经历了一个由点到线到面的过程，这个过程更可视为渐进式的。在此期间，伙盘地界石得以逐渐北移错位，边外垦殖渐成规模。

在边外垦殖的过程中，大量涌入边外的民众所采取的农业生产方式主要依赖落后的歇耕和游耕方式，在这种技术条件下增加总产量只能依靠扩大耕地面积来实现。开垦荒地草原成为鄂尔多斯地区农业发展的主要途径。但是，对于畜牧业生产而言，"在天然牧场上饲养牲畜，几乎不需要任何费用。这里起决定作用的，不是土地的质，而是土地的量"②。牧场面积的缩小，最终必然影响畜牧业。农业扩张的同时，农业粗放的耕作方式加速了鄂尔多斯生态恶化。环境因素逐渐成为畜牧业对农业生产的逆向影响主要因素。

在普遍推行原始撂荒生产而外，伙盘地居民或是出于自发性质，或是在地方政府的引导下，有组织地兴修水利。在怀远县边外，无定河、海流兔河、纳令河、黑河等河流交错纵横，乡绅、地方政府先后组织民力对无定河、海流兔河等河流进行"修堤筑坝，放水灌溉"，希望利用上游冲刷下来的泥沙进行耕作，并收到一定实效。当地民众对上述河流进行整治

---

① 民国《横山县志》卷二《纪事志》载，同治七年（1868）"正月十三日晨，波罗城陷，参将阿章阿同守备德贵、靖边都司德昌殉难，简放总兵文星明由榆奉令率兵星夜赴援，甫抵波城，孤军陷入贼丛，奋力转战，手刃无算，卒众寡悬绝，坠马身殉。军民死伤万余，掳掠人畜殆尽"（《中国地方志集成·陕西府县志辑》第 39 册，凤凰出版社 2007 年版，第 314—315 页）。

② 马克思：《资本论》第三卷，人民出版社 1975 年版，第 756 页。

后，利用定期洪水泛滥而淤积在两岸的泥沙来育肥土地，选取麦、稻、蔬菜等作物，从事较为精细的耕作方式。[1] 乾隆《怀远县志》曾将麦、稻等作物作为重要的当地作物来加以介绍，可见，这些收益较高的作物仍是当地民众获取更好的经济收入来源。只不过，上述作物仅能种植于"沟渠纵横"之地，相对于更多地方采用的歇耕和游耕方式来说，这种技术的应用相对较少。不过，由于气候条件所限，夏季经常出现不定期强降雨，加之资金的匮乏、水利治理技术的落后以及人们对于河流的水文状况尚未有清晰认知，这些河流经常发生"淤岸""河决"现象，而位于沟渠纵横的高产之地，沟渠常被洪水冲毁，田园遭到毁弃，收成无望。因此，更多的民众仍然会选择多耕多种的方式来维持基本的生计，这就势必造成土地利用的恶性循环。

此外，由于区域内很多地方的自然环境不太适宜农耕，农业产量低，只靠农业恐怕养活不了那么多人。进入鄂尔多斯的汉族农民也开始因地制宜从事畜牧业生产。在怀远县口外，从事耕种的汉族农民，也因地多沙碛，一顷最多不过收获十担八担，一到旱年便陷入饥荒之中，"靠庄稼不够生活，于是以牧畜为副业者渐多，垦区里面也一样活动者羊群"[2]。此外，许多游牧民往往以牛羊等实物偿付商人的债务或者手工业者的劳动报酬，汉族商人和手工业者将得来的牲畜寄养在蒙地，形成一定规模的畜牧业生产。贫瘠的土地在一定程度上限制了畜牧业的发展，但是，广阔的土地对于农业而言，可以用扩大耕地的面积来弥补单位产量的劣势。到清代晚期，怀远县口外的乌审旗等地农业环境不断恶化，耕地沙化不止，最终不得不弃耕还牧。

## 第二节　清至民国定边县八里河灌区
## 土地垦殖过程及其影响

21 世纪人类面临着人口、资源、环境三大危机，其中尤以水资源危机

---

[1]　民国《横山县志》卷三《实业志》，《中国地方志集成·陕西府县志辑》第 39 册，凤凰出版社 2007 年版，第 433—434 页。

[2]　高天：《我们的绥蒙》，新中国文化出版社 1940 年版，第 38 页。

最为严峻。毛乌素沙地南缘，是黄土地貌和沙质地貌的交界地带，在大陆性季风气候的影响下，年季降水量变化显著，土壤保水能力相对较弱，从而对农业生产具有明显作用。[①] 因此，在这一区域内从事农牧业生产活动[②]，水资源则成为最为宝贵的自然资源。它不仅是荒漠绿洲形成、发展和稳定的基础，是生态平衡与稳定的最主要的组成要素，在一定程度上，它是制约生态系统变化的主要因子。在当时农业生产技术缺乏的条件下，对于土地垦殖过程中的水资源的利用不仅意味着研究区内土地利用方式的变化，民众生活、生产需要的满足，对区域经济社会也起着潜移默化的作用，更为深远的是对周边生态环境也起着潜移默化的作用。本节以陕西定边县八里河灌区为案例，依据清至民国时期文献中记载的有关资料，复原研究区内 300 余年间围绕水资源利用而展开的土地垦殖过程，探讨自然变异对研究区内环境及生业构成影响问题，在此基础上，重新审视该区生态环境演替的真实情况。

## 一　问题的提出与学术史回顾

定边县八里河灌区因定边县境内的八里河而得名，该条河流自道光二十三年（1843）因连续强降雨由白于山地发源，自南至北流经定边县安边镇，并注入边外，最终没入毛乌素沙地，成为蒙陕边界地带主要的内流河之一。[③] 后经乡绅民众、地方政府、圣母圣心会和蒙族贵族等社会各界的影响下，因地制宜，长期引用上游洪水漫灌土地[④]，将沙土边界带大量沙荒碱地加以治理，从而使得八里河灌区的生产技术发生改变，继而带来生态景观的改变。

关于八里河灌区的相关研究，自 20 世纪 30 年代以来即得到学术界

---

① 宋德明：《亚洲中部干旱区自然地理》，陕西师大出版社 1989 年版，第 229—233 页。
② ［比］王守礼：《边疆公教社会事业》，傅明渊译，上智编译馆 1950 年版，第 9 页。
③ 民国《续修陕西通志稿》卷六一《水利·定边县·八里河渠》，宋伯鲁等编纂，民国二十三年（1934）刊本；吴坚主编：《中国西北文献丛书》（第 1 辑）《西北稀见方志文献》（第 7 卷），兰州古籍出版社 1990 年版，第 583 页下。
④ 引洪漫地是利用洪水漫灌农田，拦蓄泥沙，提高地力，增产粮食的有效措施，是变水害为水利的好方法。引洪漫地有引河洪、山洪、路洪等多种形式。

的深切关注。① 其中，以赵永复和朱士光二位历史地理学者的研究最具代表性。80 年代初，赵永复通过对《陕北无定河流域第四纪地质调查报告》、《皇明九边考》以及乾隆《内府舆图》的研究，得出三项推论：八里河是无定河支流，原本和无定河上源之红柳河相通；八里河的出水口因为沙丘堵塞而与红柳河隔绝，并成为佟哈拉克泊的主要来源；明代图上的湖泊和清图上的佟哈拉克泊源出边内，所以八里河和这一带湖泊脱离关系，应是近期的事。朱士光基于乾隆《内府舆图》、同治《清一统舆图》、嘉庆《定边县志》以及光绪《定边乡土志》的研究，对赵文上述论断皆提出疑问，并认为八里河"通向城川草滩的流路在光绪年间尚保持畅通，其被流沙阻断自在光绪年间之后。这又提供了城川、安边之间的流沙出现甚晚，是进入民国以后才形成的一个佐证"。1990 年，赵永复根据 1∶10 万地形图、《陆地卫星假彩色影像图》（1∶50万）以及《陕北无定河流域第四纪地质调查报告》的细致分析，再次坚持己见，并对朱文所提出的"入民国后，城川、安边之间才出现流沙现象"的观点加以否定。

　　上述两位学者的深入研究，既为后学者展示了科学讨论的典范，同时也为八里河相关研究的进一步深究提供了科学依据。笔者认为，学术界目前仍在两个问题上存有分歧：八里河是否有可能和长城北侧之湖泊存有关联？安边至城川一带在民国时期是怎样的生态状况？需考察处于黄土地貌和沙地地貌的边界地带的地形、土壤状况和气候条件，这些都会对清代八里河的成因至关重要。此外尚需对清至民国时

---

① 周颂尧：《鄂托克富源调查记》，绥远垦务总局 1928 年版，内蒙古图书馆编《内蒙古历史文献丛书》之六，远方出版社 2007 年版，第 74—75 页；全国经济委员会水利处编：《陕西省水利概况》，美丰祥印书局 1938 年版；王挺梅等：《陕北无定河流域第四纪地质调查报告》，中国科学院黄河中游水土保持综合考察队、中国科学院地质研究所《黄河中游第四纪地质调查报告》，科学出版社 1962 年版，第 23—61 页；周鸿石：《利用洪水泥沙，改良土壤，发展农业生产——陕西省定边县八里河淤灌区介绍》，《人民黄河》1964 年第 4 期；绥德水土保持科学实验站靖边分站：《靖、定山涧地区的引洪漫地措施》，《人民黄河》1964 年第 6 期；黄委会规划设计处中游组：《八里河引洪淤灌调查》，《人民黄河》1964 年第 11 期；赵永复：《历史上毛乌素沙地的变迁问题》，《历史地理》创刊号，上海人民出版社 1981 年版，第 34—47 页；朱士光：《内蒙城川地区湖泊的古今变迁及其与农垦之关系》，《农业考古》1982 年第 1 期；朱士光：《评毛乌素沙地形成与变迁问题的学术讨论》，《西北史地》1986 年第 4 期；赵永复：《再论历史上毛乌素沙地的变迁问题》，《历史地理》第 7 辑，上海人民出版社 1990 年版，第 171—180 页。

期八里河灌区的农牧业生产过程开展有效研究。有关研究对"人"的因素缺乏深入研究，忽略甚至无视区域人群的社会经济行为。在毛乌素沙地南缘地带，不同社会阶层由于所处经济地位、社会影响力等方面的不同，都会对土地产生或多或少的作用，继而对周边生境带来不同程度上的影响。

## 二 八里河及其灌区地貌类型分析

据民国《续修陕西通志稿》载，"安边堡城东八里河发源于南山，道光二十三年秋大雨，水深数尺，南山内九涧冲刷成渠"①。文中所载"南山内九涧"系指八里河主要源头，其大致可分为西源、中源和东源，其中，以西源鹰窝涧（曹沟、张美井沟）最长，约30.5千米。此外，中源为谷山涧（旗杆山一水），东源为杨山涧，西、中两源合流后汇入杨山涧（谢前庄）后，直至河流尾闾，全河总长54.5千米，是陕西境内最大的内陆河。该河以水口为界，其上为上游，其下为下游。下游河道出陕北长城至石洞沟、郭家寨（郭家梁）一带开始灌田，从郭家寨（郭家梁）再向北二十八里至补杜滩②入"赔教地"界③，八里河灌区系指自郭家寨以南的河流漫灌区域（如图5.3所示）。

上述西、中、东各源头的地貌类型以黄土梁塬垌地为主，这种地貌类型的塬梁面海拔1500—1600米，相对切割深度100—200米，梁缓垌宽，梁垌相间。其地貌演变史为在中更新世末期④的堆积离石黄土⑤的基础上，

---

① 民国《续修陕西通志稿》卷六一《水利·定边县·八里河渠》，宋伯鲁等编纂，民国二十三年（1934）刊本；吴坚主编：《中国西北文献丛书》（第1辑）《西北稀见方志文献》（第7卷），兰州古籍出版社1990年版，第583页下。

② 目前，关于补杜滩的定位问题尚不明晰，仅知该地大约在郭家寨（郭家梁）以北二十八里处。

③ 光绪《定边县乡土志》第二编《地理》第二章《山水》[吴命新修、贺廷瑞纂，光绪三十二年（1906）抄本，不分页]。

④ 中更新世（Middle Pleistocene 780-130 ka）是地质时代第四纪冰川更新世中间的一个时期。

⑤ 离石黄土（Lishi loess）属于中更新世晚期，分布于中国华北、西北、黄河中游等地区，典型剖面在山西离石县，故名。呈浅红黄色，较午城黄土为浅，较马兰黄土为深，以粉沙为主，不具层理，含多层棕红色古土壤，其下多有钙质结核，有时成层。离石黄土厚90—100米，构成黄土高原的基础。离石黄土与午城黄土又统称为"老黄土"。

经过强烈的剥蚀侵蚀，再演变为河湖小盆地，又为马兰黄土①所掩埋，逐渐形成"黄土宽谷"。至晚更新世以来②，接受黄土堆积以及雨洪将周围梁峁坡面的黄土冲刷物搬运充填其中，在全新世时期③，这里未受到强烈切割，因而保存了宽谷缓梁形态。又因为白于山北侧比南侧平缓，墹地形成后，北侧河流侵蚀较弱，特别是一些支沟溯源侵蚀尚未到达墹地，墹地本身平缓，降雨时又未形成地表线状、沟状径流，因此在一些支沟墹地保存较好④。而"南山内九涧"之杨山墹、谷山墹、鹰窝墹等墹地的土层深厚，多为细沙黄绵土，土壤的抗蚀性极差⑤，加之这些墹地的墹底微向中轴和下游倾斜，形成冲沟溯源侵蚀强烈的谷段，因此其沟宽300—400米，深20—30米或50—60米不等，较为平展开阔的墹地被分割成零星的坪地（也称为破墹、杖地）。在清至民国时期的近三百年时间尺度内，上述区域的地貌状况在土壤侵蚀（尤其是水力侵蚀、重力侵蚀）的作用下，日趋残破，在洪水来袭的情况下，多种营力造成的地貌变化现象尤为突出。

　　此外，由于研究区属暖温带和温带半干旱大陆性季风气候，冬季为西伯利亚反气旋所控制，天气晴燥，多北风。春季天气很不稳定且有突变，空气干燥，风沙大，成为最干旱的季节。而夏季为东南季风最盛、空中水汽最多的季节，但降水量逐年变化大，且多暴雨⑥，这就导致降水情况呈现年、季的不均衡性。在这种情况下，夏季降雨量会在短暂的时段内集中而至，从而带来不同程度的水土流失现象。根据赵永复的推论，由八里河各源头汇集而成的大量泥流有可能冲破墹地，沿白于山北侧的黄土高平原地貌类型区顺流而下，进入到地势较为低下的沙丘洼地和草滩盆地之中。

---

　　①　马兰黄土（loess of Malan），中国第四纪黄土分期名称之一（华北晚更新世黄土，典型的风力堆积物），标准剖面地点在北京市门头沟区斋堂川北山坡上，因附近清水河右岸有马栏阶地而命名。马栏阶地高出河面30—40米，由松散黄土类物质及沙、砾石层组成，但马栏阶地上并无黄土沉积，马栏黄土为淡灰黄色，疏松、无层理。

　　②　晚更新世（Late Pleistocene）也称上更新世，年代测定为126000年（±5000年）至10000年，是第四纪中更新世的最后阶段，之后全新世开始。

　　③　全新世（Holocene Epoch；Holocene），开始于12000—10000年前持续至今，是最年轻的地质时期（地质时代）。这一时期形成的地层称全新统，它覆盖于所有地层之上。

　　④　甘枝茂主编：《黄土高原地貌与土壤侵蚀研究》，陕西人民出版社1990年版，第66—67页。

　　⑤　榆林地区水保工作队：《陕西省榆林地区水土保持区划》，内部参考资料，1986年，不分页。

　　⑥　周佩华、王占礼：《黄土高原侵蚀暴雨的研究》，《水土保持学报》1992年第3期；焦菊英等：《黄土高原不同类型暴雨的降水侵蚀特征》，《干旱区资源与环境》1999年第1期。

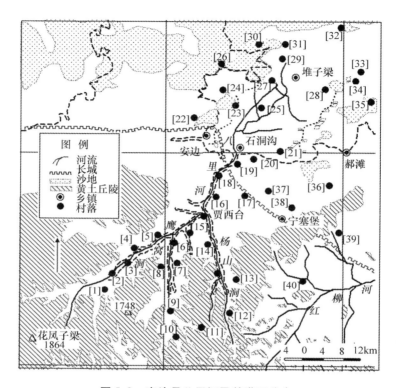

图 5.3　定边县八里河及其灌区分布

| [1] 杨井 | [2] 贺崾崄 | [3] 张美井 | [4] 余家岔 | [5] 解圪 | [6] 吴庄 |
| [7] 武峁子 | [8] 郑平庄 | [9] 旗杆山 | [10] 南庄 | [11] 刘阳湾 | [12] 贾崾崄 |
| [13] 学庄 | [14] 三路渠 | [15] 短涧子 | [16] 黄渠 | [17] 安子里 | [18] 梁庄 |
| [19] 郭家梁 | [20] 罗峁 | [21] 新庄 | [22] 张家梁 | [23] 钟家坬 | [24] 东陈家圈 |
| [25] 张家寨子 | [26] 胡海子 | [27] 杨圈坬 | [28] 白土岗子 | [29] 庙把梁 | [30] 大海子 |
| [31] 三茂盛湾 | [32] 营盘梁 | [33] 王台子 | [34] 小滩子 | [35] 曹家坑 | [36] 吴家井 |
| [37] 贾家圈 | [38] 高家寨子 | [40] 杨福井 | | | |

资料来源：陕西省档案馆藏，《陕西省三边教产界限暨教堂分布图》、《三边教产区域图》、《天主教堂分布图》，008/0311；嘉庆《定边县志》之《定、靖两县界址图》，《中国地方志集成·陕西府县志辑》第39册，凤凰出版社2007年版，第11页下—12页。

实际上，早在嘉庆七年（1802），位处定边县南二十里之乾沟就曾经发生过较为严重的土壤侵蚀现象。其记录内容为"大雨，乾沟水发，涌溢县城，街衢深至三五尺，城垣、庐舍至有倾坏。查乾沟距县城南二十里，上接甘肃、庆阳一带，通衢约长八九十里。两面皆山，每于夏秋之间，雨连水涨，众山之水悉汇兹口而出"①。由于白于山地北侧的黄土高平原区由风积、坡积黄土组成，地面完整而平坦，沟壑发育，地面破碎。沟埫地与沟壑之比为4∶6，沟壑密度6—8千米/平方千米。梁峁坡多为10°—25°，沟谷坡多为25°—45°②。坡面及沟壑流水侵蚀剧烈，土壤侵蚀极其严重。雨季到来之时，地表径流带来的泥沙使得河水含肥量高、色质呈"粥样"，并在下游的低地和洼地淤积，形成洪漫滩地，其上发育着草甸栗钙土或淡栗钙土，从而为下游灌区的形成提供了前提。

至于八里河下游地区，区域内气候干旱、地表起伏不大，组成物质松散，因此流水、重力作用不显著，沟壑不发育，风蚀风积地貌分布普遍。光绪末年，有人曾在定边、靖边县口外做过调查，（城川）"周围千里大约明沙、扒拉、碱滩、柳勃居十之七八，有草之地，仅十之二三"③。其中，"明沙"为流动沙丘，"扒拉"为略有附着物的半固定沙丘。"碱滩"为盐碱化较严重的下湿滩地和干滩地，由于地下水位较高且埋藏较浅、排水不良，导致盐碱化相对严重，而"柳勃"的盐碱化程度较轻。研究区内并无深林茂树、"软草肥美之地"，只有一些"硬沙梁、草地滩"。此外，研究区内许多滩地和盆地中部低洼，有的积水成湖，表面坡度3°—10°，越向盆地、洼地中心越平坦，地下水丰富，埋藏浅。

在这种沙丘沙地和草滩盆地混杂的地貌条件下，当地民众在选择采取何种生产、生活方式时，存有很大的余地，农耕和放牧两种经营方式在不同时期的自然和社会因素的影响下，迭为交替④。

### 三　边界带环境和农牧业方式的抉择

邹逸麟、张修桂、王守春主编的《中国历史自然地理》是目前我国在

① 嘉庆《定边县志》卷一《地理志·山川》，《中国地方志集成·陕西府县志辑》第39册，凤凰出版社2007年版，第17页。

② 陕西师范大学地理系《陕西省榆林地区地理志》编写组：《榆林地区地理志》，陕西人民出版社1987年版，第44页。

③ 光绪《靖边县志稿》卷四《艺文志·同安边厅勘查蒙地会禀道宪》，《中国地方志集成·陕西府县志辑》第37册，凤凰出版社2007年版，第352页下—354页上。

④ 光绪《定边县乡土志》第一编《历史》第二章《政绩录》［吴命新修、贺廷瑞纂，光绪三十二年（1906）抄本，不分页］。

该学科领域相关研究中的集大成者，该项研究对学术界关于毛乌素沙地的环境变化过程及成因进行了总结归纳，即"毛乌素沙地沙漠化过程大约延续在唐代后期以来的千余年间，而沙漠化的进程表现为愈趋晚近愈为剧烈，沙漠化的原因应是自然和人文因素相互叠加、共同作用的结果，是在半干旱气候和丰富的沙源物质等因素的基础上叠加上人为不合理的活动而产生的"[1]。文中所提及的"人为不合理的活动"主要针对区域内不合理的农牧业生产生活方式而言，这种看法可以说是集合了目前学术界的普遍观点[2]。然而，清至民国时期八里河灌区农牧业经营方式的更迭带有鲜明的独特性。

（一）清代前中期定边口外农牧业生产分析

八里河灌区在尚未形成之前，属定边县安边镇管辖区域。安边镇，旧称安边营，该地"南通石涝，北枕塞垣，而长城关在焉，瓮门守拒"[3]，同时，定边营一带"有东柳门等井，余地无井泉，又多大沙，凹凸或产蒿，深没马腹，贼数百骑或可委曲寻路而行"[4]。沙丘沙地和草滩盆地混杂的地貌条件在很大程度上有效地防御了蒙古势力的侵入，同时也为进一步巩固汉族的农业生产奠定基础。至清代顺治年间，清政府在陕北长城北侧划定"禁留地"，禁止蒙汉民从事农牧业生产。不过，在此期间，民众多从事对安边镇及其边墙内土地的利用，边墙外土地所受扰动相对较小，当地自然环境亦未受到明显影响。

我国北方气候在清代康熙年间有一段转暖时期，农牧过渡带的北界有可能到达了无灌溉旱作的最西界[5]，而因气候转暖所引发的自然环境的变化成

①　邹逸麟、张修桂、王守春主编：《中国历史自然地理》，科学出版社 2013 年版，第 655—657 页。

②　陈育宁：《鄂尔多斯地区沙漠化的形成和发展述论》，《中国社会科学》1986 年第 2 期；韩昭庆：《明代毛乌素沙地变迁及其与周边地区垦殖的关系》，《中国社会科学》2003 年第 5 期；邓辉、舒时光等：《明代以来毛乌素沙地流沙分布南界的变化》，《科学通报》2007 年第 21 期；侯甬坚：《鄂尔多斯高原自然背景和明清时期的土地利用》，《中国历史地理论丛》2007 年第 4 期。

③　同治《秦边纪略》卷五《延绥卫·延绥边堡·定边营》，梁份编，同治十一年（1872）安徽藩署敬义斋刊本，哈佛燕京图书馆藏，第 19 页。

④　道光《榆林府志》卷二一《兵志·边防》，《中国地方志集成·陕西府县志辑》第 38 册，凤凰出版社 2007 年版，第 337 页下。

⑤　邹逸麟：《明清时期北部农牧过渡带的推移和气候寒暖变化》，《复旦学报》（社会科学版）1995 年第 1 期。

为禁留地容纳大量雁行人谋生的先决条件。① 与此同时，清政府对于前往蒙地谋生的民众多采取默认的态度，并未强加禁止。② 如此一来，自然条件的转好和政策的默许促使大量雁行人纷纷进入禁留地。目前文献所见最早关于蒙古王公请求清廷允许接纳内地汉人前往蒙地垦种的记录为康熙三十六年（1697）。是年，伊盟盟长贝勒松阿喇布奏请康熙帝，希望招徕内地汉人"伙同种地"，并得到认可。③ 然而在相关法律条文尚未颁布和系列辅助措施尚未推行，尤其是"伙同种地"的地域范围尚未加以界定的情况下，越边垦殖的民众已经处于不断增多的趋势，大量临时性的聚落迅速发展。就定边县口外而言，至康熙末年，伙盘地村庄已建有180处，初见规模。④

早期越边垦殖的汉族移民开始时的谋生手段多为接受当地蒙古贵族的雇佣，从事牛羊喂养，蔬菜和粮食的生产工作。随着移民人数的增多，蒙古贵族开始将一些土地出租给汉族民众，定期收缴一定的实物来充当地租。但在这种经济模式下，蒙汉族之间常因生产生活习惯的不同而出现矛盾。当矛盾积蓄到一定程度时，便会导致蒙汉冲突的逐渐升级。⑤ 乾隆七年（1742）发生的"贝勒扎木扬等请驱逐界外人民"事件即为典型代表。这起事件直接引发政府当局对边外垦殖范围的第二次勘界，并在此基础之上，清政府加大禁垦力度，颁布法令禁止民众越边谋生。同时，清政府设立安边同知以加强管理，"并设总甲，俾资核稽"⑥。禁垦令的严厉程度和推行力度减缓了民众越边垦殖的进度，至清代中叶，更多的民众选择在二次勘界的界限范围内从事农业生产。⑦

为了对上述民众展开行之有效的管理，清政府在毛乌素沙地南缘先后

　　①　道光《增修怀远县志》卷四下《边外》，《中国地方志集成·陕西府县志辑》第 36 册，凤凰出版社 2007 年版，第 697—698 页。

　　②　成崇德：《清代前期蒙古地区农牧业发展及清朝的政策》，《清史研究》1991 年第 2 期。

　　③　《清圣祖实录》卷一八一，"康熙三十六年三月乙亥"，《清实录》第 5 册，中华书局 1985 年版，第 939 页上。

　　④　民国《陕绥划界纪要》卷八《定边县已垦地亩表册》［樊士杰等编，静修斋民国二十二年（1933）印刷，榆林市星元图书馆藏］。

　　⑤　［法］古伯察：《鞑靼西藏旅行记》，耿昇译，中国藏学出版社 1991 年版，第 221—222 页。

　　⑥　光绪《靖边县志稿》卷四《杂志·中外和耕》，《中国地方志集成·陕西府县志辑》第 37 册，凤凰出版社 2007 年版，第 337 页。

　　⑦　民国《陕绥划界纪要》卷八《定边县已垦地亩表册》［樊士杰等编，静修斋民国二十二年（1933）印刷，榆林市星元图书馆藏］。

设立宁夏理事厅和神木理事厅等机构管理。[①] 其中，神木理事厅系乾隆八年从宁夏理事厅析出，"专管蒙古鄂尔多斯六旗伙盘租种事务"[②]。但是，神木理事厅虽有专管之责，却在处理蒙汉关系的事务上，常常受制于鄂尔多斯七旗的蒙古王公。[③] 这种无奈导致神木理事厅官员在行政管理上畏首畏尾，从而出现一系列的连锁反应，如政令的混淆不明和行政能力的低下，这种情况在蒙汉关系错综复杂的管辖问题与边界纠纷等问题上日益凸显。[④] 这种较大的管理盲区，为民间组织的发展提供了可能性，天主教在该研究区内的传播和发展便是以此为契机推展开来的。

在此期间，汉族移民有的放弃农业，专门为蒙古人放牧牛羊。[⑤] 更多的民众则因地制宜从事农业生产，即采用粗放的"游农制"和原始撂荒制。其中，"游农制"和"游牧制"颇为相似，即为获取更多的收益而不停地改变佃种地点。[⑥] 这种生产方式能够在短时间内获得农业收益，但随着移民规模的增强，适合"游农制"的地域空间日益减少，土地很难在间隙中得以休息，以至于土壤肥力下降明显，加之区域内主要的土壤类型系沙质土壤，本身不太适合作物种植。在这样的土地上从事农业生产，势必出现弃耕现象严重。

（二）清代中后期八里河水资源利用

据史料载，道光二十三年（1843）秋，连续七昼夜的强降雨促成鹰山、谷山、杨山等"南山内九涧"被山洪冲开，形成沟道。由于河道上源发育在老谷地垌地上，老谷地的走向控制着河流流向，并为水流所切割，形成较深的沟谷，以致在强降雨影响下，上游泥沙不断冲刷，洪水含泥沙量高，每次山洪过后，淤灌[⑦]区土层厚度几厘米到几十厘米，甚至一米以

---

① 嘉庆《钦定大清会典事例》卷七三九《理藩院·设官·内蒙古部落官制》，《近代中国史料丛刊三编》（第70辑），托律等纂修，中国藏学出版社2006年版，第392、397—398页。

② 道光《秦疆治略》之《榆林府神木理事厅》，卢坤辑：《中国方志丛书·华北地方》第288号，成文出版社1970年版，第175—176页。

③ 乌兰少布：《从宁夏与阿拉善纠纷看近代内蒙古的省旗矛盾》，《内蒙古大学学报》（哲学社会科学版）1987年第3期。

④ 张淑利：《"禁留地"初探》，《阴山学刊》2004年第1期。

⑤ 民国《绥远通志稿》卷二〇《农业》，第3册，绥远通志馆编纂，内蒙古人民出版社2007年版，第160—169页。

⑥ 曾雄镇：《绥远农垦调查记》，《西北汇刊》1925年第8期。

⑦ 淤灌（warping irrigation），用含细颗粒泥沙的河水进行灌溉，既浸润土壤又沉积泥沙，以改造低洼易涝地或盐碱地。利用天然河流中含泥沙的水或山洪水进行淤地改土或肥田浇灌作物的灌溉方法。

上。在此情势之下，地方民众在乡绅和当地政府的组织下开始对八里河进行整修，希冀对上游冲刷下来到泥沙加以利用，以图获取实效。① 然而，在对八里河进行整修过程中，人们对河流的水文状况缺乏必要的认知和理性的把握，以致当春夏和夏秋换季时，大范围的强降雨仍会引发八里河的泛滥，并对两岸河滩地上的农田造成破坏。"咸同间，河岸决，民不能耕田，遇大雨时，下河两岸竟成泽国。"② 在这种情势下，该区域内的土地状况很难顺应大规模的农业生产。

同治回民战争后，定边县"各塘路兵燹后，久无人迹"，地方政府"详查情形，禀上宪减粮轻课，以招安之。由是渐有归来者，且以此地瘠民贫，种广薄收，若不济以牧养，势难赡其身家"，并希望通过"借饷项购牛羊数千散给贫民"的方式，通过牧放牲畜来维持民众的基本生计③，这里所需要接济的民众当包括八里河周边民众。虽然这个提议因"虑民难安处"而最终没有实施，但从侧面仍能反映出定边县长城沿线存有适合牧业生产的自然环境。

同治回民战争逐渐平息之时，恰为圣母圣心会传教士开始在西蒙古地区广为传教之始。传教士们利用蒙古地区地价低廉、土地权属不明确的情况，从蒙旗大量租、买土地，然后转租给急于得到土地的晋陕汉族移民，以此吸引他们入教。据统计，义和团运动发生前，圣母圣心会以购买、租种等形式获取的土地为一百五十余顷，发展的教民渐成规模④。然而，传教士为达到发展传教事业的目的而采取的购买、出租土地的方式势必构成对蒙古王公和地方士绅阶层的既得经济利益的威胁，同时也激化和蒙古王公的经济矛盾。在义和团运动中，当地不同阶层无论是地方化的"义和团"力量、蒙族王公、清政府，还是

---

① 光绪《定边县乡土志》第一编《历史》第二章《政绩录》［吴命新修、贺廷瑞纂，光绪三十二年（1906）抄本，不分页］。

② 民国《续修陕西通志稿》卷六一《水利·定边县·八里河渠》，宋伯鲁等编纂，民国二十三年（1934）刊本；吴坚主编：《中国西北文献丛书》（第1辑）《西北稀见方志文献》（第7卷），兰州古籍出版社1990年版，第583页下。

③ 光绪《定边县乡土志》第一编《历史》第二章《政绩录》［吴命新修、贺廷瑞纂，光绪三十二年（1906）抄本，不分页］。

④ 刘映元：《天主教在河套地区》，中国人民政治协商会议内蒙古东胜市委员会文史资料研究委员会编：《东胜文史资料》，1988年版。

圣母圣心会都或直接或间接地参与其中，并出现了以义和团与蒙古骑兵围攻小桥畔教堂长达四十八天的武装冲突。① 虽然这次冲突最终以失败而告终，但是圣母圣心会和蒙汉民各阶层的矛盾非但未能因此而解决，反而愈演愈烈。②

　　光绪二十六年（1900），庚子教案发生后，鄂托克、札萨克、乌审三旗共需赔偿圣母圣心会白银十四万两，其中，鄂托克欠赔款六万四千余两，以地亩作抵③，将安边堡属补杜滩（包括现在的仓房梁、堆子梁、白大岗、庙儿湾、盐路湾、大小红沙石梁、营盘梁、大小滩、窑子坑、内滩海、把子梁一带）、草山梁及红柳河以东生地三处抵押于圣母圣心会④。而八里河灌区恰好与"赔教地"相交错，其中，补杜滩以南土地为定边民众所耕种，补杜滩以北土地则为圣母圣心会所有。圣母圣心会起初并未对八里河灌区加以重视，只是于光绪二十八年（1902）在堆子梁一带放种土地，向沿河民众请商一二日水期，为教堂浇灌菜园地及泥水工程所用。⑤ 随后，传教士通过对八里河水文状况的了解和利用，组织教民填封上段水口，迫水下流，广漫教区碱地。其具体的做法虽缺少史料记录，不过在 20 世纪 50 年代的田野调查中可以找到佐证。八里河灌区以八里河上游的贾西台所在位置的河道为顶点，向两侧铲削出较为趋缓的斜度，延伸到灌区边缘。从淤积厚度来看，沿河两岸的6—10 米，向两侧逐渐变薄，最边缘不过0.8 米厚，中间为过渡地段，淤泥厚3—5 米。顺河道向上下游看，上段和下段平均淤积厚4—7 米，中段不过

　　① 《著绥远将军信恪查实蒙古塔拉特王杀害教民确数事上谕》，光绪二十七年三月十二日（1901 年 4 月 29 日）；《著绥远将军信恪迅查奕劻等单内所开十一名仇教蒙古人确情事上谕》，光绪二十七年三月十五日，（1901 年 5 月 3 日）；《著庆亲王奕劻等核办传教章程事上谕》，光绪二十七年三月二十一日（1901 年 5 月 9 日），中国第一历史档案馆、福建师范大学历史系编：《清末教案》第三册，朱金甫编，中华书局 1998 年版，第 52、57、59 页。
　　② 马占军：《晚清时期圣母圣心会在西北的传教（1873—1911）》，博士学位论文，暨南大学，2005 年。
　　③ 《绥远将军信恪为照抄鄂托克等旗办结教案折单等事咨军机处文》（附件一：鄂托克等旗办结教案奏折；附件二：赔款数目清折；附件三：合符和约及条规清折），光绪二十七年八月初十日（1901 年 9 月 22 日），中国第一历史档案馆、福建师范大学历史系编：《清末教案》第三册，朱金甫编，中华书局 1998 年版，第 105—114 页。
　　④ 陕西省档案馆藏：《无标题》，光绪二十七年（1901）六月初四日，004/001/077。
　　⑤ 陕西省档案馆藏：《三边收回教区失地运动大事年表》，民国三十五年（1946）九月二十七日，006/021/1766。

1.7—3.2 米，这是在洪水来袭时，八里河多从上段决口，洪水从两侧向下段低地沉积的结果。①

　　这种灌溉田亩的方法虽然在很大程度上有助于教区内盐碱滩地的整治和耕地面积的扩大，但同时引发教区外民众的不满，以致此后相当长的一段时间内讼事不休。光绪三十二年（1906），定边县知县吴命新为解决当地民众和圣母圣心会就八里河灌区水源的使用问题，对八里河进行踏勘，重新勘验河身，丈量地亩，厘定水章（定八条，以防争执，后续九条，以扩水利），规定八里河两岸二百丈内为淤灌范围，分河道为两大段、十二小段、三十六股。随后又和圣母圣心会签订具体的使用合同，以三分之一的水源让给圣母圣心会，使民、教两方各遵水章，以息争端。② 具体水章内容尚未找到文献证明，从周鸿石和黄委会规划设计处中游组的调查中可以窥其端倪：水章规定将来水来泥情况分成三类，即常流水、洪水、湫水。常流水是常年都有的水，一年当中虽有些偏大偏小的变化，但也没有洪水那样悬殊；洪水，是上游降了暴雨形成的，一般大于常流水十几倍到几百倍，不易预测，每次洪水不过 7—8 小时即过；湫水是上游破湫而形成的洪水。灌区居民多能事先掌握其规律，按计划配水。对常流水来说，因水量较小，每次淤灌的面积和范围是有一定限制的，因此，必须按定量分水。规章中指出，一昼夜分成三等份，每份水即相当于八小时的水量，每月按 29 天计算（阴历），剩余的天数为活水日③。此外，又将水量按全年的季节分为"春水""游苗水"和"冬水"三种，根据不同时期作物生长的情况，有计划地进行漫灌④。灌溉技术的日臻完善促成八里河灌区面积的稳定发展。表 5.2 即为清代末年八里河灌区圣母圣心会教区主要村庄及地亩统计情况。

---

　　① 周鸿石：《利用洪水泥沙，改良土壤，发展农业生产——陕西省定边县八里河淤灌区介绍》，《人民黄河》1964 年第 3 期。

　　② 陕西省档案馆藏：《三边调查材料》，时间不详，005/185。

　　③ 周鸿石：《利用洪水泥沙，改良土壤，发展农业生产——陕西省定边县八里河淤灌区介绍》，《人民黄河》1964 年第 3 期。

　　④ 黄委会规划设计处中游组：《八里河引洪淤灌调查》，《人民黄河》1964 年第 11 期。

表 5.2　　　　　　清末八里河灌区圣母圣心会教区主要村庄地亩统计　　　　（单位：亩）

| 村庄名称 | 住户（户） | 滩地 | 沙地 | 村庄名称 | 住户（户） | 滩地 | 沙地 |
|---|---|---|---|---|---|---|---|
| 大红沙石梁 | 5 | 450 | | 朱家圈 | 11 | 570 | 170 |
| 周家庙 | 4 | 270 | | 三十里井 | 6 | 420 | |
| 赵家墩 | 11 | 540 | 150 | 祁家圈 | 15 | 750 | 150 |
| 邹家圈 | 9 | 510 | 120 | 傅家寨 | 12 | 620 | 130 |
| 屈家圈 | 9 | 510 | 180 | 张家寨 | 9 | 700 | 120 |
| 钟家圪 | 9 | 510 | 130 | 陈家寨 | 4 | 510 | |
| 张家寨 | 11 | 760 | 140 | 王家圈 | 7 | 470 | 130 |
| 堆子梁 | 5 | 400 | | 杨家圈 | 2 | 100 | |
| 羊圈沟 | 3 | 250 | | 李家寨 | 12 | 900 | 150 |
| 庙儿湾 | 16 | 630 | 170 | 薛家圈 | 10 | 540 | 160 |
| 韩家营 | 2 | 300 | | 邹家寨 | 11 | 620 | 130 |
| 臭水圪 | 3 | 300 | | 任家圈 | 3 | 370 | |
| 石洞沟 | 11 | 610 | 190 | 郭家寨 | 11 | 770 | |
| 高家圈 | 4 | 420 | | | | | |

资料来源：民国《陕绥划界纪要》卷八《定边县口外》［樊士杰等编，静修斋民国二十二年（1933）印刷，榆林市星元图书馆藏，第13—25页］。

　　表5.2为宣统元年（1909）前后查界委员会委员巫岚峰协同定边县知事刘迪裕对八里河灌区实地调查所得结果。经过调查，认为定边县口外"惟第四区边地沿八里河流域，土地肥美，树木笼郁。亩田宅宅，棋布星罗。昔为绝塞草茅之域，今化为人烟鸡犬之场"①。由于八里河可以淤灌田地的有限性，仅能维持沿河一带的农业生产所需灌溉用水，其余三区以及第四区其余地域的土地状况和农牧业发展状况仍然相对滞后。

　　（三）民国时期八里河灌区农业生产分析

　　圣母圣心会在获取"赔教地"后招纳教民，兴修水利，组织移民从事农牧业生产，逐步构成了相对稳定的经济社会发展局面。如从圣母圣心会之小桥畔分教区的教民规模来看，该分教区教民数量从光绪二十九年（1903）的

---

　　①　民国《陕绥划界纪要》卷二《查界委员、定边县知事会呈文》，民国九年（1920）三月十七日［樊士杰等编，静修斋民国二十二年（1933）印刷，榆林市星元图书馆藏，第7—10页］。

1183 人增长到宣统三年（1911）的 3014 人①。教民规模的扩大，需要添设的生产、生活物资也相应增加，其中，可耕土地的增加则显得格外重要。民国四年（1915），圣母圣心会率众将八里河下游河身较上游加宽 2 倍，横开沟渠十余里，漫草滩地两百余顷为上好水地。另旁挖支河南、北两道，并在仓房梁新开长渠一道②。时隔八年，至民国十二年（1923）前后，曾有在鄂托克调查矿产的周颂尧从土地开发的角度对八里河灌区进行详细记录，"八里河……流入鄂旗堆子梁教堂地东南十余里。河身宽有一丈二尺，深约八尺，水色与黄河相同，环绕境内长约四十余里"，并认为，如果开发过程合理，可以利用八里河浇灌地亩一千余顷③。不过，由于洪水时有不足，加之"遇天旱水缺"，八里河灌区上下游民教争水纠纷不断，并愈演愈烈，继而引发对整个赔教地领土归还的争议。在这次为时持久的争议过程中，由于国际形势的影响④，上自国民政府外交部、法国驻华使馆，下至地方政府、乡绅、基层民众和小桥畔分教区传教士，纷纷介入进来。

在这场争议中，尤以民国十六年（1927）的"三七惨案"的发生以及由此而出现的一系列连锁反应备受关注。这一系列连锁反应直接促成陕西省政府委派新任定边县县长刘开和靖边县县长张志立联合地方士绅和鄂托克旗王公改组原陕西省定边县挽回领土大会⑤，并扩大为陕西三边挽回领土总会⑥，向天主教堂及蒙旗往返办理交涉⑦。同时，该系列事件的发生逐

① Patrick Taveirne. *Han-Mongol Encounters and Missionary Endeavors*: *A History of Scheut in Ordos*（*Hetao*），1874 – 1911. Leuven Chinese Studies 15. Leuven: Ferdinand Verbiest Foundation, Leuven University Press, 2004.

② 陕西省档案馆藏:《三边收回教区失地运动大事年表》，民国三十五年（1946）九月二十七日，006/021/1766。

③ 周颂尧:《鄂托克富源调查记》，绥远垦务总局 1928 年版，内蒙古图书馆编《内蒙古历史文献丛书》之六，远方出版社 2007 年版，第 74—75 页。

④ Michael H. Hunt. "The American Remission of the Boxer Indemnity: A Reappraisal". *The Journal of Asian Studies*, Vol. 31, No. 3（May, 1972）.

⑤ 陕西省档案馆藏:《陕西省定边县挽回大会致南秘书长关于庚子赔款及失地之说明书》，民国二十年（1931），008/0311。

⑥ 陕西省档案馆藏: 《转呈挽回领土总会简章及职员表请鉴核立案由》，民国二十一年（1932）七月十一日，008/313。

⑦ 陕西省档案馆藏: 《陕西省政府批字第 392 号》，民国二十一年（1932）四月十八日，008/313；陕西省档案馆藏:《转呈挽回领土总会简章及职员表请鉴核立案由》，民国二十一年（1932）七月十一日，008/313。

步引起了国民中央政府和宁夏主教区的关注，并在随后的几年中陆续就"赔教地"问题做出阶段性处理。

在此期间，洪水时有发生，灌区水漫地数额也逐渐增多。民国二十二年（1933），八里河洪水暴发，灌区水漫地增至 2.7 万亩（约合 270 顷）[①]。至民国三十一年（1942），灌区水漫地得到进一步扩大，其中，圣母圣心会所占灌区水漫地已达到 3 万余亩（合 300 余顷）。如表 5.3 所示。

表 5.3　　民国三十一年（1942）八里河灌区圣母圣心会地亩、教民统计

| 教堂名 | 水漫地（亩） | 沙地（亩） | 教民（人） | 预备教民（人） | 人均占有量（亩/人） |
|---|---|---|---|---|---|
| 堆子梁本堂 | 10000 余 | | 814 | 350 | 8.59 |
| 仓坊梁公所 | | 7000 余 | 354 | 410 | 9.16 |
| 白土岗子公所 | 10000 余 | | 346 | 150 | 20.16 |
| 红沙石梁公所 | | 8000 余 | 259 | 220 | 16.70 |
| 黑梁头公所 | 10000 余 | | 397 | 210 | 16.47 |
| 总计 | 30000 余 | 15000 余 | 2170 | 1340 | |

说明：碱地不能耕种，未列入本表之内。

资料来源：陕西省档案馆馆藏，《三边教区土地问题》，民国三十一年（1942）九月二十七日，002/021/1766。

由表 5.3 可得，圣母圣心会所辖堆子梁本堂、白土岗子公所和黑梁头公所三处有水漫地 3 万余亩（约合 300 余顷），人均占有 8.59—20.16 亩不等，仓坊梁和红沙石梁公所人均占有 9.16—16.70 亩不等。其中，堆子梁本堂和仓坊梁公所由于地处外来移民会集的交通枢纽，且建堂时间早，因此教民相对较多，农业生产状况较为突出。

民国三十三年（1944），"八里河水案"得以最终解决，天主教方无条件归还庚子年所占土地，此时期八里河的洪漫地发展到 3.6 万亩[②]。其主要村落分布如图 5.4 所示。

---

① 陕西省档案馆馆藏：《照详石主教送调查教产可耕亩数原函》，民国二十三年（1934）十月十三日，008/0318。

② 陕西省档案馆馆藏：《三边调查材料》，时间不详，005/185。

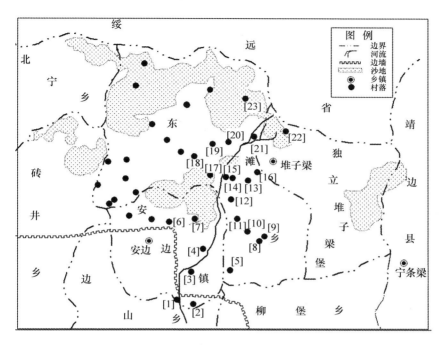

**图 5.4　民国三十八年（1949）八里河灌区示意图**

［1］南梁 ［2］黄梁 ［3］安四滩 ［4］红沙石梁 ［5］石洞沟 ［6］北园子 ［7］汪家坑
［8］郭家寨 ［9］邹寨子 ［10］杨庙 ［11］赵墩 ［12］王圈 ［13］陈寨 ［14］邹园 ［15］屈园
［16］西堆梁 ［17］钟家圳 ［18］东陈圈 ［19］杨圈圿 ［20］树庙 ［21］庙湾 ［22］臭水圿

　　资料来源：陕西省档案馆藏，《陕西省三边教产界限暨教堂分布图》、《三边教产区域图》、
《天主教堂分布图》，008/0311；嘉庆《定边县志》之《定、靖两县界址图》，《中国地方志集成
·陕西府县志辑》第 39 册，凤凰出版社 2007 年版，第 11 页下—12 页。

　　由图 5.4 可得，尽管在民国三十八年（1949）八月前后，八里河的洪
漫地发展到近 4 万亩，但是主要村庄仍然具有临河分布的特点。这主要体
现了在八里河灌区形成之初，多数民众因地制宜，为了有效把握河水泛滥
季节，利用泛起的淤泥肥田，他们多在主干河道的支流附近修建房舍，渐
成聚落。新中国成立后，人民政府引导民众对八里河进行了整治，其中开
挖了 3 道排洪渠，新增洪漫地 2 万余亩，自此，八里河洪水与常流水得以
进一步的合理利用。

　　在发展农业生产的过程中，当地民众采取与相邻区域相异的农业生产

方式，即引浑淤灌的方式。① 经过长期淤灌的土体出现明显的重叠层次，而且随着引浑淤灌土质纵剖面的变化，土壤的物理性质也有变化。其中，在引浑淤灌上半畦土壤的容重低，孔隙度高，而引浑淤灌的下半畦则相反。故而当地民众在淤灌一定时间后改变引浑淤灌的方向，改良灌区内沙质土壤和碱性土壤。许多河滩、沙地因砾石、沙质土而漏水漏肥或者起沙，漫淤一层几厘米到一米或者更厚的泥，上游的来水来沙既不影响农作物生长，又等于施水施肥，还消灭了草虫等害，从而使不毛之地就可变为良田。八里河灌区土地质量得以明显改善，农业生产方式的抉择并未带来生产的衰退和自然条件的恶化。因此，该区域在民国时的沙地扩大化问题应该不存在。

### 四 黄土—沙漠边界带水利灌溉和土地垦殖过程分析

地理环境包括自然环境和人文环境两个方面，当地理环境中任何一个要素发生变化时，都会对人类活动产生或直接或间接的影响。因此，地理环境的变迁过程是一个反复交替、错综复杂的过程，各地理要素之间存在相互影响、相互制约的关系。就毛乌素沙地南缘而言，自清康熙中期边禁开放至民国末年的 200 余年间，大量晋陕边民的不断涌入，并逐步融入当地社会。经济主体地位和生产制度都发生着或多或少的变化，有的地区在生产方式上因地制宜地出现农牧结合、兼收并蓄的混合式发展趋势。农牧边界地带逐渐北移错位，原有的草原景观也逐步向田园风光过渡。这里的社会状况渐趋复杂，经过相互间的摩擦、融合，得以重新定位。更为重要的是，边外移民自发的谋生现状促使自身对农业生产技术进行改变，逐步适应当地的生产生活环境，继而促成特色农业的形成。所有的一切都给毛乌素沙地南缘地区增添了新鲜的血液。

八里河灌区的形成和发展不是一个纯粹的自然现象。它不仅取决于地貌类型、土壤状况和气候条件等自然因素，更有在人口、社会、政治、经

---

① 引浑（洪）淤灌可分为引洪漫地和引浑淤灌两种。前者以漫地为主，改良河滩、沙漠、低洼地和盐碱地等，如杨桥畔、曲峪大队；后者是以灌溉为主，在灌溉的过程中淤积一定数量的沙泥，如陕西省泾、洛、渭灌区。引洪漫地一般说来洪水含泥沙量高，一次引浑淤灌的土层厚度几厘米到几十厘米，甚至一米以上，而引浑淤灌，一般说来淤灌土层的厚度较薄，一年仅为几厘米，甚至不到一厘米（贾恒义：《引浑淤灌，改良土壤》，《中国水土保持》1982 年第 1 期）。

济等人文条件影响下所呈现的千姿百态的变化。道光二十三年（1843），八里河的出现成为研究区内农牧业生产的重要节点。在清代前中期，定边县口外多为沙丘沙地和草滩盆地，汉族移民进入后除从事一些牧业生产外，长期采用"游农制"和原始撂荒制进行粗放的农事活动。而道光二十三年（1843）后，由于八里河的出现，长期的"淤岸""河决"使得"民不能耕田，遇大雨时，下河两岸竟成泽国"。自然环境发生了重大改变，而这也在某种程度上促使来自乡绅民众、地方政府、圣母圣心会、蒙古贵族等人为因素的介入，对八里河进行整治，"修堤筑坝，放水灌溉"，当地民众在淤灌一定时间后改变引浑淤灌的方向，改良灌区内沙质土壤和碱性土壤，反害为利，不仅促成历史时期八里河灌区农牧业生产的进一步发展，也为新中国成立后毛乌素沙地南缘地区的土壤改良工作提供了必要的借鉴和支持。

# 结论　环境变迁和经济社会

## 第一节　历史地理学视野下的"环境变迁和经济社会"

作为研究历史时期人类地理环境变化，以及环境与人类社会发展的关系的交叉学科，现代历史地理学的复原工作一直以历史时期人地关系问题作为研究的核心问题和最终归结点。但由于研究对象的多变性和复杂性，至今为止对这一命题的综合性与理论性研究尚不多见[1]，以至在 20 世纪末，以邹逸麟为代表的老一辈学者提出了应加强对人地关系进行历史研究的呼吁[2]。

人地关系问题长期以来一直是引人注目的跨学科问题，很多学科从不同的学科背景、不同的层次和尺度上探究人地关系的不同侧面。概言之，以哲学、历史学为主体的人文科学主要是从哲学、历史观及伦理层次展开理论思辨与逻辑论证，具有浓厚的主观和直觉色彩；而地理学、生态学、环境科学等与这一问题有密切关系的自然科学，则主要通过具体个案的分析，在实证研究层次上加以归纳、概括，所得出的常常是能够实证和实验的认识，并以此为基础上升到哲学高度。两方面的研究互为前提，互相影响，也常常互相辩诘，相互补充。

笔者认为，要对这一命题进行综合性、理论性的研究，首先需要从历史地理学的研究方法和研究路径入手。作为近代地理学区域学派创建人，

---

[1]　葛全胜、何凡能、郑景云、满志敏等：《20 世纪中国历史地理研究若干进展》，《中国历史地理论丛》2005 年第 1 期。

[2]　邹逸麟：《关于加强对人地关系历史研究的思考》，《光明日报》1998 年 11 月 6 日。

德国地理学家阿尔夫雷德·赫特纳（Alfred Hettner）在其著作《地理学——它的历史、性质和方法》中指出，"对于作为科学的地理学进行的历史考察向我们表明，在一切时代它都是关于地球上各种不同空间的知识，或者照古代的用语，叫作区域描述或者区域学，只是考察的方式方法在时间的过程中随着科学的进步有所改换"①。他认为，区域学意义上的地理学的统一性，只能建立在地区、地方和地点的内在性质之上，而这种性质则是以地点与地点之间的差异、同一地点上不同自然界和不同现象的因果关系为基础的。同时，这种性质又需要将自然要素和人为因素相结合进行考察。

　　与赫特纳同时代的法国近代地理学区域学派的创始人维达尔·白兰士（P. Vidal da la Blache）以其"地理可能论"和"区域的描述地理学"思想深刻地影响着法国地理学的发展。维达尔·白兰士认为，"自然为人类的居住规定了界线，并提供了可能性，但是人们对这些条件的反应或适应，则由于自己的传统生活方式而不同……同样的环境对于不同的生活方式的人民具有不同的意义：生活方式是决定某一特定的人类集团将会选择的自然提供的可能性的基本因素。可能性意味着选择，而选择则受到生活方式的制约。在这里，自然与人类社会之间一一对应的决定关系被打破了，人类的意志占据了重要的地位"②。此外，维达尔·白兰士突出人类生活方式类型的区域和区内的差异性，不仅与自然环境密切相关，而且同社会制度和社会因素以及历史事件和人种的遗传性等历史演化过程有关。因此，地理学家应该借助社会学和历史学来从事地理学研究，但要"始终围绕着研究类型的地域分布，并通过分析来论证要素之间的相互关系"③。进而，维达尔·白兰士坚持地理学研究应该集中在具体的区域上，从诸多小区域中找到区域间的共性，并加以综合。不难

---

　　①　［德］阿尔夫雷德·赫特纳：《地理学——它的历史、性质和方法》，王兰生译，商务印书馆1986年版，第158页。

　　②　［法］维达尔·白兰士：《人文地理学原理》（日文版，饭塚浩二译），东京岩波书店1967年版。转引自鲁西奇《区域历史地理：对象与方法——汉水流域的个案考察》，广西人民出版社2000年版，第21页。

　　③　［法］安德烈·梅尼埃：《法国地理学思想史》，蔡宗夏译，商务印书馆1999年版，第21页。

看出，这样的观点带来的效果是明显的，既可以让研究者在个案考察中充分领略和享受来自区域个性彰显的魅力，同时又可以智慧地将诸多个案中的区域共性之美加以提炼和归纳。维达尔·白兰士（P. Vidal da la Blache）的继承者阿·德芒戎（Albert Demangeon）等地理学家的系列著作都是对该研究体系的继承和发扬。

　　法国学者阿·德芒戎在《人文地理学的定义》一文中对人文地理学的定义和对象做了深入的时代阐释，在该文中，阿·德芒戎把人文地理学的定义和对象分成三类逐次递进式的关系表达，即人类和自然环境的关系、人类集团和自然环境的关系以及人类集团和地理环境的关系。在这三类关系表达中，阿·德芒戎认为人文地理学所研究的人应该是一群带有社会属性的集团的人而非孤立的个体，而地理环境不仅仅局限于自然环境的影响，还应该包括整个环境的人类自身的影响。在此基础之上，阿·德芒戎又提出了四组人类社会和地理环境关系过程中产生的问题，"首先是人类社会对自然向他们提供、或他们从自然那里夺取的资源的开发利用。第二是人类社会为了自身的生存，随着时间的流逝与空间的延展和迁移，对利用自然资源的方法所做的不断演进。第三是随着自然条件及被开发利用的资源而变化的人类分布。第四是人类的定居，也就是从最简单到最复杂的集群的形式"①。并认为，这些就是人文地理学专有的内容。阿·德芒戎的研究思想是对法国人文地理学创始人维达尔·白兰士地理学思想的继承和发展。在笔者看来，上述问题在当代地理学研究，尤其是历史地理学研究中已经在某种程度上得到或全面深入或逐次跟进式的研究。

　　然而随着各项研究的开展和研究过程中拥有不同学科背景的学者们不断地梳理、归纳、总结，阿·德芒戎对于人文地理学研究的范围和界限的界定应该加入更具科学意义和广泛关注度的研究范畴。因此，研究范畴的扩展和深化则成为学术推进和发展的关键着眼点。

　　阿·德芒戎以及后德芒戎时代的研究将人类社会和地理环境关系的表达停留在三个层次：第一，对人类或自发或自觉的行为对自然世界产生的影响分析；第二，演进中的自然环境对于人类社会所施加的影响力及其具体表征；第三，自然环境和人类社会随着时空的转化而出现的不断演进，

_____

① ［法］阿·德芒戎：《人文地理学问题》，葛以德译，商务印书馆 2007 年版，第 8 页。

即不断的相互影响、相互作用。

　　上述问题在当代地理学研究，尤其是历史地理学研究中已经在某种程度上得到或全面深入或逐次跟进式的研究，而且这样的研究理路在 20 世纪许多学者的研究中发挥得淋漓尽致。21 世纪以来，学科交叉的时代需求令多数历史地理及其相近学科的研究者在加强跨学科学习的同时，在所从事工作的研究时段、研究范畴、研究区域上日趋呈现精益求精的特性，这种特性在引发相关研究者拥有了虽无区域研究之名但行区域研究之实的研究特色的同时，也从人口分布及其变动、土地利用方式、居住方式以及方言、风俗等方面迅速展开。这样的做法使得历史地理研究呈现百花齐放、百家争鸣的繁荣景象。①

　　这样的研究虽然具有高度的普适作用，然而随着各项研究的开展和研究过程中拥有不同学科背景的学者们不断地梳理、归纳、总结，地理学研究的区域研究和人类因素的界定应该加入更具科学意义和广泛关注度的研究范畴②。目前，历史地理学界在区域研究和人类因素考量方面出现两种发展趋势，其一为研究区域的碎片化，即文献材料可以支撑的研究区域逐渐缩小，由一个县逐渐延伸到一个社区、一块土地，其研究的精度逐步加强，但研究的适用度却在日益减弱；其二为研究中的人"自然化"倾向依旧明显，对具有社会属性的人（人群）的研究乏善可陈，即缺少了对人（人群）个体性质的关怀。这样做的结果也至少有两个方面：一方面是一部分研究者从辩证法的角度，希望在完成小区域研究的基础上，总结出小区域和大区域之间的关系，更希冀小区域的研究可以在某种程度上代表大

---

　　①　这些研究在 21 世纪的最初十年表现得尤为突出，各研究分支都有相关的学者加以总结和分析，侯甬坚：《1978—2008：历史地理学研究的学术评论》，《史学月刊》2009 年第 4 期；王社教、冯勰：《十年来中国历史地理学理论研究的进展》，《中国历史地理论丛》2011 年第 3 期；丁超：《十年来中国历史人文地理研究评论》，《中国历史地理论丛》2011 年第 3 期；杨煜达：《历史自然地理研究十年：总结与展望》，《中国历史地理论丛》2011 年第 3 期；毛曦、高松凡：《略论我国历史地理学发展的新途径——兼评台湾省出版的两部〈历史地理学〉》，《地理研究》2012 年第 11 期；袁从秀、李鹏：《近三十多年来中国历史地理通论性著作的综合研究》，《史学史研究》2013 年第 3 期。

　　②　张丕远、葛全胜、吕明、陈晓蓉：《全球环境变化中的人文因素》，《地学前缘》1997 年第 1—2 期；李家洋、陈泮勤、马柱国、葛全胜：《区域研究：全球变化研究的重要途径》，《地球科学进展》2006 年第 5 期。

区域的整体发展趋势和特点①；而另一部分研究者则对"碎片化"进行反思，问题的根结在于小区域应该小到什么尺度，才不会丧失它在整体区域研究中的代表性②；另一方面是研究者容易在研究中出现"人（人群）"的自然属性扩大和社会属性的遗漏、缺失，机械化地固定社会人群在地理环境中的行为意义，也使得社会人群在地理环境影响下的应对和调适中显得更加的机械化而丧失了自身的灵活和情趣。有鉴于此，历史地理学界在研究范畴的扩展和研究路径的深化必然成为学术推进和发展的关键着眼点。

对历史时期人地关系问题进行综合性、理论性的研究，还需要从其时空特性着手。在时间尺度上，中国前近代时期的地理环境对于人口分布、经济发展等方面的宏观控制仍然是主要的，人类在气候变化以及由此而引起的重大环境变迁面前"适应"仍是主导性的对策，"改造"还不能占据重要的地位（当然，在局部地区的一些具体问题上，人类的改造作用是非常明显的）。就人地关系的平衡状况而言，在大部分时间的绝大部分地区，是基本平衡的，人类活动对于生态系统的副作用不是很明显。在空间维度上，则主要表现在两方面：一是在同一时期不同地区人地关系的内涵与特征会有很大的不同，二是不同地区人地关系的演化过程与方向不尽相同。这两者实际上是统一的，由于各地区的地理环境不同，人类最初对自然环境的"适应"方式就不可能相同，也就是说，在人类与自然环境发生关系的起始阶段，不同地区就显示出不同的特征。在后来的演化过程中，由于人类活动的方式不同，地理环境对人类活动的"反馈"形式也不同，区域间人地关系的演化过程也就很不相同；而演化过程的不同，又必然导致了区域间人地关系内涵的差异。

---

① 许多功成名就的历史地理学专家已经敏感地发现这一问题的严重性，并尝试开出解决这一问题的"世纪良方"。但在笔者看来，实际上这一问题困扰已经熟练掌握学术研究理路的专家学者尚属次要方面，其更严重的是，正在攻读博士学位论文的青年学人在论文写作过程中，容易自觉或不自觉地怀着崇敬的心理去模仿前辈学者的研究理路（这毕竟是一种在历史地理学理论欠缺的情况下可以迅速掌握研究方法的捷径），这势必导致青年学人在自身的研究中将前辈学者的辩证法思想加以更充分地发挥。其结果是青年学人在完成大量的个案分析后，会在试图构建小区域和大区域的内在关联时辗转反侧、夜不能寐，有的人通过苦思冥想揭开其中的奥秘，有的人则会生硬地照搬前人的研究思考，呈现在自身研究上犹如郑人买履。

② 周尚意：《社会文化地理学中小区域研究的意义》，《世界地理研究》2007 年第 4 期。

　　从当前的全球变化与人文社会科学问题的研究来看，目前人类的生存环境正在进一步恶化，人地关系极度紧张，而且其矛盾冲突正在进一步加剧，因此有必要进行研究。与此同时，我们应当相信在充分认识人地关系演进过程及其规律的前提下，人类有能力最终建立一个和谐、平衡而可持续的人与自然环境关系系统。目前，随着全球变化研究的兴起，国际科学界特别关注环境变化中的人类因素，尤其是通过人类活动直接影响下的土地利用对全球变化产生的影响。① 其中，区域性的土地利用变化成为全球变化在地球上留下最直接、最重要遗迹的载体，是研究自然与人文过程的理想切入点，已成为全球变化研究的热点领域。② 这里所指的"全球变化"是一种新的人与环境的不协调。它们不是简单的因果关系，而是人与地球环境的一种串联现象，即一种环境变化会引起一连串的变化，并有随着人口的增长而加速的趋势。而作为土地利用的承载者——人类，其对全球环境变化的认识是一个对人与自然关系的认识不断提高的过程。随着人类环境意识的增强和科学技术的发展，应当把地球作为一个系统，把人作为驱动地球环境变化的动力。③

　　因此，地理环境变迁和经济社会的关系可以表述为，人类可以通过社会经济行为来对土地利用/土地覆被（覆盖）变化施加影响，进而引发地理环境的变迁；同时，地理环境在其自然变化过程中也在加剧着人类的社会经济行为对土地的影响力度，继而对整个经济社会施加影响。这里所指的人类的社会经济行为可以视作一般性的人类活动，即包括人类生活型开发活动（狩猎、采集、建立聚落等）、人类生产型开发活动（开垦土地、兴修水利、放养牲畜等）、非开发型人类活动（战争、社会动乱等）、保护性新型人类活动（退耕还林草、退田还湖等）等。

　　目前，历史地理学界的做法是，注重历史文献中的片段数据、海量数

---

① LUCC（Land Use and Land Cover Change）核心计划目的在于理解自然环境和人类活动的双重作用下，土地覆盖和利用的时空变化过程，以及造成这种变化的驱动因素，最终回答地球环境系统陆地表面变化与其他圈层变化之间的关系，以便更好地理解地球环境系统的动力过程（满志敏：《历史自然地理学发展和前沿问题的思考》，《江汉论坛》2005年第1期）。
② 史培军、王静爱、陈婧等：《当代地理学之人地相互作用研究的趋向——全球变化人类行为计划（IHDP）第六届开放会议透视》，《地理学报》2006年第2期。
③ 刘东生：《全球变化和可持续发展科学》，《地学前缘》2002年第1期。

据、非结构化数据的采集、清洗与分析，通过碎片化重组，能够令研究者们在完成小区域研究的基础上，探寻小区域的研究可以在多大程度上代表大区域的整体发展趋势和特点，继而深度揭示难以处理或无法预知的科学问题①。而对于研究中"人（人群）"的社会属性标准化问题，则应该在了解和掌握研究区域内人类社会和地理环境在不断演进中的关系表达基础上对于生存在地理环境中的人（人群）行为，尤其是对于环境认知和环境调适的过程进行相关研究，以图捕捉到具有人性化的人（人群）在地理环境中所做出的关键性行为表达，以及在不断调试自身和周边地理环境关系中所体现出来的人类智慧，以此作为拓展新的学科研究领域及研究范畴的契机。

　　本书以清至民国时期毛乌素沙地南缘的土地权属关系、伙盘地移民社会的营建过程和具有"地方经验"的农牧民生产环节等八个方面为切入点，复原研究区内最近300多年的农牧业生产过程，在此基础上，对演变中的环境变迁和经济社会及其关系做出深刻的解读和准确判断，进而重新审视历史时期中国北方沙漠—黄土边界带地理环境演替的真实情况。这里所关注的"环境变迁和经济社会及其关系"实际上便是人地关系问题的一种具体表达。

## 第二节　蒙陕边界地带环境变迁的人文因素分析

### 一　伙盘地的吸引力判断

1. 商贸活动对旅蒙商人的吸引

　　17世纪中叶至18世纪初，清政府出于对中国北部和东北、西北边疆地区蒙古等游牧部落征战的需要，由政府调集内地曾在长城边塞"马市"经营蒙古贸易的部分商贾，随军深入蒙古高原地区进行军马供应、军需物品的贸易，时人称为"旅蒙商"②。这些商人在完成政府任务的同时，还开辟了贯穿南北东西纵横交叉的商路交通网络，使中原和北疆边陲、长城内

---

① 孙建军：《大数据时代人文社会科学如何发展》，《光明日报》2014年7月7日第11版。
② 刘衍坤：《旅蒙商》，中国商业出版社1995年版，第130页。

外通途畅行，进一步密切了中原内地农耕经济与塞外草原的游牧经济之间互通有无的交流。

在长期的蒙汉贸易过程中，汉族商人逐步获知对蒙古民众的喜好和日用所需要的物品，每次"出发时将各种商品载于牛车或用牲畜驮载，三五人一帮，自带食料、炊具、帐幕等物，一直向蒙古地方前进。他们多是小商贩出身，积多年的经验，巧于蒙古语言，又通晓蒙古的风俗人情。沿途都有他们结纳的知已，将至目的地时，即宿于知已之家，展开帐幕，陈列货品，招来主顾。他们把蒙人所需要的物品带到蒙地，回来又把蒙地的出产皮毛或牲畜带回，反复买卖，往往转手即可获利数倍"①。由于蒙族通常以游牧为生，不事商农，所有商业均由内地汉族经营。这些商人和从事农业生产的"雁行"人一样，春去冬归，携带着茶、粗细洋布、米面等货物进入鄂尔多斯后，换取蒙人之牲畜、皮张，再返回售卖到内地。由于毛乌素沙地南缘靠近山陕的地理优势，其与周边地区的贸易更是十分活跃。

道光二十一年（1841），法国旅行家古伯察在游历鄂尔多斯途中也曾利用集市购买旅行所需物品，而他所看到的集市，已经是出现在鄂尔多斯腹地的寺庙附近了。旅途中他遇到了一个准备去"拉济—卓隆寺"的蒙古人，同行途中他从这个蒙古人那里了解到附近一个集市的情况，从他们的对话中，我们对当时出现在鄂尔多斯腹地的这些集市有了一个比较清晰的认识。

> 我们对他说："老哥。难道我们不能一道走到拉济—卓隆寺吗？""不。我应沿着你们看到的这些山岭向北蜿蜒的那条小路前进。在这座沙山之后是一个互市点。在隆重的节日中，有些汉族商人往那里贩运他们的商品并于那里支起帐篷。因为我必需买些东西，所以无法继续随同你们前进。""在汉人的宿营地能买到白面吗？""小米、莜麦面、白面、牛肉、羊肉和砖茶等，人们可以在那里找到所需要的一切。"②

---

① 贺扬灵：《察绥蒙民经济的解剖》，商务印书馆 1935 年版，第 58—59 页。
② ［法］古伯察：《鞑靼西藏旅行记》，耿昇译，中国藏学出版社 1991 年版，第 236—237 页。

古伯察记载的不是偶然，这些汉人开在鄂尔多斯地区的集市也给他的旅行队提供了必要的给养，而找到这样的集市对于古伯察这样的外国人来说确实不容易。从蒙古人对集市的介绍中，可以发现交易货物里出现了以前互市中禁止交易的白面，而白面也正好是古伯察需要的给养。蒙古人对于集市的介绍显然带着一种夸赞炫耀的语气，但毋庸置疑后是，随着农牧业交流的日益频繁，商品种类的丰富遂成为必然趋势。

在旅蒙商人进入鄂尔多斯地区开设集市的同时，当地的蒙古人也利用边内缺乏的生活用品来交换自己所需要的商品。其中，鄂尔多斯比较丰富的盐开始供给边内地区使用。古伯察在旅行途中路过一个叫达布松淖尔的盐池，"盐湖周长近二十里。我们发现于其附近零散地支起了蒙古包，由前来开发的这一美好盐场的蒙古人居住。我们也始终会在那里发现几名作为合股人的汉人，因为人们都说这些人必然会参与一切与贸易或工业有关的事，对这些含盐原料进行加工既不需要很多劳动，也不要求有很大的学问……鞑靼人便将之运销往最近的汉地市场上，用来交换茶叶烟草烧酒或他们耗用的其他食品"①。杭锦旗西北有名的哈拉蟒耐大盐池，周围约十里，是陕北及晋北的主要食盐补给地。"旧制七旗蒙古贫苦，无可谋生，俱准自备牲畜赴池驮运进内变价糊口。杭锦旗主不受盐价，每驮止收税钱十文，其盐行府谷、神木及河东七协。河曲、偏关而在太原以北濒河州县亦准协济，惟不准水运，恐掺入河东引地。"②靖边县边外乌审、鄂托克两旗蒙古盐商，"每二三人驱牛数十头，鞍驮蒙盐、载布张锅碗往来延绥各路"。蒙古盐商和出塞的"雁行"人一样，一路上也是风餐露宿，极为辛苦。他们"昼裹干糇，晚就道旁有水草处卸鞍驮，撑帐支锅，取野薪自炊，其牛纵食原野，人披裘轮卧起，以犬卫之，不花一钱"。蒙古盐入口"售盐无税课，回易粟米木料茶烟各物，艰苦倍偿而获利颇丰"。③

①　［法］古伯察：《鞑靼西藏旅行记》，耿昇译，中国藏学出版社1991年版，第247—248页。

②　道光《神木县志》卷二《舆地下·蒙地》，《中国地方志集成·陕西府县志辑》第37册，凤凰出版社2007年版，第484页。

③　光绪《靖边县志稿》卷四《杂志·蒙俗》，《中国地方志集成·陕西府县志辑》第37册，凤凰出版社2007年版，第338页下—340页上。

2. 广阔、平坦的土地对汉族农民的吸引

清代前期，由于平定准噶尔叛乱的军粮供给匮乏等原因，清政府开始在蒙古地区鼓励农业生产，并在直辖于清政府的察哈尔、归化城土默特等邻近鄂尔多斯的地区实行招垦。此外，内蒙古地区自身的粮食需求也成为农业经济发展的推动力。① 蒙古地区农业经济的发展与统治者农牧并举政策的指引密不可分，康熙帝认为农业的适当发展并不会影响游牧经济的发展，"有一二牲畜，择水草善地畜牧，能耕田者勤于耕种，则各得生理"②，蒙古地区农业发展的利益逐渐触发了伊克昭盟王公贵族自己发展农业的想法。康熙三十六年（1697），伊克昭盟盟长松阿喇布"乞发边内汉人，与蒙古人一同耕种"③ 的奏疏得到批准，汉人开始规模性移民边外，"此即开垦之始也"④。

陕北和晋北沿边诸县的农业生产条件相对恶劣，土瘠民贫，如神木县"邑处极边，多沙岗石碛，幅员虽广，而可耕之地计以顷亩，诚不及沃野之十之二三耳"⑤；怀远县境内"多沙碛高阜，可耕土地甚少，民人多在边外务农"⑥。而黄河东岸的山西宁武府偏关等地，由于"晋北土质干燥，气候较寒，山田高耸，无川流灌溉，所凭者雨泽耳。故晴雨稍有失时便成灾，不独偏关然也"⑦。此外，加之晋陕沿边各县地连边外，"蒙古伙盘地地多宽平，租更轻减，民间乐彼厌此，所以往年偶有业主后回者，如肯称量则垦户情愿分还其地，实缘处处蒙地皆可租种"⑧，以至大量来自晋陕近

①　张永江：《粮食需求与清初内蒙古农业的兴起》，《清史研究》2003 年第 3 期。

②　《清圣祖实录》卷一一一，"康熙二十二年七月辛未"，《清实录》第 5 册，中华书局 1985 年版，第 128 页下。

③　《清圣祖实录》卷一八一，"康熙三十六年三月乙亥"，《清实录》第 5 册，中华书局 1985 年版，第 939 页。

④　道光《榆林府志》卷三《舆地志·疆界·附边界》，《中国地方志集成·陕西府县志辑》第 38 册，凤凰出版社 2007 年版，第 183 页上。

⑤　道光《神木县志》卷四《建置下·里甲》，《中国地方志集成·陕西府县志辑》第 37 册，凤凰出版社 2007 年版，第 502 页上。

⑥　道光《增修怀远县志》卷二《种植》，《中国地方志集成·陕西府县志辑》第 36 册，凤凰出版社 2007 年版，第 517 页。

⑦　道光《偏关志》卷上《地理志·风土》，《中国方志丛书·华北地方》第 78 号，成文出版社 1968 年版，第 73 页。

⑧　光绪《靖边县志稿》卷四《艺文志·偕同委员大挑知县朱锺浚查办垦荒内》，《中国地方志集成·陕西府县志辑》第 37 册，凤凰出版社 2007 年版，第 356—357 页上。

边的贫民带着对塞外的美好向往，循蹈商贾的通途足迹，纷纷来到草原地区承租蒙古人的土地，由此，第一批"雁行人"应运而生。他们春出冬归，每年将收获品卖给当地的蒙古人或旅蒙商人，带着辛苦一岁的所得回到原籍，他们带回原籍的，不仅仅是可以养家糊口的金钱，还带来了塞外的真实信息。这样一来，在第一批"先行者"的描述下，内地汉民逐步改变了对长城以外地区的印象，出于对食物的渴求和对原居住地的不满情绪，更多的贫困农民来到长城以外租种蒙古人的土地，这里所指的"不满情绪"可以理解为原居住地租赋沉重，难以提供维持生计的基本条件。鄂尔多斯等蒙古地区的招垦一定程度缓解了边内的人口压力和社会矛盾，"边民获粮，蒙古得租，彼此两便"①。由于农民仅以招垦从事农业生产，只是暂时性地从蒙旗王公手中获得土地的使用权，因而，农业发展的规模由蒙旗王公控制。

开垦给蒙汉双方都带来了收益，在利益的驱动下，越界私垦自然成为扩大收益的最佳途径。所以，自禁留地开垦后，其界址在不断更改中逐渐北移。康熙五十八年（1719），贝勒达锡拉布坦上奏称"民人种地，若不立定界址，恐致游牧窄狭"。康熙帝派遣侍郎拉都浑到榆林等处踏勘，"既于五十里界内，有沙者以三十里为界，无沙者以二十五里为界，准令民人租种"。但是，这次划界还是没有遏止垦地的扩大趋势。乾隆八年（1743），"各旗贝子等以民人种地越出界处，游牧窄狭等情呈报"。理藩院尚书与川陕总督庆复前往榆林地区，会同陕北各县和伊克昭盟各旗协商解决。"有于旧界外稍出二三十里，仍照旧耕种，其并未出界者，仍照前办理。有出界五十里之外，将种地民人收回，五十里之内，给予空闲地亩耕种。"② 勘界之外，清政府推行禁垦令，对越界垦殖的民众加以限制，但是仍然无法阻滞汉族移民的涌入，而且这些移民中携眷出关者开始增多，这就意味着大量的"雁行人"开始向定居人口过渡。这种移民队伍渐趋稳定的状况折射出移民运动已形成惯性，开始抛开"重土禁迁"等传统因素的干扰，主要受制于塞外移入区的恒久吸引力。正如潘复在《调查河套报

---

① 《清高宗实录》卷一五，"乾隆元年三月丁巳"，《清实录》第9册，中华书局1985年版，第414页下。

② 道光《神木县志》卷三《建置上·附牌界》，《中国地方志集成·陕西府县志辑》第37册，凤凰出版社2007年版，第490页下。

告书》中所说的，"沿黄河一带及长城附近，地稍平坦，土质较佳。自康熙末年，晋陕北部贫民，由土默特渡河而西，私向蒙人租地垦种……于是伊盟七旗境内，凡近黄河长城处，所在（皆）有汉人足迹"①。

农业的渗入一方面缓解内地的人口压力，使"内地民人以口外种地为恒产"；另一方面，通过招民开垦牧地，"蒙古亦资地租为养赡"。对于农牧交流的日益加深，清朝也采取了相应措施予以鼓励和扶助。乾隆四年（1739），陕甘总督鄂弥达疏言："榆林边民岁往鄂尔多斯种地，牛具、籽种、日用皆贷于鄂尔多斯。秋收余粮，易牛羊皮入内地变价，重息还债。请于出口时视种地多寡，借以官银，秋收以粮抵，俾免借贷折耗之苦，仓储亦可渐充。"② 总之，清代前期，管理机制的积极改进和完善进一步促进农牧关系日趋深化，农牧生产之间仅是依靠互市等形式的间接交流已经难以满足，最终是以直接引入农业生产的形式来满足日益扩大和加深的农牧交流。互济关系的加强成为清朝前期农牧关系发展的主要趋势，而农业渗入是清代前期农牧互济关系加强的必然产物。

3. 土地对蒙族牧民的吸引

由于蒙古部族在明清鼎革之际饱经战火洗礼，人口数量锐减，民众赖以生存的畜牧业经济遭受严重损失。清政府入主中原后，着力恢复蒙古地区传统游牧经济，从而促成蒙古地区的游牧经济取到很快增长，尤其畜群规模迅速扩大。③ 至康熙前期，甚至已经出现牧场拥挤的现象。④而此时期，横亘在陕北长城北侧的那条南北宽五十里、东西延伸两千多里的长条禁地由于清政府长期的封禁政策，"稿草腐朽地面色黑"，地表植被自然成长，且又有榆溪河、无定河等黄河支流川流不息，以至倍受

---

① 督办运河工程总局编辑处潘复编：《调查河套报告书》，京华书局1923年版，第219页。
② 《清史稿》卷三二三《列传一一〇·鄂弥达传》，台湾商务印书馆1999年版，第9241页。
③ 《清史稿》卷五二七《列传三〇七·藩部三·鄂尔多斯》载，康熙三十五年（1696），康熙皇帝亲征噶尔丹途经鄂尔多斯时，曾说"朕至鄂尔多斯地方，见其人皆有礼貌，不失旧时蒙古规模。各旗俱和睦如一体，无盗贼，驼马牛羊不必防守。生计周全，牲畜蕃盛，较他蒙古殷富。围猎娴熟，雉兔复多。所献马皆极驯，取马不用套竿，随手执之，水土食物皆相宜"（台湾商务印书馆1999年版，第11910页）。
④ 民国《调查河套报告书》对鄂尔多斯中部的调查结果为"砂山连亘，高出黄河水面约一千尺，地势高亢，水分缺乏，沙砾弥漫，蓬蒿满目"，很难称得上是水草丰美的理想居所（督办运河工程总局编辑处潘复编，京华书局1923年版，第219页）。

蒙古游牧民的关注。康熙二十一年（1682），鄂尔多斯贝勒达尔①因蒙游牧处"蔓生药草，不宜牲畜，奏请于近边四十里之外空闲地方，奉旨谕允"②。一旦出现过度放牧，草场牧草的再生能力遭到破坏：靠种子繁殖的牧草，由于牲畜常年的反复啃食和践踏，难于开花、成熟和继续繁殖；靠根繁殖的牧草，由于牲畜经常反复啃食，牧草得不到适当的水分和营养物质的补充，往往没有等再长出来，就又被牲畜吃一遍，使优良牧草经常处于少叶或无叶状态，光合作用减弱，不能够生产足够的营养物质来满足牧草的生长。最终造成草原植被变稀和植被种类构成的变化，优良牧草减少或绝迹，害草因牲畜不吃和生存空间扩大而增多。③"蔓生药草"的记载，显然是过度放牧造成害草的大量繁殖，已经影响到了草场的使用，以致乌审旗不得不乞请清廷"暂借游牧"。此外，康熙二十二年（1683）三月，"理藩院议覆，多罗贝勒松阿喇布游牧地方狭小，应令于定边界外暂行游牧"④。康熙帝遣理藩院侍郎阿喇尼"阅勘定边等处"后，同意多罗贝勒松阿喇布所请，将"边外苏海、阿鲁诸地、离定边兴武营等边，或五六十里，或百里不等""暂给游牧"⑤。这实际上是在说明鄂托克旗"游牧地方狭小"，伴随着牲畜的增加，可供转场的草场已经开始出现不足使用的现象。

　　清朝前期，在统治者允许下，鄂尔多斯等边外地区开始出现一定规模的农业生产。同时，对于长期游牧为生计的蒙族而言，畜牧业生产仍处于鄂尔多斯经济的首要地位，农业仅仅是作为辅助性的生产而存在，即"牧主农辅"的格局。"牧主农辅"的格局决定着农业生产在鄂尔多斯的角色和地位，农业的生产规模发展必须以不妨碍畜牧业生产为前提，

---

　　①　此处缺一字，全名实为达尔扎，额琳沁从子。顺治十八年（1661）袭鄂尔多斯右翼前旗（乌审旗）札萨克固山贝子。康熙十六年（1677），晋多罗贝勒。康熙三十三年（1694）卒（乾隆《钦定外藩蒙古回部王公表传》卷六《表第六·鄂尔多斯部》，浙江图书馆藏，乾隆《钦定四库全书》本，第5页）。

　　②　道光《神木县志》卷三《建置上·附牌界》，《中国地方志集成·陕西府县志辑》第37册，凤凰出版社2007年版，第490页上。

　　③　张文奎：《关于畜牧业现代化的几个问题》，农业出版社1983年版，第43页。

　　④　《清圣祖实录》卷一〇八，"康熙二十二年三月甲子"，《清实录》第5册，中华书局1985年版，第102页。

　　⑤　《清圣祖实录》卷一一〇，"康熙二十二年闰六月己巳"，《清实录》第5册，中华书局1985年版，第127页上。

但是，随着农民的不断增加，开垦规模的逐渐扩大和深入，农牧业矛盾开始显现。以清廷颁布禁垦令为标志，鄂尔多斯"牧主农辅"的生产格局开始形成。

随着农牧冲突的不断加剧和频繁，清政府开始明确地表明保护畜牧业经济的态度，颁布法令以禁止农民进入边外进行农业生产。乾隆十四年（1749），清政府谕示蒙古王公："蒙古旧俗，择水草地游牧，以孳牲畜，非若内地民人，倚赖种地也。康熙年间，喀喇沁札萨克等地方宽广，每招民人，春令出口种地，冬则遣回。于是蒙古贪得租之利，容留外来民人。迄今多至数万，渐将地亩贱价出典，因而游牧地窄，致失本业。"① 乾隆三十七年（1772），又进一步强调，"口内居住旗民人等，不准在蒙古开垦地亩，违者照例治罪"②。嘉庆十一年（1806），清政府再次严申禁令，"现居民住户外，不准多垦一亩，增居一户"③。道光四年（1824），清政府又颁布禁令，"嗣后一人不准复招，一亩不准添垦"④。

清朝禁垦令的颁布，维护了畜牧业生产在内蒙古地区的主体地位，在一定程度上限制了农业的发展，对于稳定鄂尔多斯地区社会秩序起到了一定的作用。但是，由于流民迫于生计，大量出口和私垦，清朝禁令还是难以完全遏制农业在口外的存在和发展。剩余产品的交换和经济上的互补性，使得农业生产和畜牧业生产之间形成依赖联系已经难以割断。所以，清政府以行政命令强制禁垦是不合时宜的。禁垦政策对于边内可以有效实施，但是对于蒙旗土地而言，收效甚微。道光十四年（1834），鄂尔多斯地区开垦的来源和途径纷繁杂乱，"相沿奉部文而承种者有之，由台吉私放者有之，由各庙喇嘛公放者有之。开垦颇多，产量亦盛"⑤。清代末年，

---

① 《清高宗实录》卷三四八，"乾隆十四年九月丁未"，《清实录》第 5 册，中华书局 1985 年版，第 799 页。

② 嘉庆《钦定大清会典事例》卷七四二《理藩院·耕牧》，《近代中国史料丛刊三编》（第 70 辑），托律等纂修，中国藏学出版社 2006 年版，第 520 页。

③ 《清仁宗实录》卷一六四，"嘉庆十一年七月乙丑"，《清实录》第 30 册，中华书局 1985 年版，第 137 页上。

④ 邢亦尘编：《清季蒙古实录》上辑，内蒙古社会科学院蒙古史研究所 1981 年版，第 77 页。

⑤ 《清史稿》卷五二七《列传三〇七·藩部三·鄂尔多斯》，台湾商务印书馆 1999 年版，第 11912 页。

清政府以贻谷为督办蒙旗垦务大臣，督办内蒙古西部的垦务。[①] 此次垦务重点放在伊克昭盟等处牧地，毛乌素沙地南缘伙盘地自然也包括在内。许多蒙古牧民被迫迁出报垦区。不过也有一些牧民"盘踞不去，居牧如故，以致领地之户不能执业"[②]。

4. 区域特殊性对清政府的吸引

毛乌素沙地南缘自古以来，便是游牧民族和农耕民族竞相争夺的场所，对于农耕民族而言，占有毛乌素沙地南缘，进可以打击游牧民族的实力，退可以拱卫内地、俯控边陲；对于游牧民族而言，亦有异曲同工之妙。因此，该地区的地理特殊性使得清政府更多的是从政治的视角来处理发生在毛乌素沙地南缘的相应问题。

清朝前期，清政府主张蒙古民族应该"不失本道"，"不以内地之法治之"，提出"蒙人养生之计，唯马匹牛羊是赖"，扶持畜牧业生产，保护草场。首先，牧场界线确立。清代以前的蒙古游牧社会并没有固定的牧场界线，远距离的游牧常常引发部落间争夺牧场的战争。为了稳定畜牧业生产，清政府在实行盟旗制度后，开始将旗之间划定界线，并颁布禁令，禁止各旗逾越旗界"擅离游牧"，否则将受到严重的惩罚。旗界的划定标志着以旗为单位的牧场界线的出现。其次，农牧界线确立。早在顺治初年，清政府针对鄂尔多斯地区与陕甘三面相接的特点，沿着长城一线划出禁留地，以隔绝其与塞内的联系。

清朝前期实行蒙汉隔离政策，严格限制蒙古与内地民众的流动往来。"民人出口，非奉官遣不得私越，蒙古入口并喇嘛朝庙进香者，悉由部郎衙门给印票各汛守验放。"[③] 鄂尔多斯与内地的联系，主要依靠互市进行。随着政局逐渐稳定，清朝开始逐步放宽蒙汉互市的限制。清初，鄂尔多斯

---

① 贻谷至绥远后，设立垦务总局和乌、伊两盟垦务局，另于准噶尔、鄂托克、郡王 3 旗内各设分局，乌审、札萨克两旗则是合设一分局。令其各自分别组织和管理这一带的拓荒事务，共同执行和完成强行放垦之任务（民国《绥远通志稿》卷三八上《垦务》，第 5 册，绥远通志馆编纂，内蒙古人民出版社 2007 年版，第 189—315 页）。

② 民国《续修陕西通志稿》卷二八《田赋三·屯垦·鄂尔多斯蒙部述略》，宋伯鲁等编纂，民国二十三年（1934）刊本；吴坚主编：《中国西北文献丛书》（第 1 辑）《西北稀见方志文献》（第 7 卷），兰州古籍出版社 1990 年版，第 45 页上。

③ 乾隆《宁夏府志》卷二《地理·疆域》，《中国地方志集成·宁夏府县志辑》第 1 册，凤凰出版社 2008 年版，第 53 页上。

在宁夏府的互市地只有横城一处，康熙三十六年（1697），鄂尔多斯贝勒松阿喇布奏称"向准臣等于横城贸易，今乞于定边、花马池、平罗城三处，令诸蒙古就近贸易"。清朝准奏后要求贝勒松阿喇布保证互市的治安稳定，"日后倘有争斗，蒙古欺凌汉人之事，即令停止"①。清朝对于互市的管理非常严格，对于互市地点、时间、管理和交易内容都有明确的规定。以宁夏平罗为例，其互市地点原在"柳陌河之边墙西暗门"，后来当地官员以"该处四面开垦，田禾难免蹂踏"上奏，遂将互市地点改在平罗县城北一百五十里的石嘴口。清朝在互市设有监督管理机构"监夷厅三楹"，并驻有参与交易的三方官员，"一鄂尔多斯梅林，一厄鲁特梅林，一汉员参将"②。清朝还规定鄂尔多斯在花马池、横城、石嘴子交易时间，"俱十日交易一次"，并严格限定一些涉及国家安全的敏感货物的交易，"硝磺、钢铁、军器、白米、白面、豌豆等奉文禁止出口售卖"③。但是，清代对于这些敏感货物交易并非一概禁止，一些蒙古生活所必需的铁器等，实际上仅是严格控制其购买而已。雍正年间，陕西总督刘于义上奏"宁夏镇之平罗、横城、花马池三处市口，每月蒙古人等入口货买零星铁器"，理应设法稽查。但是实际的执行并不是禁止，而是"嗣后令该札萨克预先报明夷情衙门，给以印票。其民人货买铁器，不得私入货场。俱令监管营员验明印票，当官交易，仍将原票汇交夷情衙门查核"④。所以，清政府对于互市的管理不仅出于是国家安全保障的需要，也更加注重社会经济发展的实际需要。随着蒙汉贸易的发展，互市地点逐渐增加。除宁夏横城三市外，鄂尔多斯与内地的互市口还有"靖边县口外之宁条梁、榆林府城、神木县城并山西归化城等处"，"并得各就近交易"⑤。

---

①　《清圣祖实录》卷一八一，"康熙三十六年三月乙亥"，《清实录》第 5 册，中华书局 1985 年版，第 939 页上。

②　道光《平罗纪略》卷二《建置·市集》，徐保字修，宁夏人民教育出版社 2003 年版，第 60 页。

③　乾隆《宁夏府志》卷二《地理·疆域》，《中国地方志集成·宁夏府县志辑》第 1 册，凤凰出版社 2008 年版，第 52 页下。

④　《清世宗实录》卷一五六，"雍正十三年五月己未"，《清实录》第 8 册，中华书局 1985 年版，第 890 页。

⑤　乾隆《宁夏府志》卷二《地理·疆域》，《中国地方志集成·宁夏府县志辑》第 1 册，凤凰出版社 2008 年版，第 53 页上。

　　在管理互市的同时，对于鄂尔多斯地区涉及蒙汉纠纷案件，清政府还设置专门官员进行处理。康熙四十七年（1708），鄂尔多斯贝勒松阿喇布请旨游牧察罕托灰，清朝准许后，考虑到察罕托灰位于黄河之西，"宁夏居民藉以樵采"，便设立理事官二人，"庶樵采居民与游牧蒙古不致互相生事"①。这也是清代设立理事官的最早记载。康熙六十一年（1722），又从宁夏分出神木理事司员，管理神木、榆林沿边蒙民事务。相应管理机构的设置和官员的履职，对于鄂尔多斯及其周边地区的社会秩序稳定具有显著作用，并在很大程度上促进民族关系的日益繁荣。

　　在清政府有序的管理下，鄂尔多斯和内地的互市贸易日趋繁荣，蒙汉联系日益加强，在清政府管理措施逐渐完善和改进的同时，蒙汉交流逐渐加深和扩大，以致在互市时"土人亦多习番语，蒙古颇知汉音，交易公平无扰"②。但是，伴随着农牧交流的日益加深，农耕、游牧社会差异性逐渐得到彰显，二者之间的冲突和摩擦逐渐增多。鄂尔多斯地区允许农业开垦后，大量农民涌入鄂尔多斯地区，其自身的流动性很容易造成清朝在管理上的困难。清前期对鄂尔多斯地区农业人口的管辖，主要依靠鄂尔多斯周边厅县进行遥治。"是部招垦民人近陕西者，分隶陕西神木、定边理事同知及神木、府谷、怀远、靖边、定边等县。近山西者，分隶萨拉齐、托克托城、清水河三厅，偏关、河曲等县。而因地滋事时有。"这种做法只能是一时的权宜之计，随着人口流动的频繁和加快，势必出现不少弊端。因"垦地越界"而引起农牧冲突是这一时期比较常见的行为，例如，道光十四年（1834），达拉特旗台吉等招徕汉民私自开垦了驿站草地，由于垦种越界，"其游牧地方贝子亲往驱逐。民人恃众，砍伤二等台吉萨音吉雅等"③。

　　光绪二十七年（1901），山西巡抚岑春煊奏准开放山西沿边一带包括乌兰察布盟、伊克昭盟、归化城土默特、察哈尔蒙古的蒙荒，至此，清政

---

　　①　《清圣祖实录》卷二三三，"康熙四十七年七月庚辰"，《清实录》第6册，中华书局1985年版，第230页下。
　　②　乾隆《府谷县志》卷一《市集》，《中国地方志集成·陕西府县志辑》第41册，凤凰出版社2007年版，第30页。
　　③　《清史稿》卷五二七《列传三〇七·藩部三·鄂尔多斯》，台湾商务印书馆1999年版，第11911—11912页。

府改变了沿袭 200 年的禁垦政策。宣统二年（1910）又废止了针对蒙旗的所有封禁政策，从而开始了对蒙荒的全面开垦。同时，清政府在新开垦的地区设立治所，招徕内地民人，设立有关的机构以办理对外交涉、监视蒙古王公，这些措施都是作为"实边"的主要手段来实施的。"边地之建置在防外，故必有官吏然后可以系人民，有人民而后可以辟地利，有地利而后可以固边防。"① 从这一点上着眼，清政府试图在把握对这一地区经济协调的同时，加强对该区域的政治控制。

总的来看，对于不同的阶层而言，毛乌素沙地南缘伙盘地的存在、发展乃至壮大，都带有不同的意义。对于民间来说，无论是商人、汉族移民，还是蒙古牧民，他们所关注的，更多是来自经济因素的驱动力。在经济因素的促使下，来自民间的力量通过自己独特的方式，或通商蒙古，或佃租蒙地来达到自己的目的。而对于清政府而言，也许由于该地区的经济发展的确能够为清政府提供经济支持，但其更加关心的，始终是由该地区所引发的政治问题。

**二 环境变迁的典型：从"草原"到"田园"**

毛乌素沙地南缘伙盘地特色农业的形成可以视为一个由牧变农的过程，而这个所谓的特色农业又不同于一般意义上的农业。许多学者在描述由牧变农的过程时，通常将它和"农进牧退"等同，即有两层含义：

其一，农业区的不断拓展，牧业区的相应萎缩；其二，农业技术的普遍应用，牧业技术的逐步淘汰。这种说法相对于毛乌素沙地南缘的伙盘地而言，存有一定的局限性。为何会有这样的看法呢？这样的看法，其依据是什么呢？笔者以为应当认同的是，在由牧变农的过程中，的确有许多来自内地的新物质要素在这里崭露头角。

"游农制"和原始撂荒制的普遍应用，大量的牧场成为耕田，"风吹草低见牛羊"的草原景致演变成"阡陌相连，鸡犬相闻"的田园风光。农业技术的推广，农业区得以不断扩展，牧业区相应萎缩，但这并不意味着牧

---

① 廷杰：《奏为热河新开蒙旗地方亟宜添改州县等缺以资治理而固边防折》，光绪二十三年（1897）四月三十日，转引自薛智平《清代内蒙古地区设治述评》（内蒙古档案馆《内蒙古垦务研究》第 1 辑，内蒙古人民出版社 1990 年版，第 73 页）。

业技术的逐步淘汰。相反地，牧业技术为更多的伙盘地居民所吸收和利用。

起初，闯入伙盘地的移民多属于"雁行人"，这些"雁行人"有的承租蒙古人的土地，有的则放弃原有的农业技术，专门为蒙古人放牧牛羊。时间一长，雁行人逐渐从蒙古牧民那里学会了放牧牲畜的方法。当"雁行人"定居下来，成为伙盘地居民时，他们虽然可以在新的环境下，从事农业生产，但是也有许多居民认识到放牧牲畜所带来的经济效益。因此，他们在完成农业耕作的同时，继续从事牧业生产，"亦有以孳生羊只为主要，而辅之以农业者"。由于毛乌素沙地南缘伙盘地中存有一定的"水草平滩，最宜牧畜，且较农事省工利厚，而足以赡身家，于是因力乘便，多则百数十只，少或至数只。量力购牧，反复蕃滋"。在从事牧业生产的过程中，伙盘地居民逐步形成对牧放牲畜的选择，即"以牛马群牧日多，而养羊者逐日渐减少"。并且由于长期的摸索，伙盘地居民逐渐掌握了放牧的技巧，以至出现牧放者"常在马上执竿牧放，以驱逐群畜，其有距离稍远，或险峻不能到处，则于竿端曲处，置小石，时抛放之，以制群畜之纵逸。故一人能牧畜数百"的情形①。更有甚者，部分蒙族牧民在失去牧场的情况下，在长城外"屯住，代牧汉民牛羊"②，以谋求生计。

当然对于许多汉族移民而言，他们依然采用传统的耕作制度，或者采用"游农制"，或者采用原始撂荒制。先来看"游农制"，运用"游农制"生产方式的移民多为非定居的"雁行人"。他们四处游耕，频频撂荒，这种掠夺式开垦对土壤沙化过程起了推波助澜的作用。据西北农学院林学系在定边县长茂滩林场观测可得，通过现代科学技术设置沙蒿活沙障，3—4年后，地表才形成结皮，8—10年后，0—50厘米沙层的腐殖质含置达1.4%以上，十余年后方可增至2%左右。一旦在这些土地上从事农业生产，即"仅种黍两年后，复令生蒿，互相辗转，至成黄沙而止"。随着移民数的增加，伙盘地的范围不仅限于可耕之地，而且对这些诸如"沙漠田"的不可耕之地也进行了农业垦殖。

---

① 民国《绥远通志稿》卷二〇《农业》，第 3 册，绥远通志馆编纂，内蒙古人民出版社 2007 年版，第 160—169 页。

② 光绪《靖边县志稿》卷四《艺文志·拟请试办盐店通禀由》，《中国地方志集成·陕西府县志辑》第 37 册，凤凰出版社 2007 年版，第 347 页。

　　而处于定居状态的伙盘地居民则更多地采用原始撂荒制，实行轮作休耕法。不可否认，这种耕作制度也给地表造成不同程度上的破坏，特别是在休耕期，由于没有"播种绿肥作遮盖物，一遇暴雨冲洗或狂风吹刷，上层细土即被洗去或飞扬。惟粗砂尚存地面"①。在这种脆弱的生态条件下，许多地方由于盲目开垦，几乎是"一年开草场，二年打点粮，三年变沙梁"。民国初年，毛乌素沙地南缘伙盘地大部起沙，流沙随西北风"二十年一打滚"，向东南侵入长城以内。神木边外伙盘地，东西相距250里，南北相距140里，面积21000余方里，到民国初年，"近边数十里间，半成不毛之地，登高一望，平沙无垠，惟有河之处，资水溉田，房民尚多"②。不过也有些地方，如定边县口外，由于人均占有的土地较多，因此在肥料不济的情况下，许多农民多采用轮作制，即只耕取所有土地的四分之一或五分之一，将有限的肥料用在这四分之一至五分之一的土地上。此外，由于伙盘地农业自身的特点，许多伙盘地居民拥有一定量的牲畜，这些牲畜可以在剩余的四分之三至五分之四的土地上放牧。这样的做法，既能够满足伙盘地居民的物质生活需要，又可以为来年储备必要的粪肥，还可以利用牲畜的觅食过程，来踏实被犁破的地表，减少因暴雨和狂风而引发的沙质沉积物的流失。

　　总的来看，毛乌素沙地南缘在清至民国时期随着农牧业生产方式的交替，经济活动强度的差异，同时也受到降水量和生态上自我恢复"弹性"大小等因素的影响，使沙漠化土地处于一个蔓延与暂时稳定相互交替的复杂过程中。在多雨年份或封育后植被恢复的情况下，使沙漠化发展受到抑制，脆弱生态系统保持相对的平衡。而在干旱年份或在人为过度农牧利用的情况下，又导致稍有恢复的土地沙漠化又迅速蔓延。因此，在就研究区内的沙漠化历史过程往往呈一波状曲折的模式，而且这种波状发展模式的沙漠化土地，往往在其抑制阶段尚未达到逆转时，由于口外移民的急剧增长和不合理的耕作灌溉，使沙漠化过程呈现出复杂性。在地表景观特征上也有所反映，即除了沙区内部保存有历史遗迹外，还呈现出大面积流沙、斑点状流沙与半固定、固定沙丘和耕地、牧场、伙盘村落相互交错分布的特色。

## 第三节　伙盘地村庄今昔环境

自康熙年间，第一批山陕移民越过长城，进入草原，进行移民垦殖，到光绪末年，毛乌素沙地南缘出现 1806 处伙盘村落，拥有 15987 户居民，前后经历了近两百年的时间。那么，时至今日，边外伙盘地故址的现状如何？这些地方的环境是否存有较大的变化呢？

以榆林市金鸡滩乡为例，该地原名金荩滩，清初分属于榆林常乐堡地方管理，至道光十九年（1839），成为榆林县北乡边塘十九村和东北乡双山堡地方八伙盘村的一部分。[①] 其北临神木县大保当乡，西、南与孟家湾、牛家梁乡毗连，东与麻黄梁、大河塔乡接壤，境域呈长方形，南北长 28 千米，东西宽 14 千米，总面积 330 平方千米，占榆林总面积的 4.68%。[②] 该区气候干旱，气温偏低，昼夜温差大，冬季长、春秋季短。境内地表为中细沙组成的沙地，沙丘绵延不断，呈不对称新月形沙丘链。沙丘之间，多为大小不等的滩地，其中金鸡滩、柳卜滩、喇嘛滩、白犊牛滩、海流滩为榆林十八道滩中的名滩。这里地表水源较少，地下水资源丰富，有榆溪河支流二道河，该河源于金鸡滩片村东部，经上河村西流于牛家梁汇入榆溪河，境内流程 8 千米。此外，有天然海子 6 处，皆为淡水湖。

### 一　清代金鸡滩乡伙盘地土地垦殖过程

金鸡滩乡土壤相对肥腴，且距离边墙较近，交通条件便利，早在清康熙三十六年（1697）前后，便受到山陕边民的关注，而蒙古王公因势利导，将这片原属喇嘛封地的游牧地承租给前来就食的移民，汉族移民盘柳成宅，逐步成为当地的定居人口。在此时期有六处伙盘地村落在这里相继

---

① 民国《陕绥划界纪要》卷三《榆林县已垦地亩表册》［樊士杰等编，静修斋民国二十二年（1933）印刷，榆林市星元图书馆藏，第 15 页］。

② 榆林县地名志编辑委员会编：《金鸡滩乡志》，1988 年。

建成，它们分别为金鸡滩、圪儿盖滩、白犄牛滩、掌盖界、拉啦堡和柳卜滩，如图 1 所示。

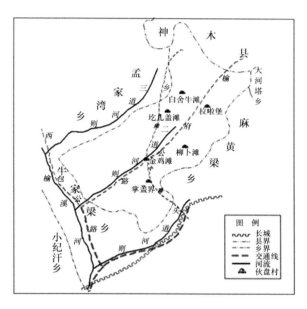

图总 1　康熙年间金鸡滩乡村落分布示意图

这六处伙盘村中，金鸡滩、柳卜滩、拉啦堡、白犄牛滩皆为榆林十八道滩中的名滩，且多为土地相对状况良好、地下水位相对较高的适耕土地，即下湿滩地和干滩地等。据统计，这六处村落虽仅占到该区在整个清代所建村落的 10.9%，但是其后各时期所建的伙盘地村落都以其为基础。在康熙年间，除这六处伙盘地村落外，其余各处皆为蒙古游牧地，故而这几处村落只是零星地点缀在蒙古游牧地，成为当地游牧经济的附属。

乾隆年间，该乡在乾隆、嘉庆年间相继出现 7 处伙盘村落，其分别是王家伙场、段家伙场、榆树湾、张寺梁、杨脑滩、西窑则、南圪，如图总.2 所示。

图总.1 和图总.2 所标注的伙盘村落的分布实际上仍是以占有土地状况较好的草滩地为核心的。据调查，今天的王家伙场、段家伙场和榆树湾仍是金鸡滩乡的主要粮食作物产地。由此可见，在清代，这里的土地状况

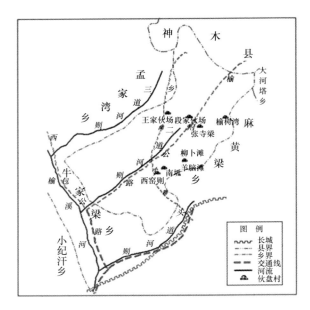

图总.2　乾隆至嘉庆年间金鸡滩乡村落分布示意图

应该是相对较好的。不过，从伙盘村的数量上，我们仍然可以看到，伙盘地村落尚未大规模出现。汉族移民聚落点的零星分布，使得这里的土地垦殖受到局限，原有的游牧经济仍然占有主导地位。

道光年间是金鸡滩乡继康雍年间之后耕地面积大幅度增长的时期。在此期间，汉族农民对土地所有者——蒙古贵族的依附关系慢慢减弱。据统计，道光年间先后有 23 处伙盘地村落建成，咸丰年间则有 11 处伙盘地村落建成，而同治年间亦有 3 处伙盘地村落建成。如图总.3 所示。

至此，自康熙中叶至光绪二十八年（1902），近 200 年的时间里，共建成伙盘地村落 50 处，占到整个清代所建伙盘村落的 90.9%，而这些村庄所耕种的土地自然也相应增加。至此，金鸡滩乡的农牧业比重发生了明显的变化，原来的畜牧业经济主体地位完成了向农业经济主体地位的转变。许多原本属于蒙族的游牧地，如白犄牛滩曾是蒙古部民牧放白犄牛的地方，马圈圪曾为蒙民游牧圈马之地，这些地方的土地使用权逐渐过渡到汉民手中，而汉民在这里也相继建起了村落。①

──────────

①　榆林县地名志编辑委员会编：《陕西省榆林县地名志》（内部资料），时间不详。

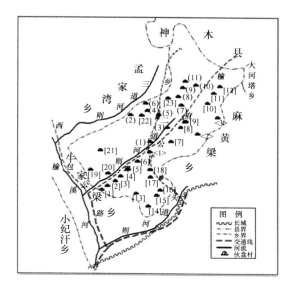

**图总.3　道光至同治年间金鸡滩乡村落分布示意图**

注：[1]—[23]为道光年间所建村庄：[1]张家伙场 [2]上河村 [3]叶家伙场 [4]王家伙场 [5]尤家伙场 [6]曹家伙场 [7]米家伙场 [8]白家伙场 [9]王家伙场 [10]小滩子 [11]曹家滩 [12]张家伙场 [13]井则湾 [14]西张牛村 [15]东张牛村 [16]大梁湾 [17]西掌盖界 [18]东张盖界 [19]薛家庙滩 [20]罗家伙场 [21]海流滩 [22]蒋家伙场 [23]刘家伙场

（1）—（11）为咸丰年间所建村庄：（1）阎家伙场 （2）任家伙场 （3）马圈沟 （4）蒋家伙场 （5）吴家伙场 （6）纪家伙场 （7）李家伙场 （8）曹家伙场 （9）杜家伙场 （10）郝家伙场 （11）上张家伙场

〈1〉—〈3〉为同治年间所建村庄：〈1〉周纪伙场 〈2〉杜家海子 〈3〉大海则湾

　　光绪末年，由于金鸡滩乡可耕种的土地已经不多，因而，此时期的伙盘村数额并未因"移民实边"政策的放宽而有所增加，在此期间共有5处伙盘村相继建成，它们分别是小坟滩、杨正滩、赵伙场、袁瓦滩和马伙场。如图总.4所示。

　　由图总.4可知，自光绪年间至清末一段时间里，仅有12处村庄相继建成。可以说，金鸡滩乡在清代末年已经趋于饱和。此时期的开垦量也逐步稳定下来。如表总.1所示。

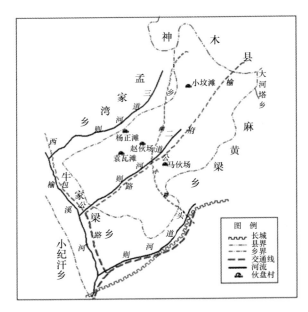

图总.4  光绪年间至今金鸡滩乡村落分布示意图

表总.1                    金鸡滩乡伙盘地村落土地状况

| 堡属 | 村庄 | 住户（户） | 土地（亩） 滩地 | 土地（亩） 沙地 | 开放年代 | 租税 | 距离边墙（米） | 备考 |
|---|---|---|---|---|---|---|---|---|
| 镇城口外 | 元娃滩（袁瓦滩） | 8 | 480 | 500 | 乾隆年间 | 纳牛犋费 | 40 | |
| | 杨正滩 | 4 | 45 | 45 | 同上 | 同上 | 45 | |
| | 海流滩 | 18 | 180 | 180 | 同上 | 同上 | 45 | |
| 常乐堡口外 | 长盖界（掌盖界） | 5 | 60 | 100 | 康熙年间 | 同上 | 10 | 凡沙地耕一二年必须停耕三四年，然后复耕 |
| | 金鸡滩 | 30 | 1050 | 1500 | 同上 | 同上 | 15 | |
| | 柳卜滩 | 15 | 220 | 200 | 同上 | 同上 | 15 | |
| | 圪儿盖滩 | 7 | 285 | 320 | 同上 | 同上 | 25 | |
| | 白犍牛滩 | 17 | 510 | 1200 | 同上 | 同上 | 25 | |
| 双山堡口外 | 那拉补（拉啦堡） | 5 | 30 | 50 | 同上 | 同上 | 30 | |

资料来源：民国《陕绥划界纪要》卷三《榆林县已垦地亩表册》，樊士杰等编，静修斋民国二十二年（1933）印刷，榆林市星元图书馆藏，第8、12、15页；榆林县地名志编辑委员会编：《金鸡滩乡志》，1988年。

　　表总.1所涉及的"掌盖界""金鸡滩""柳卜滩""圪儿盖滩""白犝牛滩"和"拉啦堡"多是典型的伙盘村。这些村落的土地类型大致有两种，一种为滩地，另一种为沙地。滩地原系古河道的谷地，分布在现代水系的上游，后被沙地包围，流水线被阻隔切断；有些则是古湖泊，因气候变化，湖泊干涸形成滩地。滩地中央地势平坦，低洼地方常积水成湖沼或盐池。根据水分条件的优劣，分为湿滩地和干滩地，盐碱化较重者，则成为盐碱滩地。只有轻度盐碱化的湿滩地，才适合农事活动①。而沙地的土壤成土母质为沙蒿芥和黄沙土。沙蒿芥是指固定和半固定沙丘的土壤类型，该种土壤的土层表面可生长沙米、沙蒿、白草、沙竹和臭柏等禾本科植物，这种土地的植被覆盖度为40%—60%。在这些地方进行农业生产所得到的收益是很低的，一般只有30斤—50斤/亩②。黄沙土则多为固定沙地，它的肥力状况比沙蒿芥好，土层内含土量较多，但质地较粗，结构松散，保水保肥力弱，不耐寒。只适合种植一些耐旱、耐瘠的作物。

　　此外，袁瓦滩的户均滩地、沙地都较多，该处住户共8户，户均滩地60亩，沙地62.5亩。而占有量相对较少的拉啦堡，其户均滩地6亩，沙地10亩，平均占有面积与内地相比，也是较多的。在这里，由于"地多沙渍，及山沟积水之处，均不能播种五谷"③，当地农民必须适应周边的自然环境，采取相应的耕作制度。

　　此外，由于金鸡滩乡地形相对平缓，地下水位较高，有利于大气降水的渗透补给，且下部无隔水层存在，含水层厚度较薄。以至形成6处较大的海子，如表总.2所示。

---

　　①　西北大学地理系《陕西农业地理》编写组编：《陕西农业地理》，陕西人民出版社1979年版，第47—48页。

　　②　陕西省农业勘察设计院编：《陕西农业土壤》，陕西科学技术出版社1982年版，第161—162页。

　　③　道光《秦疆治略》之《榆林府榆林县》，卢坤辑：《中国方志丛书·华北地方》第288号，成文出版社1970年版，第177—178页。

表总.2　　　　　　　　　　　　金鸡滩乡海子分布情况

| 水域名称 | 方位 | 得名年代 | 水面（亩） | 水深（米） | 备注 |
|---|---|---|---|---|---|
| 乌鲁素海子 | 周纪伙场东北 18 千米 | 光绪年间 | 7.5 | | 天旱露底，雨涝成海 |
| 张过柱海子 | 周纪伙场东北 17 千米 | 宣统二年（1910） | 30 | 2.5 | 野生鲫鱼 |
| 臭海子 | 周纪伙场东北 18.5 千米 | 咸丰年间 | 30 | 2.5 | |
| 薛三宝海子 | 周纪伙场东北 18.5 千米 | 民国十年（1921） | 30 | 3 | |
| 马路海子 | 周纪伙场东北 17 千米 | 乾隆年间 | 40 | 3 | |
| 大坟滩海子 | 周纪伙场东北 16.2 千米 | 民国十八年（1929） | 100 | 4 | |

资料来源：榆林县地名志编辑委员会编：《陕西省榆林县地名志》（内部资料），时间不详；榆林县地名志编辑委员会编：《金鸡滩乡志》，1988 年。

由于这些海子皆为淡水湖，汉族移民因利势导，在这几处海子周围从事农业生产，利用湖水浇灌农田，将沙漠田改良为产量相对较高的水浇地。

该处伙盘地由一个单一的蒙古部族游牧景观逐步成为阡陌相间、鸡犬相闻的伙盘地农业景观，经历了 200 余年的历史。在此期间，该地区集中了政府、蒙古贵族、伙盘地居民的三重关注，在中央政令的变动下，在蒙古贵族的影响下，在伙盘地居民的经营下，金鸡滩得到了前所未有的农业开垦，同时也带来了当地土地资源的开发和破坏。许多草地因农业开垦而失去大量的优质土层。在缺少地面植被掩护的情况下，这些土壤受到强劲风力的袭击，以风沙为主的自然灾害愈演愈烈，损坏农田，掩没村庄。下湿滩地缩小，丘间洼地盐碱化加剧，局部沙流已进至黄土梁峁之上。

## 二　金鸡滩乡今日环境

事过境迁，新中国成立之后，尤其是 20 世纪 80 年代以来，金鸡滩乡地理环境得到一定的改善。

### 1. 植被情况的改善

新中国成立之初，金鸡滩乡没有成片林木。全乡有零星树木 5300 多株，平均每平方千米约有林木 10 株，植被覆盖率不到 1%。进入 20 世纪 80 年代以后，林业生产得以大面积的推广，起到了有效控制风沙，调节小气候，减少灾害，保护地理环境的作用。下表即为金鸡滩乡新中国成立以来至 20 世纪 80 年代中期的植树造林情况。

表总 . 3 　　　　　　　　　　　**金鸡滩乡植树、造林、育苗简况**

| 年份（年） | 造林（亩） | 植树（株） | 育苗（亩） | 种草（亩） |
|---|---|---|---|---|
| 1951 | | 3460 | | |
| 1952 | | 105992 | | 106.5 |
| 1969 | 24147 | | | |
| 1972 | 26349 | | 33 | 12 |
| 1975 | 5135 | 52740 | 277 | 7411 |
| 1976 | 8400 | | | |
| 1979 | 15000 | 30000 | 247 | 5400 |
| 1980 | 15708 | 42000 | 134 | |
| 1983 | 30613 | 52800 | 134 | |
| 1985 | 24500 | 178000 | 24 | |

资料来源：榆林县地名志编辑委员会编：《金鸡滩乡志》，1988 年。

植树造林的广泛推广，植被覆盖率的提高，有效地提高了区域地理环境的承载能力，并为该区的农牧业生产奠定了基础。

2. 灌溉技术的推广

此外，自 1958 年金鸡滩乡建成榆东渠后，许多村庄相继开始挖沙井、马槽井灌田，实现了村村有水浇地。进入 20 世纪 80 年代以后，机井、水泵等提水工具出现，据统计，1983 年，金鸡滩乡建成自流引灌马槽井 36 个，有效灌溉面积达 6820 亩。1985 年，共修水地 1.56 万亩，水田 1070 亩，水浇地 14522 亩，占全乡总耕地面积 24522 亩的 63.5%，初步实现了拉沙造田、改旱地为水地，改善地理环境的目的①。

3. 农牧业技术的提高

新中国成立初期，当地民众多采用与轮闲耕作制相近的"倒山种田"

---

① 榆林县地名志编辑委员会编：《金鸡滩乡志》，1988 年，第 32 页。

撂荒耕作方式来掠夺土地自然生产潜力，即在一块土地上耕种 2—3 年，撂荒（弃耕）2—3 年，以增加土地肥力。自新中国成立后，新的农业技术的推广下，当地民众开始推行禾、豆轮作的方式以提高单位亩产量，而且对轮休耕作制加以改进，即按照不同的土地类型推行山地轮作制、滩地轮作制和水地轮作制。①

此外，伴随林草业的发展，金鸡滩乡可以利用的牧场达到了 35 万亩，在合理的草原管理制度下，轮牧制度得以推行，草场产草量有所提高。至20 世纪 80 年代以来，大量优良牧草的引进，使牧草结构得以改善，草场繁生能力得到加强。草场承载能力的加强，为牲畜提供了优良的条件。据统计，至 1974 年，金鸡滩乡放养大家畜 2213 头，其中牛 730 头，驴 762头，马 421 匹，骡 300 头；羊 7168 只（山羊 3379 只）。牲畜数量增加的同时，畜牧品种也得到改良，佳米驴、关中牛、白绒山羊、新疆细毛羊等优良品种逐步取代原有的牲畜种类，成为金鸡滩乡牧业生产中的优势品种。②

### 三 实地调查中的金鸡滩乡环境

从 1988 年出版的《金鸡滩乡志》中，我们不难看到，在原来的伙盘地村落的故址上，伙盘地居民的后人为了能够顺应新环境的要求，因地制宜，不断地改善周边的地理环境，使之在尽可能的条件下，提高地理环境的承载能力。那么，乡志中的记载和现实中的实际情况是否交相吻合呢？

笔者于 2004 年 3 月、2004 年 7 月两次前往榆林市金鸡滩乡、神木县大保当乡进行调研工作。在金鸡滩乡，笔者沿该乡的行政所在地——周纪伙场自东北至西南行走于各个村庄之间，沿途经过上河村、二道河则和海流滩三村。在这三处伙盘村故址上，发现沿河三村的农作物长势不如周纪伙场，但是周纪伙场由于距二道河较远，只能依靠 80 米深的井灌。经仔细观测，笔者发现周纪伙场的土壤含沙量较少，土质呈黑黄色，而沿河三村的土壤含沙量较多，土质呈赤黄色，肥力较低，也许这就是两处虽相距

① 神木县志编纂委员会编：《神木县志》，经济日报出版社 1990 年版；府谷县志编纂委员会编：《府谷县志》，陕西人民出版社 1994 年版，第 122—123 页。
② 榆林县地名志编辑委员会编：《金鸡滩乡志》，1988 年，第 39 页。

不远，但农作物情况差异较大的原因。路经大保当乡淖泥湾时，发现一片面积较大的蒿草地，目测面积 3—4 平方千米，但无农作物种植。采访当地老人，得知该处在几年前还是一处较大的海子，近两年，由于地下水位的降低，海子的面积日益减缩，至前不久，已经见不到水流的痕迹。笔者仔细观测地表，发现有的地方尚有因湖水干涸而死去的鱼类，从而印证了该地区确有一处较大的湖泊，但是，这处海子的名称不见于现代地图，想来应当是该处海子面积不大，难以见于记载的缘故。至于湖水水位降低的原因，盖与当地农民的生产方式有关，当地农民多采用抽取地下水的方式来满足农业生产的需要，地下水的抽取导致地下水位的下降，许多散布在沙丘间的湖泊自然就会逐渐萎缩，甚至一些面积较小的湖泊逐渐干涸。就这种生产方式而言，笔者以为长此以往，将不利于金鸡滩乡地理环境的长期发展。

通过实地调查，笔者认为仅就榆林市金鸡滩乡及其附近地区而言，不可否认，经过近百年的农牧业生产，伙盘地故址上的地理环境较之清代末年的确有很大的改善，但是土壤沙化情况依然十分严重。我们应当适当总结历史的经验和教训，结合当地自然和人文环境合理的调整农业结构，逐步退耕还林（草），改善日益恶化的生态。

# 附录1 名词解释

## 1. 禁留地

清代顺治年间，清政府为蒙古社会、经济的发展，提出"编入旗伍，安插牧地，赐以牲口"等休养生息、保护牧业的政策，并在鄂尔多斯地区先后设置了伊克昭盟，并在该盟下设札萨克旗、鄂套旗、五胜旗、郡王旗、准噶尔旗、杭锦旗、达拉忒旗七旗。此外，出于"蒙汉隔离"的需要，清政府在顺治年间沿陕北长城北侧与鄂尔多斯高原之间划定了一条南北宽五十里，东西延伸两千多里的长条禁地，即见于文献记载的禁留地。"蒙旗、汉人皆不能占据"（民国《续修陕西通志稿》卷二八《田赋三》《屯垦·鄂尔多斯蒙部述略》）。因此，禁留地的土地权属在清初不属于伊盟各蒙旗，也不从属于陕北沿边地方政府。而伙盘地的最初产生，相应发展乃至极度扩张都是以禁留地的存在为基础和参照的。

## 2. 黑界地

禁留地与黑界地是两个互不统属的概念，两者除出现时间有先后之别外，地域范围也截然不同，黑界地是在清康熙迄乾隆时代将禁留地，即沿边墙直北五十里以外所划出南北十里至十五里不等之疆界作为蒙汉界址。据道光《神木县志》卷三《建置上》载，"黑界，即牌界。谓不耕之地，其色黑也，定议五十里立界，即于五十里地边或三里或五里累砌石堆以限之"。起初，黑界地内，蒙汉民皆不得入。至乾隆元年，政府同意蒙古牧场主招农人越界种地后，佃耕农民才允许进入黑界地耕种，但仍不能出界。

## 3. 赔教地

清代末年，伊克昭盟之"鄂托克、札萨克、乌审"三旗因庚子教案需赔偿堆子梁天主教堂白银十四万两，其中鄂托克旗需赔款六万四千两

[（清）朱寿朋辑《东华续录》，光绪朝卷一七三，"光绪二十八年四月"]，但因难以筹措巨款，遂将安边堡属补兔滩、草山梁及红柳河以东三处"生地""东西长二百余里，南北宽七十余里"抵押于天主教堂，这些土地称为"赔教地"。至民国三十五年（1946），陕甘宁边区组成三边专署会同靖、安二县政府暨地方人士与边区政府少数民族事务委员会驻城川办事处组成委员会最终收回"赔教地"。

4. 贻谷放垦

清光绪二十六年（1900），八国联军入侵北京，光绪二十七年（1901），中国作为战败国，清政府与英、美、法、德、俄、日、奥、意、西、荷、比十一个国家在北京签订了丧权辱国的"辛丑条约"。其中一项主要内容就是要赔偿战胜国款银四亿五千万两，分三十九年还清，年息四厘，本息折合九亿八千多万两，以海关税、常关税和盐税作抵押。由于清政府财政枯竭，入不敷出，便将危机转嫁到人民头上，采取官府放垦蒙荒的办法，来弥补财政之不足。由过去的封禁、半封禁蒙荒转为大量开垦蒙荒。并任命兵部左侍郎贻谷为钦命督办蒙旗垦务大臣。从光绪二十八年开始，大规模地开放蒙区，这就是历史上的所谓"贻谷放垦"。

5. 西南蒙古传教区

王守礼（Mgr C. Van Melckebeke）《边疆公教社会事业》（上智编译馆1950年版，第3页）载，"1883年，罗马教廷将内蒙古地区划为三个代牧区：东蒙古代牧区（卓索图盟、昭乌达盟和热河，后改称热河教区，主教堂在松树嘴子）、中蒙古代牧区（察哈尔，后改称察哈尔教区，主教堂在西湾子）和西南蒙古代牧区（土默特旗、包头、巴彦淖尔盟、伊克昭盟、宁夏、陕北三边地区，主教堂在今磴口县三盛公，1900年迁于萨拉齐二十四顷地村）。三代牧区内共有教民约14000人"。

6. 礼仪之争

明朝末年，意大利传教士利玛窦来华传教。他在实践中摸索出一套行之有效的办法，那就是以学术叩门而入，用西方的科学技术、工艺美术引起士大夫直至皇帝等统治阶层人物的支持，在天主教教义和儒家学说之间寻找共同点，合儒、补儒，以适合中国习俗的方式传教。这种传教方法就是"适应策略"，它是由中国的社会发展程度和国力强盛的现实所决定的。它的核心就是尊重中国文化、适应中国文化，在中国文化与西方文化这两种异质文化中寻找具有同一性的地方、由此及彼的契合点。为了便于在中国传教，以利玛窦为首的一批耶稣会士顺从中国礼仪，对于教徒的敬天、祀祖、祭孔均不禁止。利玛窦去世之后，耶稣会内部就产生了争议。争议的焦点是：儒家经典中的"天""天主"和"上帝"是否和拉丁文的 Deus 具有同一意义？敬天、祀祖、祭孔是不是偶像崇拜和迷信活动？这就是中国礼仪之争。

7. 绥远特别行政区

民国建立后，民国政府对地方的管制和行政区划都作了改革。民国元年（1912）四月，设绥远将军，节制绥远地区已设的十二抚民厅、乌兰察布盟六旗、伊克昭盟七旗及归化城土默特旗，十二抚民厅的行政仍由山西省归绥道行使。民国二年（1913），裁归化城副都统及观察使"以绥远城将军为行政长官，与山西省分县而治"，设置军政、民政两厅分理军政、民政事务（民国《绥远通志稿》卷二《省县旗疆域现状》）。

8. 定边县挽回领土大会

"民国十九年秋，人民因痛苦日深，而恶教士遂变本加深，日甚一日，为此全体边民为挽回权利计，为切身利益计，由各地代表集会公议，遂又自动组成三边挽回领土大会于定边，详策详力，一致进行，彼时即派俊山晋书请愿，当时政府极表同意开会公议，决取积极进行，拟定具体方案，并委派刘文海老师为收回三边失地全权专员，又遂派张刘两县长前去就地捐募工作。"（陕西省档案馆藏：《三边挽回领土总会的呈复》，民国二十三年三月三十日，008/315）

9. 档子

蒙族贵族在中央政府的默许下，将游牧地租佃给汉族移民，每年派收头前往收取租税。而其收取租税的依据即为档子。据乾隆《府谷县志》卷二《田赋》载，"地土租种时，蒙古地主皆立档子与民人收执。每年收租地主自来伙盘种地民人同该管总甲牌头亲交，秋间，各总甲仍将种地民人姓名、牛犋、租银、租糜数目开载明确，到县投递，考核、造册、申赍，本道府（榆林府）理事厅（神木理事厅）暨驻扎神木理藩院部郎各衙门以备查考"。

10. 明沙

又名牛眼睛沙，即为流动风沙土。其成土母质为风积沙，生长稀疏的沙生植物。植被覆盖度小于15%，土壤物理性沙粒（1—0.05mm）含量高达88%—90%，松散、无结构、流动性大、冷热变化剧烈。干沙层厚10cm左右。有三级以上的风力，沙粒便可随风流动前进。如光绪《靖边县志稿》卷四《文艺志》所载，"细沙飞流，往往横亘数十里"。

11. 扒拉

又名沙扒拉或沙坨子，即半固定风沙土，其分布在灌木丛沙丘与流动沙丘之间地带。土壤成土母质为风沙或湖积物，除生长沙生植物外，亦有柠条等植物生长，植被覆盖度15%—30%，虽有植物根、叶促进成土过程，但沙粒仍占90%以上。故而在刮风时尚有沙粒移动，如光绪《靖边县志稿》卷四《文艺志》所载，"沙滩陡起，忽高忽陷，累万累千如坑，绝不能垦"。

12. 碱滩

即为盐碱化较严重的下湿滩地。碱滩由于地下水位较高且埋藏较浅、排水不良，导致"土粗味苦，非碱非盐，百草不生"，盐碱化十分严重（光绪《靖边县志稿》卷四《文艺志》）。而盐碱化较轻的下湿滩地，"地质潮润，能产五谷，但周围隆起无出水之道，猝有淫雨即一片汪洋矣"（民国《神木乡土志》卷一《边外属地疆域》）。

13. 柳勃

干滩地。干滩地由于盐碱化危害较轻，地表植被"似柳条而丛生，细如人指，长仅三五尺，夏发冬枯，蒙人仅藉以围墙，并作柴烧"，并且由于"连根盘错，其地亦不能垦"（光绪《靖边县志稿》卷四《文艺志》）。

14. 撂荒制

即在一块土地上耕种2—3年，撂荒（弃耕）2—3年，以增加土地肥力。在耕种的土地上，实行禾、豆轮作倒茬制，后来人口逐渐增加，由倒山种田变为常年耕种、广种薄收。粮食产量低而不稳。

15. 游农制

"其意盖非固定土著，即今年在甲地租田种植，俟收获后仍还家乡，明春则往乙地租田耕种，如此迁徙无定，盖地广人稀，有以致之，此种游农制极不利于农业，因耕种者不负责任，以其明年不复至原地方故也"。（廖兆骏：《绥远志略》，正中书局，民国二十六年六月）

# 附录 2 榆林蒙语地貌地名释义表<sup>①</sup>

1. 滩

| 标准名称 | 释义 | 备注 |
|---|---|---|
| 活洛滩 | 指有围子（栅栏）的滩 | |
| 贾拉滩 | 意为有沟壑的草滩 | |
| 贾明采当 | 意为有路通过的滩 | |
| 喇嘛滩 | 意为高僧住过的滩 | 喇嘛房、喇嘛界沙、喇嘛塔梁同义 |
| 兔盖滩 | 兔盖是痣，意为有沙丘地标记号的滩 | |
| 那泥滩 | 意为狭窄的滩 | 那泥是纳林的转音 |
| 什拉滩 | 什拉是黄色，意为黄色的滩 | |
| 什拉珠盖 | 什拉是黄色，珠盖是草皮滩，意为黄色的草皮滩 | |
| 史不扣 | 意为渗水的下湿地 | 与省不扣同义 |
| 讨讨滩 | 意为蒙民"讨讨"住的滩 | |
| 特拉采当 | 特拉是庄稼，采当是水草滩，意为种庄稼的滩 | |
| 特曼滩 | 特曼是骆驼，意为放牧骆驼的滩 | |
| 乌素采当 | 乌素是水，采当是草滩，意为有水的草滩 | |

---

续表

| 标准名称 | 释义 | 备注 |
|---|---|---|
| 武培滩 | 意为蒙民"武培"住的滩 | |
| 野门滩 | 意为有跳鼠的滩 | |
| 野目盖滩 | 意为蒙民"野目盖"住的滩 | |
| 以讨滩 | 释义不详 | |
| 掌布滩 | 意为蒙民"掌布"住的滩 | "掌布"本义为"蔡锦" |
| 阿楼采当 | 阿楼是后，采当是有水的草滩，意为后草滩 | |
| 巴汗采当 | 巴汗是小，采当是水草滩，意为小草滩 | 巴汗采当西畔同义 |
| 巴拉滩 | 巴拉指有柳有水的沙丘地 | |
| 奔儿采当 | 意为褐色的草滩 | 原称"卜儿采当" |
| 奔滩 | 奔是腰子，意为肾形的滩 | "东奔滩、西奔滩"同义 |
| 本棒滩 | 意为有坟地的滩 | |
| 波罗几达汗 | 波罗指褐色，几达汗指积存雨水的水滩，意为褐色的水滩 | |
| 波罗滩 | 意为褐色的滩 | 滩，汉语 |
| 场丈滩 | 意为蒙古贵族收租的滩 | |
| 灯炉滩 | 意为有球状突起的寸草滩 | "灯炉"是"灯炉斯"的转音 |
| 耳点素 | 耳是后，点素是蓆芨，意为后蓆芨滩 | |
| 尔只盖滩 | 意为放牧毛驴的滩 | |
| 尔林滩 | 指莎草，意为莎草茂密的滩 | 是耳林的转音，耳林滩、耳林湾同意 |
| 皋兔滩 | 有壕沟的滩 | |
| 圪儿盖滩 | 圪儿盖是"辫子"，此处意为后面的滩 | |
| 圪求滩 | 圪求是厉害、怪、难行人，意为不可驯服的河 | |
| 宫棒滩 | 蒙民"宫棒"住的滩 | |
| 海流滩 | 意为黑色的滩 | 海流是"哈喇"的转音 |
| 灯炉滩 | 意为有球状突起的寸草滩 | "灯炉"是"灯炉斯"的转音 |
| 东板城滩 | 意为班禅坐禅之地 | 先板城滩同意 |

## 2. 海子、水泉

| 标准名称 | 释义 | 备注 |
|---|---|---|
| 火连海子 | 火连是野驴，意味野驴饮水的海子 | |
| 贾米几达海子 | 贾米是路，几达是积水潭，意为大路边的海子 | 贾米同"贾明" |
| 毛乌素 | 毛是不好，乌素是水，意为此处的水是苦水 | |
| 峁口海子 | 意为臭水海子 | |
| 峁沙海子 | 意为离昌汗峁不远的海子 | |
| 苦计井子 | 意为离住人处较远，用驮水桶驮水的井子 | "苦计"是"呼计"的转音 |
| 老补浪 | 老是龙，补浪是泉，意为有龙泉的地方 | |
| 母肯补浪 | 意为臭水泉子的地方 | |
| 脑峁海子 | 脑峁是碧绿，意为碧绿的海子 | |
| 商补浪 | 意为贵族住地附近的泉子 | 西商不浪同义，西，汉语 |
| 生计海子 | 生计是环状堤梁，意为此处海子形如环状堤梁 | |
| 什巴兔 | 意为泥泞的地方 | |
| 什拉补兔 | 什拉是黄色，补兔是平坦地的积水潭，意为黄色的积水潭 | |
| 什拉几大汗 | 什拉是黄色，几大汗湿积存雨水之地，意为黄色的水海子 | |
| 什拉乌素 | 什拉是黄色，乌素是水，意为呈黄色的水 | 什拉乌素海子同义 |
| 乌几达汗海子 | 乌几是人名，意为迹象；达汗是水潭。意为吉祥的海子 | |
| 乌鲁素海子 | 乌鲁素是多支水，意为有很多海子 | |
| 乌素海子 | 意为多水的海子 | |
| 乌色纪海子 | 意为水量充沛的海子 | |
| 乌特浪 | 意为很好的游牧场 | 是"敖特尔浪"的转音 |
| 武松界 | 意为有水的地方 | "武松"本应译写为"乌素" |
| 小苏计 | 意为水量充沛的沟或泉 | 大苏计、小苏计海子同义 |
| 阿儿蝉乌素 | 阿儿蝉是甘露水，素是水，意为有甘露水之地 | |

续表

| 标准名称 | 释义 | 备注 |
|---|---|---|
| 班不素海子 | 班不素指长红柳坟地，意为长红柳坟地边的海子 | |
| 补浪河 | 补浪是泉水，意为泉水流成的河 | "补浪"是"布拉格"的转音 |
| 鄂托海子 | 意为游牧场地附近的海子 | |
| 公合补兔 | 公是深，合是黑色，补兔是水海子，意为深黑色的积水潭 | |
| 哈拉几达汗 | 哈拉是黑色，几达汗是积雨水的地方，意为黑色的海子 | |
| 海流兔河 | 意为黑河水 | |
| 忽代海子 | 指男亲家住地附近的海子 | |
| 恍惚代海子 | 意为有铃铃草地附近的海子 | |
| 打棒海子 | 有小叶杨树的海子处 | |

## 3. 沙漠

| 标准名称 | 释义 | 备注 |
|---|---|---|
| 马合 | 意为沙漠地 | 是"芒罕"的转音 |
| 马合兔 | 意为有沙漠的地方 | |
| 莽肯 | 意为沙丘、沙漠地段 | |
| 巴彦讨老 | 巴彦是富饶，讨老是山顶、沙丘顶，意为富饶的沙丘顶 | |
| 高火少 | 火少指沙咀子，意为较高的沙咀子 | |
| 老来明沙 | 老来是山顶，沙丘顶，意为沙丘顶上 | 明沙，汉语 |
| 打巴兔 | 指有沙岗的地方 | |

## 4. 川地、谷地

| 标准名称 | 释义 | 备注 |
|---|---|---|
| 贾拉圪点 | 指沟壑、山谷地 | |
| 纳林 | 意为此地较细、窄 | 纳林界、纳林滩、上纳林同义 |

续表

| 标准名称 | 释义 | 备注 |
|---|---|---|
| 纳林皋兔 | 纳林是窄的，皋兔是有沟之地，意为有窄沟的地方 | |
| 上摆言蒿莱 | 摆言是富饶，蒿莱是川地，意为富饶的川地 | 下摆言蒿莱统一 |
| 乌起素 | 乌起是宽阔的，素是壕或沟，意为宽阔的壕沟地 | |
| 乌兔 | 意为长形之地 | "乌尔图"的转音 |
| 阿拜素 | 阿拜是狩猎之意，素是较窄的壕地，意为狩猎的壕地 | |
| 补龙湾 | 补龙是隅、角落、沟掌，意为角落之湾 | |

## 5. 梁地

| 标准名称 | 释义 | 备注 |
|---|---|---|
| 进克梁 | 意为有正统敖包的梁 | |
| 沙沙梁 | 意为此处是由镇斜塔的梁 | 沙沙墩同义 |
| 什老梁 | 什老是石头，意为石头梁 | |
| 揣来庆梁 | 指石匠住的梁 | |
| 盖排梁 | 意为蒙民"盖排"住的梁地 | |
| 勾什里 | 勾是沟、湾地，什里是山梁，意为山梁沟壑地 | |
| 滚盖梁 | 意为蒙民"滚盖"牧地梁 | |

## 6. 草地

| 标准名称 | 释义 | 备注 |
|---|---|---|
| 进毛石湾 | 指蒙民"进毛石"住的地方 | "进毛石"本意为"水果" |
| 马家兔 | 意为种麻子的地方 | 马家兔海子同义 |
| 脑岽界 | 意为原是碧绿的地段 | 脑岽界东梁同义 |
| 普塔兔 | 意为有万年蒿的地方 | |
| 其其汗 | 意为长酸刺林的地方 | |
| 乌杜当 | 意为长沙葱的地方 | |

续表

| 标准名称 | 释义 | 备注 |
|---|---|---|
| 乌拉耳林 | 乌拉是红色，耳林是莎草，意为长红色草的地方 | |
| 小壕兔 | 意为小块水草地 | 大壕兔统一 |
| 小纪汗 | 意为小酸刺林地 | 大纪汗同义 |
| 牙什兔 | 意为生长黑圪栏的地方 | |
| 腰刀兔 | 意为生长蘑菇的地方 | |
| 掌高兔 | 意为有蒺藜草的地方 | |
| 阿拉补 | 意为有沙、有水的柳林草地 | "拉啦堡"同义 |
| 比各利 | 意为产荜草的地方 | "荜草"是中药材 |
| 补言 | 指长苦豆的地方 | |
| 点连素 | 点连是席芨，意为长茂密的席芨草处 | |
| 东恍惚兔 | 指有铃铃草的地方 | 西恍惚兔同意 |
| 古鲁故 | 意为有花草之地 | 本是藏语"古勒贡"的转音 |
| 蒿老兔 | 意为水草丰美，有吃食的地方 | "蒿老"本意"有餐" |
| 忽惊兔 | 意为有碱的地方 | |

## 7. 动物命名

| 标准名称 | 释义 | 备注 |
|---|---|---|
| 肯毛里 | 意为牧枣骝马的地方 | 是"贺尔毛里"的转音 |
| 兔 | 指有围墙栅栏牲畜的地方 | "兔"即库伦兔 |
| 毛盖兔 | 意为有蛇的地方 | |
| 沙子汗 | 意为多喜鹊的地方 | 小沙子汗同义 |
| 牙马兔 | 意为放牧山羊的地方 | |
| 早留太 | 意为牧枣骝马的地方 | |
| 包兔 | 意为有野猪的地方 | |
| 波直汗 | 波直汗是麻雀，意为麻雀多的地方 | 东波直汗同义 |
| 大兔兔 | 较大的放牧骆驼地 | 小兔兔同义 |
| 圪老汗 | 意为大雁栖息处 | |
| 忽缠户 | 意为放牧种公绵羊处 | "忽缠"本为"忽察" |

### 8. 藏语地名

| 标准名称 | 释义 | 备注 |
|---|---|---|
| 沙沙母户 | 沙沙是镇斜塔，母户是后掌处，意为有镇妖塔之后掌处 | 沙沙母户本藏语 |
| 塘胡 | 意为住过藏族人的地方 | 是藏语，唐古将得转音 |
| 躺贡湾 | 意为藏族人住过的湾 | 躺贡，藏语 |
| 巴当 | 此处指蒙民"巴当"住地处 | "巴当"本藏语 |
| 板长庙 | 板是藏语达智，长是藏语大，意为又大学者、高僧的庙 | 板长庙梁同义，板长本译为班禅 |
| 补达夜 | 指蒙民"补达夜"住地 | "补达夜"本藏语 |
| 当锤井子 | 指蒙民"当锤"的井子处 | "当锤"本藏语 |
| 毛老滩 | 意为蒙民"毛老"住的滩 | 毛老本藏语 |

# 附录 3 《伊盟七旗岁入岁出一览表》①

| 旗别 | 全年收入 | | 全年支出 | | 备考 |
|------|------|------|------|------|------|
| | 种类 | 数目 | 种类 | 数目 | |
| 准格尔旗 | 那公遗产归公地租 | 约 17500 元 | 官兵饷项 | 约 16920 元 | |
| | 黑界四成岁租 | 约 1100 元 | 官兵服装 | 约 3000 元 | |
| | 牲畜水草 | 约 1568 元 | 旗署公费 | 约 2000 元 | |
| | 炭捐 | 约 1500 元 | | | |
| | 合计 | 约 21668 元 | | 约 21920 元 | |
| 郡王旗 | 水草费 | 约 700 元 | 小学校两处经费 | 约 2000 元 | 由境内汉人牲畜负担，每羊一只征收四分至六分，并每百只抽收食羊二只至四只 |
| | 牌界地租 | 约银 455 两糜子 300 石 | 旗公署办公费 | 约 6000 元 | 每两随征糜子四斗至一石不等，合计约如上 |
| | 黑界地租 | 约 1200 元糜子 160 石 | 军队服装费 | 约 2000 元 | 其地租 1200 元之半价合银每两随征糜子四斗，合计约如上 |
| | 旗地租 | 约 300 元 | | | |
| | 东胜粮地租 | 约 7873 元 | | | 东胜粮地由该旗征收地租六成，合计如上 |
| | 合计 | 币 10000 元，约银 455 两，糜子 400 石 | | 约 10000 元 | |

① 在贻谷放垦期间，毛乌素沙地南缘先后建成伙盘村落 249 处，先后开垦土地 358264 亩，其中，滩地 174943 亩，沙地 183321 亩，分别占到民国初年统计伙盘村开垦土地总量的 31.3% 和 24.0%。该表格记录了伊盟七旗岁入岁出的基本状况，反映了牌界地、黑界地等伙盘地土地信息。

续表

| 旗别 | 全年收入 | | 全年支出 | | 备考 |
|---|---|---|---|---|---|
| | 种类 | 数目 | 种类 | 数目 | |
| 达拉特旗 | 永租地租 | 约6000元 | 王府费用 | 约6000元 | 收入内计后套承租地租一千余元，其他境内承租地约五千元，王府用费系由水草各厂租、渡租、窑租及地租二成各收入项下拨给焉 |
| | 短租地租 | 约1000元 | 旗公署办公费 | 约7000元 | 永租、短租往年征收制钱时约为一万五千吊，近已改征现洋约如上述，王府用费系由永租地、短租地及盐股等收入项下开支 |
| | 炭窑租 | 约500元 | 游击队经费 | 约5000元 | 计高等头窑、可兔沟、母画尔沟三处共爆炭窑二十余家，每家出租洋二三十元，游击队经费由各项附加二成收入项下开支 |
| | 渡租 | 约200元 | | | 由萨县代征者计六个渡口，由旗直接征者一个渡口，萨代征之六个渡口租旗分收一半，计洋约一百元 |
| | | 约50元 | | | 由租户缴纳 |
| | 甘草场租 | 约800元 | | | 由包商向旗领取票照 |
| | 水草费 | 约3000元 | | | 计汉人之牛马驼每只征收洋二角五分，羊每只二分，全年一次 |
| | 盐股收入 | 约1000元 | | | 派员向盐户提收 |
| | 二成附加 | 约5000元 | | | 所有以上各项收入均附加二成 |
| | 合计 | 约17550元 | | 约18000元 | |

续表

| 旗别 | 全年收入 | | 全年支出 | | 备考 |
|---|---|---|---|---|---|
| | 种类 | 数目 | 种类 | 数目 | |
| 达拉特旗 | 牌界地 | 制钱200—300吊 | 游击队团部经费 | | 派检边梅令四员，分区催收，每牛犋收制钱七百文，水地并随征糜子七斗 |
| | 统纲浪及五当方登一带地租 | 约制钱一百吊 | 旗务公署经费 | | 公署员役每年每户支领膳费四元，五元至十元不等，年数百元 |
| | 榆林粮地租 | 约400元 | 贝勒府杂费 | | |
| | 察汗淖租 | 约数百元 | | | 由租户缴纳 |
| | 水草费 | 约10000元 | | | 榆林、宁夏各处入境放牧之驼，每驼收洋五角至一元 |
| | 商驼遇路税 | 约8000元 | | | 由榆林、宁夏各处入境或遇境之商人载货驼骡，每只抽收洋二三角不等 |
| | 食羊 | 约羊1000只 | | | 每户两年约征收一只 |
| | 合计 | 制钱400吊，约币19000元，羊1000只 | | | |
| 鄂托克旗 | 牌界地租 | 约制钱700吊 | | | 由靖、定、盐三县代征，每犋牛六百文、一吊二百文、二吊二百文至三吊二百文不等 |
| | 甘草厂租 | 约15000元 | | | 由包商先向旗领票照，出票照费，每票照约洋数十元，继由旗派员检点各包商所采之甘草者若干，每捆约收洋数角 |
| | 水草费 | 约计15000元 | | | 回汉人民之在境内牧畜者均收水草费，计羊每只洋七分，牛每头银三钱，马每匹银五钱，驼每只洋一元 |

| 旗别 | 全年收入 | | 全年支出 | | 备考 |
| --- | --- | --- | --- | --- | --- |
| | 种类 | 数目 | 种类 | 数目 | |
| 鄂托克旗 | 剪毛捐 | 约 4000 元 | | | 该旗羊毛大半均由陕北神、榆各县商人包剪，每年剪两次，每次包剪每百羊由旗征收该商人等剪毛捐羊一元 |
| | 蒙民户口捐 | 约 10000 元 | | | 境内居住外旗及本旗蒙民每岁每户由旗派收户口捐洋五角、一元至数元不等 |
| | 私垦地租 | | | | 由旗派员征收 |
| | 盐税 | 约 24000 元 | | | 境南之大盐池、苟池及脑包池均产盐，除由陕甘设卡征税外，该旗亦派员征税，计每驼驮约三百斤收洋八角 |
| | 盐畦包价 | 约数百元 | | | 大盐池、苟池及脑包池所产之盐，均系由本旗蒙民向旗出价领取池畔地皮、挖畦种植，收获出售，计每岁每畦由旗征收盐畦制钱百文 |
| | 碱淖租 | 约数百元 | | | 察汗、那林二淖出租于郑万福，每年收租洋二千四五百元，巴彦淖出租于郭姓，原包租洋数万元 |
| | 合计 | 币 73000 余元，制钱 700 吊 | | | |

续表

| 旗别 | 全年收入 | | 全年支出 | | 备考 |
|---|---|---|---|---|---|
| | 种类 | 数目 | 种类 | 数目 | |
| 杭锦旗 | 玉临放垦地租税 | 约5000元 | 王府费用 | 约银500两 | 由五临代征 |
| | 甘草厂租 | 约1000元 | 游击队 | 约3000元 | 由旗派员点捆征收，大捆征银二两，小捆一两 |
| | 剪毛捐 | 约200元 | 旗公署公费 | 约1000元 | 每羊铜元一枚，一切办公费 |
| | 外旗蒙民捐 | 约羊200元 | | | 每户征一只 |
| | 盐税捐 | 约500元 | | | 每牛驮三斗，由旗征收二分 |
| | 碱价 | 约200元 | | | 每船四万斤，出售200—300元 |
| | 合计 | 约币8700元羊200只 | | | |
| 札萨克旗 | 牌界地租 | 约制钱300吊糜子20石 | 镇公署办公费 | 约300元 | |
| | 东胜粮地租 | 约200元 | 保安队服装给养 | 约500元，糜子60石 | 历年由东胜县代征，交绥远垦务局转发，积欠甚 |
| | 察汗淖租 | 约700元 | 小学校经费 | 约300元 | 去岁出包租价1200元，乌审分四成，该旗分六成，本年因雨漂，未能出租 |
| | 水草费 | 约羊30只 | | | 汉人牧畜，酌出水草费（每百只征收羊四五只） |
| | 合计 | 约币1000只、糜子20石、羊30只 | | 约币1100元、糜子160石 | |

资料来源：民国《绥远通志稿》卷二八《岁计》，绥远通志馆编纂，第4册，内蒙古人民出版社2007年版，第273—292页。

# 参考文献

## 一　古代典籍

《明实录》，"中研院"史语所 1961 年版。

《清实录》，中华书局 1985 年版。

（明）陈子龙等辑：《明经世文编》，北京大学图书馆藏，崇祯十一年
（1638）刊本。

（明）李贽：《续藏书》，中华书局 1974 年版。

（清）方大湜修：《平平言》卷一《造福莫如州县》，光绪十三年（1887）
常德府署刻本，福建省图书馆藏。

（清）贺长龄、魏源等编：《皇朝经世文编》，中华书局 1992 年版。

（清）李云生撰：光绪《榆塞纪行录》，光绪十二年李氏代耕堂刻本，吴
坚主编：《中国西北文献丛书》（第 4 辑）《西北民俗文献》（第 3 卷），
兰州古籍出版社 1990 年版。

（清）卢坤辑：《秦疆治略》，《中国方志丛书·华北地方》第 288 号，成
文出版社 1970 年版。

（清）苏宗经辑：《广西通志辑要》，16 卷首 1 卷，光绪十六年（1890）刻
本，重庆北碚图书馆藏。

（清）托律等纂修：《钦定大清会典事例》，《近代中国史料丛刊三编》（第
70 辑），中国藏学出版社 2006 年版。

（清）王志沂辑：《陕西志辑要》，《中国方志丛书·华北地方》第 289 号，
成文出版社 1970 年版。

（清）魏光焘编：《陕西全省舆地图》《中国方志丛书·华北地方》第 287
号，成文出版社 1970 年版。

（清）贻谷：《垦务奏议》，沈云龙编：《近代中国史料丛刊续编》第 11

辑，文海出版社 1974 年版。

（清）贻谷：《绥远奏议》，《近代中国史料丛刊续编》第 11 辑第 103 册，文海出版社 1975 年影印本。

（清）曾国荃：《曾忠襄公全集》，沈云龙编：《近代中国史料丛刊续编》第 44 辑，文海出版社 1974 年版。

（清）张之洞：《张文襄公全集》，沈云龙主编：《近代中国史料丛刊》第 46 辑，文海出版社 1974 年版。

（清）赵尔巽编修：《清史稿》，台湾"国史馆"编，台湾商务印书馆 1999 年版。

交通部邮政总局：《中华民国邮政舆图》，交通部邮政总局印行，1936 年。

李杕：《拳祸记》，山湾印书馆 1923 年版。

沈桐生辑：《光绪政要》，沈云龙主编《近代中国史料丛刊》第 35 辑，文海出版社 1974 年版。

汪前进、刘若芳整理：《清廷三大实测全图集》，外文出版社 2007 年版。

新华书店：《陕甘宁边区地图》，新华书店 1943 年印制。

## 二　方志文献

道光《平罗纪略》，徐保字修，宁夏人民教育出版社 2003 年版。

道光《神木县志》，《中国地方志集成·陕西府县志辑》第 37 册，凤凰出版社 2007 年版。

道光《榆林府志》，《中国地方志集成·陕西府县志辑》第 38 册，凤凰出版社 2007 年版。

道光《增修怀远县志》，《中国地方志集成·陕西府县志辑》第 36 册，凤凰出版社 2007 年版。

光绪《定边县乡土志》，吴命新修、贺廷瑞纂，光绪三十二年（1906）抄本。

光绪《靖边县志稿》，《中国地方志集成·陕西府县志辑》第 37 册，凤凰出版社 2007 年版。

弘治《延安府志》，陕西省图书馆、西安市古旧书店影印本 1962 年版。

嘉庆《定边县志》，《中国地方志集成·陕西府县志辑》第 39 册，凤凰出版社 2007 年版。

嘉庆《葭州志》，《中国地方志集成·陕西府县志辑》第 40 册，凤凰出版
　　社 2007 年版。

康熙《延绥镇志》，《中国地方志集成·陕西府县志辑》第 38 册，凤凰出
　　版社 2007 年版。

民国《保安县乡土志》，陕西省图书馆编：《陕西省图书馆藏稀见方志丛
　　刊》第 10 册，北京图书馆出版社 2006 年版。

民国《府谷县志》，陕西师范大学图书馆藏，王九皋、王俊让等纂修，民
　　国三十三年（1944）石印本。

民国《河套图志》，张鹏一编，1960 年内蒙古图书馆抄本（据民国六年在
　　山草堂排印本）。

民国《横山县志》，《中国地方志集成·陕西府县志辑》第 39 册，凤凰出
　　版社 2007 年版。

民国《神木县乡土志》，《中国方志丛书·华北地方》第 286 号，成文出版
　　社 1970 年版。

民国《绥远通志稿》，绥远通志馆编纂，内蒙古人民出版社 2007 年版。

民国《续修陕西通志稿》，宋伯鲁等编纂，民国二十三年（1934）刊本，
　　吴坚主编：《中国西北文献丛书》（第 1 辑）《西北稀见方志文献》（第 7
　　卷），兰州古籍出版社 1990 年版。

民国《榆林县乡土志》《政绩录·兴利》，张立德等编，民国六年（1917）
　　抄本。

民国《榆林县志》，张立德等纂修，上海古籍出版社 2015 年版。

乾隆《府谷县志》，《中国地方志集成·陕西府县志辑》第 41 册，凤凰出
　　版社 2007 年版。

乾隆《怀远县志》，苏其炤纂，乾隆十二年（1747）刊本。

乾隆《宁夏府志》，《中国地方志集成·宁夏府县志辑》第 1 册，凤凰出版
　　社 2008 年版。

乾隆《宜川县志》，《中国地方志集成·陕西府县志辑》第 45 册，凤凰出
　　版社 2007 年版。

咸丰《保安县志》，彭瑞麟修、清武东旭纂，咸丰六年刻本，陕西师范大
　　学图书馆藏。

雍正《安定县志》，《中国地方志集成·陕西府县志辑》第 42 册，凤凰出

版社 2007 年版。

雍正《陕西通志》，吴坚主编：《中国西北文献丛书》（第 1 辑）《西北稀
　见方志文献》（第 1 卷），兰州古籍出版社 1990 年版。

雍正《神木县志》，《中国地方志集成·陕西府县志辑》第 37 册，凤凰出
　版社 2007 年版。


### 三　档案文献

［比］王守礼：《边疆公教社会事业》，傅明渊译，上智编译馆 1950 年版。

［德］阿尔夫雷德·赫特纳：《地理学——它的历史、性质和方法》，王兰
　生译，商务印书馆 1986 年版。

［俄］А. М. 波兹德涅耶夫：《蒙古及蒙古人》（卷二），张梦玲等译，内蒙
　古人民出版社 1983 年版。

［俄］Б. Я. 符拉基米尔佐夫：《蒙古社会制度史》，中国社会科学出版社
　1980 年版。

［法］阿尔贝·德芒戎：《人文地理学问题》，葛以德译，商务印书馆 2007
　年版。

［法］安德烈·梅尼埃：《法国地理学思想史》，蔡宗夏译，商务印书馆
　1999 年版。

［法］古伯察：《鞑靼西藏旅行记》，耿昇译，中国藏学出版社 1991 年版。

［法］卫青心：《法国对华传教政策》（上册），黄庆华译，中国社会科学
　出版社 1991 年版。

［美］费正清：《剑桥中国晚清史》，中国社会科学院历史研究所编译室
　译，中国社会科学出版社 1983 年版。

［美］蒙莫尼尔：《会说谎的地图》，黄义军译，商务印书馆 2012 年版。

［美］欧文·拉铁摩尔：《中国的边疆》，赵敏求译，正中书局 1942 年版。

［日］田山茂：《清代蒙古社会制度》，潘世宪译，商务印书馆 1987 年版。

安汉：《西北垦殖论》，国华印书馆 1932 年版。

达力扎布编：《蒙古史纲要》，中央民族大学出版社 2011 年版。

磴口县文史资料委员会编：《磴口县文史资料》第 6 辑，《三盛公天主教史
　料辑》，1989 年版。

第一历史档案馆档案编：《光绪谕折汇存》，光绪二十九年（1903）上海

慎记书庄石印本。

丁文江、翁文灏、曾世英编：《中华民国新地图》，上海申报馆 1934 年版。

督办运河工程总局编辑处潘复编：《调查河套报告书》，京华书局 1923 年版。

樊士杰等编：《陕绥划界纪要》，静修斋 1933 年印刷，榆林市星元图书馆藏。

甘枝茂主编：《黄土高原地貌与土壤侵蚀研究》，陕西人民出版社 1990 年版。

高天：《我们的绥蒙》，新中国文化出版社 1940 年版。

顾卫民：《中国天主教编年史》，上海书店出版社 2003 年版。

郭廷以：《中华民国史事日志》，"中研院"近代史研究所 1979 年版。

汉语大词典编辑委员会、汉语大词典编纂处编：《汉语大词典》，汉语大词典出版社 1991 年版。

贺扬灵：《察绥蒙民经济的剖析》，商务印书馆 1935 年版。

胡春惠：《民初的地方主义与联省自治》（增订版），中国社会科学出版社 2011 年版。

华林甫等：《中国省制的演进与未来》，东南大学出版社 2016 年版。

黄奋生：《蒙藏新志》，中华书局 1938 年铅印本。

金海等编译：《准格尔旗扎萨克衙门档案译编》，内蒙古人民出版社 2007 年版。

金其铭：《农村聚落地理》，科学出版社 1988 年版。

金天翮、冯际隆编：《河套新编》，内蒙古自治区图书馆藏，1921 年石印本。

靳尔刚、苏华：《职方边地——中国勘界报告书》上册，商务印书馆 2000 年版。

李孝芳、陈传康：《毛乌素沙区自然条件及其改良利用》，科学出版社 1983 年版。

梁冰：《伊克昭盟的土地开垦》，内蒙古大学出版社 1991 年版。

刘寿林等编：《民国职官年表》，中华书局 1995 年版。

刘衍坤：《旅蒙商》，中国商业出版社 1995 年版。

马克思（Karl Heinrich Marx）：《资本论》，人民出版社 1975 年版。

内蒙古东胜市委员会文史资料研究委员会编：《东胜文史资料》（第三辑），1986 年版。

内蒙古武川县委员会文史资料委员会编：《武川文史资料》第 5 辑，1988 年版。

内蒙古自治区文史研究馆编：《内蒙古文史资料选辑》第 4、6 辑，内蒙古人民出版社 1996 年版。

牛敬忠：《近代绥远地区的社会变迁》，内蒙古大学出版社 2001 年版。

陕甘宁边区财政经济史编写组、陕西省档案馆编：《抗日战争时期陕甘宁边区财政经济史料摘编》，陕西人民出版社 1981 年版。

陕西省档案馆所藏民国档案文献。

陕西省农业勘察设计院编：《陕西农业土壤》，陕西科学技术出版社 1982 年版。

陕西省榆林市榆阳区档案馆所藏档案文献。

陕西师范大学地理系《陕西省榆林地区地理志》编写组：《陕西省榆林地区地理志》，陕西人民出版社 1987 年版。

## 四　今人著作

［意］德礼贤：《中国天主教传教史》，商务印书馆 1933 年版。

宋德明：《亚洲中部干旱区自然地理》，陕西师大出版社 1989 年版。

苏德毕力格编：《准格尔旗扎萨克衙门档案》，内蒙古科学技术出版社 2011 年版。

孙福坤：《蒙古简史新编》，沈云龙编：《近代中国史料丛刊续编》第 52 辑，文海出版社 1974 年版。

泰亦赤兀惕·满昌主编：《蒙古族通史》，民族出版社 1991 年版。

谭其骧编：《中国历史地图集》第八册（清时代），地图出版社 1982 年版。

唐启宇：《中国的垦殖》，上海永祥印书馆 1951 年版。

王成斌、刘炳耀、叶万忠：《民国高级将领列传》第 2 集，解放军出版社 1988 年版。

王开：《陕西古代道路交通史》，人民交通出版社 1989 年版。

王卫东：《融会与建构：1648—1937 年绥远地区移民与社会变迁研究》，华东师范大学出版社 2007 年版。

吴传钧、孙承烈等：《黄河中游西部地区经济地理》，科学出版社 1956
　　年版。

吴祥定、钮仲勋、王守春：《历史时期黄河流域环境变迁与水沙变化》，气
　　象出版社 1994 年版。

西北大学地理系《陕西农业地理》编写组编：《陕西农业地理》，陕西人
　　民出版社 1979 年版。

西北五省区编纂领导小组、中央档案馆编：《陕甘宁边区抗日民主根据地
　　（文献卷）》上册，中共党史资料出版社 1990 年版。

萧正洪：《环境与技术选择——清代中国西部地区农业技术地理研究》，中
　　国社会科学出版社 1998 年版。

徐建平：《政治地理视角下的省界变迁：以民国时期安徽省为例》，上海人
　　民出版社 2009 年版。

闫天灵：《汉族移民与近代内蒙古社会变迁研究》，民族出版社 2004 年版。

杨强：《清代蒙古族盟旗制度》，民族出版社 2004 年版。

杨增之、郭维藩等编著：《绥远省调查概要》，绥远省民众教育馆 1934
　　年版。

伊克昭盟政协文史资料委员会编：《伊克昭盟文史资料》第 5 辑，伊克昭
　　盟政协文史资料委员会 1990 年版。

榆林县地名志编辑委员会编：《金鸡滩乡志》，1988 年。

榆林县地名志编辑委员会编：《陕西省榆林县地名志》（内部资料），时间
　　不详。

张文奎：《关于畜牧业现代化的几个问题》，农业出版社 1983 年版。

中国第一历史档案馆、福建师范大学历史系编：《清末教案》第 3 册，中
　　华书局 1998 年版。

中国第一历史档案馆、中国社会科学院历史研究所编：《清代地租剥削形
　　态》，中华书局 1982 年版。

中国第一历史档案馆编：《雍正朝满文朱批奏折全译》，黄山书社 1998
　　年版。

中国科学院《中国自然地理》编辑委员会主编：《中国自然地理·历史自
　　然地理》，科学出版社 1982 年版。

中国科学院治沙队编：《沙漠地区的综合调查研究报告》第 2 号，科学出

版社 1959 年版。

中国民间文艺研究会资料室主编：《中国谚语资料》，上海文艺出版社
1961 年版。

中央气象局气象科学研究院编：《中国近五百年旱涝分布图集》，地图出版
社 1981 年版。

周颂尧：《鄂托克富源调查记》，绥远垦务总局 1928 年版。

周振鹤：《地方行政制度史》，上海人民出版社 1998 年版。

周振鹤：《体国经野之道：新角度下的中国行政区划沿革史》，中华书局
1990 年版。

周振鹤主编：《中国行政区划通史》（修订版），复旦大学出版社 2017
年版。

朱士光：《黄土高原地区环境变迁及其治理》，黄河水利出版社 1999 年版。

邹逸麟、张修桂、王守春主编：《中国历史自然地理》，科学出版社 2013
年版。

## 五　今人论文

陈卫平：《如何用马克思主义重建儒家的人性论——评俞吾金〈中国传统
人性理论的去魅与重建〉》，《哲学分析》2013 年第 1 期。

陈育宁：《鄂尔多斯地区沙漠化的形成和发展述论》，《中国社会科学》
1986 年第 2 期。

陈育宁：《近代内蒙古地区的“移民实边”及其影响》，《西北史地》1988
年第 3 期。

成崇德：《清代前期蒙古地区农牧业发展及清朝的政策》，《清史研究》
1991 年第 2 期。

成一农：《“科学”还是“非科学”——被误读的中国传统舆图》，《厦门
大学学报》（哲学社会科学版）2014 年第 2 期。

程伯群：《中国北方沙漠之扩张》，《科学》1934 年第 6 期。

邓辉、舒时光等：《明代以来毛乌素沙地流沙分布南界的变化》，《科学通
报》2007 年第 21 期。

丁超：《十年来中国历史人文地理研究评论》，《中国历史地理论丛》2011
年第 3 期。

丁超：《唐代贾耽的地理（地图）著述及其地图学成绩再评价》，《中国历史地理论丛》2012 年第 3 辑。

董光荣、李保生等：《鄂尔多斯高原晚更新世以来的古冰缘现象及其与风成沙和黄土的关系》，《中国科学院兰州沙漠研究所集刊》1986 年第 3 号。

葛全胜、方修琦等：《20 世纪下半叶中国地理环境的巨大变化——关于全球环境变化区域研究的思考》，《地理研究》2005 年第 3 期。

葛全胜、何凡能等：《20 世纪中国历史地理研究若干进展》，《中国历史地理论丛》2005 年第 1 期。

郭声波：《从圈层结构理论看历代政治实体的性质》，《云南大学学报》（社会科学版）2018 年第 2 期。

韩光辉：《清雍正年间的政区勘界》，《中国方域——行政区划与地名》，1997 年第 4 期。

韩茂莉：《历史时期黄土高原人类活动与环境关系研究的总体回顾》，《中国史研究动态》2000 年第 10 期。

韩昭庆：《康熙〈皇舆全览图〉与西方对中国历史疆域认知的成见》，《清华大学学报》哲学社会科学版 2015 年第 6 期。

韩昭庆：《明代毛乌素沙地变迁及其与周边地区垦殖的关系》，《中国社会科学》2003 年第 5 期。

韩昭庆：《清末西垦对毛乌素沙地的影响》，《地理科学》2006 年第 6 期。

郝文军：《清代伊克昭盟行政制度内地化的起始时间与标志研究》，《中国边疆史地研究》2015 年第 2 期。

郝志诚：《也论清代鄂尔多斯七旗的划界问题》，《内蒙古师范大学学报》（哲学社会科学版）2006 年第 3 期。

侯仁之：《从红柳河上的古城废墟看毛乌素沙漠的变迁》，《文物》1973 年第 1 期。

侯仁之：《历史地理学在沙漠考察中的任务》，《地理》1965 年第 1 期。

侯甬坚：《1978—2008：历史地理学研究的学术评论》，《史学月刊》2009 年第 4 期。

侯甬坚：《从习惯线到法定线：我国政区界线性质的变迁》，《江汉论坛》2006 年第 1 期。

侯甬坚：《鄂尔多斯高原自然背景和明清时期的土地利用》，《中国历史地理论丛》2007 年第 4 期。

侯甬坚：《人类家园营造的历史：初探云南红河哈尼梯田形成史》，《历史地理学探索》（第二集），中国社会科学出版社 2011 年版。

侯甬坚等：《北魏（AD386 – 534）鄂尔多斯高原的自然——人文景观》，《中国沙漠》2001 年第 2 期。

胡英泽：《河道变动与界的表达——以清代至民国的山、陕滩案为中心》，《中国社会历史评论》第 7 辑，天津古籍出版社 2006 年版。

黄委会规划设计处中游组：《八里河引洪淤灌调查》，《人民黄河》1964 年第 11 期。

贾恒义：《引浑淤灌改良土壤》，《中国水土保持》1982 年第 1 期。

蓝勇：《从"备边图"到"界务图"的嬗变：中国西南历代边舆图编绘思考》，《思想战线》2015 年第 5 期。

李大海：《近代靖边县治迁徙再研究——陕北沿边地方政区治所与城址选择关系的个案讨论》，《中国历史地理论丛》2012 年第 2 期。

李华章：《中国北方农牧交错带全新界环境演变的若干特征》，《北京师范大学学报》（自然科学版）1991 年第 1 期。

李家洋、陈泮勤等：《区域研究：全球变化研究的重要途径》，《地球科学进展》2006 年第 5 期。

李令福：《论淤灌是中国农田水利发展史上的第一个重要阶段》，《中国农史》2006 年第 2 期。

刘东生：《黄土与全球变化》，《科技和产业》2002 年第 11 期。

刘东生：《全球变化和可持续发展科学》，《地学前缘》2002 年第 1 期。

刘仲仁：《蒙古建省议》，《地学杂志》，1917 年第 5 期第 83 号。

鲁西奇：《内地的边缘：传统中国内部的"化外之区"》，《学术月刊》2010 年第 5 期。

罗来兴：《陕北榆林靖边间的风沙问题》，《科学通报》1954 年 3 月号。

满志敏：《1542—2001 年青浦县界变迁》，《历史地理》第 25 辑，上海人民出版社 2011 年版。

满志敏：《行政区划：范围和界线》，《江汉论坛》2006 年第 1 期。

满志敏、葛全胜、张丕远：《气候变化对历史上农牧过渡带影响的个例研究》，《地理研究》2000 年第 2 期。

N. 哈斯巴根：《传教士与康熙朝蒙古舆图的绘制》，《中央民族大学学报》
　　（哲学社会科学版）2010 年第 3 期。

N. 哈斯巴根：《鄂尔多斯地区农耕的开端和地域社会变动》，《清史研究》
　　2006 年第 4 期。

牛俊杰、赵淑贞：《关于历史时期鄂尔多斯高原沙漠化问题》，《中国沙
　　漠》2000 年第 1 期。

潘晟：《谁的叙述：明代方志地图绘制人员身份初考》，《中国历史地理论
　　丛》2004 年第 1 辑。

秦国经：《18 世纪西洋人在测绘清朝舆图中的活动与贡献》，《清史研究》
　　1997 年第 1 期。

史念海：《黄土高原及其农林牧分布地区的变迁》，《历史地理》创刊号，
　　上海人民出版社 1981 年版。

史念海：《两千三百年来鄂尔多斯高原和河套平原农林牧地区的分布及其
　　变迁》，《北京师范大学学报》（社会科学版）1980 年第 6 期。

史培军、王静爱、陈婧等：《当代地理学之人地相互作用研究的趋向——
　　全球变化人类行为计划（IHDP）第六届开放会议透视》，《地理学报》
　　2006 年第 2 期。

苏德：《陕甘回民起义期间的伊克昭盟》，《内蒙古师大学报》（哲学社会
　　科学版）1998 年第 5 期。

孙建军：《大数据时代人文社会科学如何发展》，《光明日报》2014 年 7 月
　　7 日第 11 版。

孙靖国：《明代雁北地区城堡的职能与选址特征》，《中国历史地理论丛》
　　2011 年第 4 期。

孙喆：《清前期蒙古地区的人口迁入及清政府的封禁政策》，《清史研究》
　　1998 年第 2 期。

孙中山：《国民政府建国大纲》，《民国日报》，1924 年 4 月 12 日。

谭其骧：《何以黄河在东汉以后会出现一个长期安流的局面——从历史上
　　论证黄河中游的土地合理利用是消弭下游水害的决定性因素》，《学术月
　　刊》1962 年第 2 期。

谭其骧：《在历史地理研究中如何正确对待历史文献资料》，《学术月刊》

1982 年第 11 期。

谭其骧：《自汉至唐海南岛历史政治地理——附论梁隋间高凉洗夫人功业
　　及隋唐高凉冯氏地方势力》，《历史研究》1988 年第 5 期。

王晗：《"界"的动与静：清至民国时期蒙陕边界的形成过程研究》，《历
　　史地理》第 25 辑，上海人民出版社 2011 年版。

王晗：《清代毛乌素沙地南缘伙盘地土地权属问题研究》，《清史研究》
　　2013 年第 3 期。

王晗：《晚清民国时期蒙陕边界带"赔教地"研究》，《中华文史论丛》
　　2019 年第 2 期。

王尚义：《历史时期鄂尔多斯高原农牧业的交替及其对自然环境的影响》，
　　《历史地理》第 5 辑，上海人民出版社 1987 年版。

王社教、冯勰：《十年来中国历史地理学理论研究的进展》，《中国历史地
　　理论丛》2011 年第 3 期。

王玉海：《清代内蒙古东部农业发展过程中的蒙汉民族矛盾》，《内蒙古大
　　学学报》（人文社会科学版）1999 年第 4 期。

魏建兵、肖笃宁、解伏菊：《人类活动对生态环境的影响评价与调控原
　　则》，《地理科学进展》2006 年第 2 期。

魏巧燕：《〈乾隆内府舆图〉满语地名探析》，《满语研究》2011 年第 2 期。

吴承忠、邓辉、舒时光：《清代陕蒙交界地区的土地开垦过程》，《地理研
　　究》2014 年第 8 期。

吴传均：《法国人地学家维达尔·白兰士的思想贡献》，《国外人文地理》
　　1986 年 4 月号。

辛德勇：《19 世纪后半期以来清朝学者编绘历史地图的主要成就》，《社会
　　科学战线》2008 年第 9 期。

徐冠华、葛全胜、宫鹏、方修琦等：《全球变化和人类可持续发展：挑战
　　与对策》，《科学通报》2013 年第 21 期。

徐建平：《清中期以来阿尔泰山地区分界研究》，《复旦学报》（社会科学
　　版）2018 年第 3 期。

闫天灵：《民国时期的甘青省界纠纷与勘界》，《历史研究》2012 年第
　　3 期。

严钦尚：《陕北榆林定边间流动沙丘及其改造》，《科学通报》1954 年 11

月号。

杨国荣：《中国哲学中的人性问题》，《哲学分析》2013 年第 1 期。

杨煜达：《历史自然地理研究十年：总结与展望》，《中国历史地理论丛》
　2011 年第 3 期。

一寰：《绥宁边区教堂问题》，《边疆通讯》1943 年第 1 期。

於福顺：《清雍正十排〈皇舆图〉的初步研究》，《文物》1983 年第 12 期。

俞吾金：《再论中国传统人性理论的去魅与重建》，《哲学分析》2013 年第
　1 期。

袁从秀、李鹏：《近三十多年来中国历史地理通论性著作的综合研究》，
　《史学史研究》2013 年第 3 期。

曾雄镇：《绥远农垦调查记》，《西北汇刊》1925 年第 1 卷第 8 期。

张建民、鲁西奇：《"了解之同情"与人地关系演变研究》，《历史时期长
　江中游地区人类活动与环境变迁专题研究》，武汉大学出版社 2011
　年版。

张力仁：《民国时期陕绥划界纠纷研究中的几个基本问题》，《内蒙古大学
　学报》（哲学社会科学版）2016 年第 5 期。

张丕远、葛全胜等：《全球环境变化中的人文因素》，《地学前缘》1997 年
　第 1—2 期。

张萍：《从"军城"到"治城"：北边民族交错带城镇发展的一个轨
　迹——以明清时期陕北榆林为例》，《民族研究》2006 年第 6 期。

张萍：《谁主沉浮：农牧交错带城址与环境的解读》，《中国社会科学》
　2009 年第 5 期。

张淑利：《"禁留地"初探》，《阴山学刊》2004 年第 1 期。

张曙光：《聚焦"人性"论》，《哲学分析》2013 年第 1 期。

张伟然：《归属、表达、调整：小尺度区域的政治命运———以"南湾事
　件"为例》，《历史地理》第 21 辑，上海人民出版社 2006 年版。

张植华：《清代至民国时期内蒙古地区蒙古族人口概况》，《内蒙古大学学
　报》（哲学社会科学版）1982 年第 3、4 期（合刊）。

赵永复：《历史上毛乌素沙地的变迁问题》《毛乌素沙区自然条件及其改良
　利用》，《历史地理》创刊号，上海人民出版社 1981 年版。

赵永复：《再论历史上毛乌素沙地的变迁问题》，《历史地理》第 7 辑，上

海人民出版社 1990 年版。

郑业白：《察哈尔通信》，《向导周报》1924 年第 62 期。

周鸿石：《利用洪水泥沙，改良土壤，发展农业生产——陕西省定边县八里河淤灌区介绍》，《人民黄河》1964 年第 3 期。

周佩华、王占礼：《黄土高原侵蚀暴雨的研究》，《水土保持学报》1992 年第 3 期。

周尚意：《社会文化地理学中小区域研究的意义》，《世界地理研究》2007 年第 4 期。

周振鹤：《范式的转换——沿革地理—政区地理—政治地理的进程》，《华中师范大学学报（人文社会科学版）》2013 年第 1 期。

周振鹤：《建构中国历史政治地理学的设想》，《历史地理》第 15 辑，上海人民出版社 1999 年版。

朱士光：《内蒙城川地区湖泊的古今变迁及其与农垦之关系》，《农业考古》1982 年第 1 期。

朱士光：《评毛乌素沙地形成与变迁问题的学术讨论》，《西北史地》1986 年第 4 期。

邹逸麟：《关于加强对人地关系历史研究的思考》，《光明日报》1998 年 11 月 6 日。

邹逸麟：《明清时期北部农牧过渡带的推移和气候寒暖变化》，《复旦学报》（社会科学版）1995 年第 1 期。

Huang, Y., et al., "Historical Desertification of the Mu Us Desert, Northern China: A Multidisciplinary Study", *Geomorphology*, Vol. 110, No. 15, September 2009.

Judith Wyman, "The Ambiguities of Chinese Antiforeignism: Chongqing, 1870 – 1900", *Late Imperial China*, Vol. 18, No. 2 (December, . 1997).

Michael H. Hunt, "The American Remission of the Boxer Indemnity: A Reappraisal", *The Journal of Asian Studies*, Vol. 31, No. 3 (May, 1972).

Zhang, Di and Deng Hui., "Historical Human Activities Accelerated Climate-driven Desertification in China's Mu Us Desert", *Science of the Total Environment*, Vol. 708, No. 15, March 2020.

### 六　硕博论文

冯玉新：《界域变动与地方社会——以明清民国时期黄河上游农牧交错带为中心》，博士学位论文，陕西师范大学，2011 年。

李大海：《政区变动与地方社会构建关系研究——以明清民国时期陕西地区为中心》，博士学位论文，陕西师范大学，2010 年。

马占军：《晚清时期圣母圣心会在西北的传教（1873—1911）》，博士学位论文，暨南大学，2005 年。

N. 哈斯巴根：《18—20 世纪前期鄂尔多斯农牧交错区域研究——以伊克昭盟准噶尔旗为中心》，博士学位论文，内蒙古大学，2005 年。

徐硕遥：《民国时期陕绥划界纠纷的初步研究》，硕士学位论文，陕西师范大学，2015 年。

张彧：《晚清时期圣母圣心会在内蒙古地区传教活动研究（1865—1911）》，博士学位论文，暨南大学，2006 年。

# 后　记

　　"毛乌素沙地南缘伙盘地研究"是我学习做学问的起点，也是我时常获得放松心态、享受乐趣的源泉。最初接触这项研究，是在刚刚进入西北历史环境与经济社会发展研究中心（后为研究院）攻读硕士学位的时候。当时，我在研读史念海先生《两千三百年来鄂尔多斯高原和河套平原农林牧地区的分布及其变迁》一文时，被文中宏大叙事理念、精湛史地方法和"有用于世"思想深深地震撼。从中，我关注到这样的文字，"清代统治者……曾长期禁阻蒙汉两族之间的往来。到了清代后期，禁令稍松，陕北各处从事农业的人逐渐到鄂尔多斯的南缘开垦土地。当时的蒙古王公也从这样的开垦中得到一定的好处。于是农业地区也就相应地向北推移，远离明代的长城。明代的长城虽属防御的设施，实际上却成为一条人为的农牧业分界线，从明代一直沿袭到清代后期"。同时也关注到"毛乌素沙漠在现在鄂尔多斯高原诸沙漠中最为广大……据说根据一九七七年卫星照片和五十年代航空照片和编制的地图相对照，在这几十年中，沙化的土地向南和东南推移了三至十千米以上，特别是陕北靠近伊盟东南部一带最为严重。沙化土地分布伸延的宽度达二、三千米，其中有些地段已逼近黄河干流仅十余千米"①。在这篇宏文的引导下，我陆续研读了侯仁之、刘东生、陈育宁、邹逸麟、赵永复、王守春等前辈学者的学术著述。从上述研究中，我对毛乌素沙地南缘的沙漠化过程产生了浓厚的兴趣。

　　经过史料搜集，我发现，毛乌素沙地南缘的沙漠化过程中以"雁行人"为代表的人类因素需要深究。这群"雁行人"多为来自晋北和陕北的

---

　　①　史念海：《两千三百年来鄂尔多斯高原和河套平原农林牧地区的分布及其变迁》，《河山集》三集，人民出版社 1988 年版，第 82—107 页。

农户，迫于生计违反清廷禁令，每年开春之时来到禁留地，租种伊盟王公的土地从事农牧业生产。秋收之后，他们出卖生产所得，整理行囊又一次回归原籍。如此时间长了，他们多会选择放弃原籍，成为毛乌素沙地南缘的定居人口，他们所居住的村落被冠以"白家伙场、钟家圪、贺崾崄、海流滩"等名称。在导师侯甬坚老师的系统指导下，我得到了专业的学术训练，并开始《清代陕北长城外伙盘地研究》的硕士学位论文写作。在写作时，我尝试着从人口变动、聚落变迁、生产制度传承、生活习俗延续等视角，来分析"雁行人"的农业技术发展空间、对蒙族牧业技术的吸纳程度，继而对人类活动持续或周期性干预下的土地利用情况进行分析，并对该区域的自然环境变化和复杂社会经济过程进行归纳、总结。

2008 年 8 月，我进入复旦大学历史地理研究中心师从满志敏老师从事博士后科研工作，并以"清至民国时期毛乌素沙化土地扩展过程研究"作为研究内容之一，继续做进一步的探究。合作导师满志敏老师交给我如何使用 GIS 手段来解决清至民国时期伙盘村落的上图标识等关键性问题。伴随着文献搜集的日渐丰富，我发现自己此前的研究存有矫枉过正的弊端，即仅仅在意这群"雁行人"的自然人身份，将他们的生产、生活机械化地束缚在固定沙丘、半固定沙丘和干湿滩地等地貌环境中。因此，我学着以"了解之同情"，加入对当时当地社会的人性化考察，从"地方经验"出发复原当时的人地关系。也正是这种做法，让我更愿意去了解"雁行人"，去关心他们在面对恶劣自然环境和严苛人文环境时所做出的努力。这群人不仅仅有着自然人的身份，更有着社会人的属性。虽然他们的谋生技能的确会对当地的脆弱生境造成不良影响，但是其主观行为则是为了土地的所有权和使用权，来换取在毛乌素沙地南缘一带的生存权。在获得土地权属的过程中，"雁行人"所处的移民社会也逐渐形成和定型，这里的社会关系日渐复杂，从"清政府、伊盟王公、地方士绅和基层民众"的四元社会逐渐过渡到"清政府、圣母圣心会、伊盟王公、地方士绅和基层民众"的五元社会，而且不同社会力量的此消彼长，推衍出毛乌素沙地人文地理的真实过程，这对于把握和探求区域的生态环境变迁多有裨益。

在不断学习过程中，我通过对毛乌素沙地南缘纷繁复杂的个体多样性展开较长时间的调查和研究，并从地理环境复原、土地权属问题、移民社会发展程度、农牧民生产环节、制度政策影响、蒙汉关系、商贸活动与农牧业生产的选择、环境效应分析八个方面入手，来推导出历史时期中国北方农牧交错带环境变化过程中人类因素实际作用。这样的研究路径，对于分析农牧交错带脆弱的地理环境（Ecologically vulnerable environment）中社会人群与自然的相互关系、复原和展现历史时期农牧业之间的复杂关系及进程、描绘历史上人类需求—人类行为—人类作用的过程有着不可忽视的作用。

本书部分内容曾在《中华文史论丛》《历史地理》《清史研究》《史学月刊》《社会科学研究》《中国社会科学报》《苏州大学学报》（哲学社会科学版）发表，收入本书时均做过不同程度的修订。本研究曾受到国家社会科学基金青年项目（12CZS051）、国家自然科学基金面上项目（41171120）的支持。按照苏州大学"十三五"江苏省重点学科——中国史的规划，本书得以顺利出版。

侯甬坚老师时常会"以学术研究为宗旨，忠实于自己的认识，实事求是地展开工作"的话教导于我。满志敏老师时常鼓励我跟踪数字人文研究领域的前沿问题，尽可能地应用于历史地理的学术研究之中。满老师虽然已仙逝，但他的悉心指导，令我终身受益。在本书的写作过程中，鲁西奇、李怀印、钞晓鸿、邓辉、安介生、张晓虹、余同元、成一农等老师的真知灼见，督促我开拓思路，不断进步。此外，在求学和工作期间，许多学界前辈、师长不嫌我鲁钝，常常倾心教诲，令我既感且佩。苏州大学社会学院和历史系的领导、前辈、同事给予我良好的工作环境，让我在工作中体味到教学相长的乐趣，在此一并致谢。

感谢我的父亲母亲，为我的求学付出艰辛的努力，是他们用实际行动让我体味到"家庭可以不富裕，但人，应该开朗、向上"。感谢我的妻子和女儿，科研相伴，幸福前行。

王　晗

2021 年 7 月 10 日于上海松江寓所